普通高等学校理工类规划教材

新编大学物理教程

（第2版）（上）

主　编　杨旭东　王　静

北京邮电大学出版社
·北京·

内容简介

本书是依照教育部高等学校大学物理课程教学指导委员会编制的《理工科类大学物理课程教学基本要求》(2023年版)，并结合理工科院校本科生知识结构特征，为适应应用型本科院校教学而编写的。书中系统地阐述了大学物理的基本概念、基本理论和基本方法，并融入了作者多年教学所积累的成功经验，内容简明，重点突出。

本书共14章，分为上、下两册。上册包括质点运动学、质点动力学、刚体力学基础、狭义相对论、机械振动、机械波、气体动理论和热力学基础；下册包括真空中的静电场、静电场中的导体和电介质、稳恒磁场、电磁感应和电磁波、波动光学和量子力学基础。为了突出大学物理知识在工程技术中的应用，本书列举了若干工程教学案例附于书后。另外，本书还配置了丰富的AR动画、微课视频、习题参考答案、拓展阅读、科学家介绍等APP学习资源，以引导学生自主式、研究式学习，激发学生的学习兴趣。

本书适合高等学校理工科各专业本科生学习使用，也可作为相关专业的教材或参考书。

图书在版编目(CIP)数据

新编大学物理教程. 上 / 杨旭东，王静主编.
2版. -- 北京 ：北京邮电大学出版社，2024. -- ISBN
978-7-5635-7473-5

Ⅰ. O4

中国国家版本馆CIP数据核字第2024B0L292号

策划编辑：张展华　**责任编辑**：韦爱荣　**封面设计**：七星博纳

出版发行：北京邮电大学出版社
社　　址：北京市海淀区西土城路10号(100876)
电话传真：010-82333010　62282185(发行部)　010-82333009　62283578(传真)
网　　址：www. buptpress3. com
电子信箱：buptpress3@163. com
经　　销：各地新华书店
印　　刷：涿州汇美亿浓印刷有限公司
开　　本：787 mm×1 092 mm　1/16
印　　张：15.5
字　　数：373千字
版　　次：2020年1月第1版　2024年12月第2版
印　　次：2024年12月第1次印刷

ISBN 978-7-5635-7473-5　　定价：49.80元

如有质量问题请与发行部联系

第 2 版前言

本书是依照教育部高等学校大学物理课程教学指导委员会编制的《理工科类大学物理课程教学基本要求》(2023 年版)，并结合当前高等教育新形势，为适应应用型本科院校教学而编写的。书中系统地阐述了大学物理学的基本概念、基本理论和基本方法，全书将大学物理与生活和生产实践紧密结合，突出应用，并融入了作者多年教学所积累的成功经验，内容简明，重点突出。

本书在编写理念上，强调培养学生的物理思想并掌握物理方法；在内容选取上，保证宽度，联系实际，注重应用，涉及前沿；在知识结构上，精练适当，深入浅出。本书侧重知识点的应用，在各章节的内容及习题中，都引入了大量实例。本书还设置了考查学生知识点理解与应用的思考题和工程案例，着力培养学生应用知识的能力。

本书共 14 章，分为上、下两册。上册包括质点运动学、质点动力学、刚体力学基础、狭义相对论、机械振动、机械波、气体动理论和热力学基础；下册包括真空中的静电场、静电场中的导体和电介质、稳恒磁场、电磁感应和电磁波、波动光学和量子力学基础。书中冠以“*”号的章节，供教师根据课时数和专业需求选用。每章内容后面附有思考题和习题，习题部分均包含选择题、填空题和计算题三种题型，题量和难易程度适中。为了突出大学物理知识在工程技术中的应用，本书列举了若干工程教学案例附于书后。除了纸质内容，本书还配置了丰富的 AR 动画、微课视频、习题参考答案、拓展阅读、科学家介绍等 APP 学习资源，以引导学生自主式、研究式学习，激发学生的学习兴趣。

本书适合高等学校理工科各专业本科生学习使用，经适当选择后，可作为 64～128 学时大学物理课程的教材，也可作为相关专业的师生教材和参考书。

参加本书修订和编写工作的有杨旭东老师(第 1 章和第 2 章)、徐卫平老师(第 3 章和第 4 章)、张晓艳老师(第 5 章和第 6 章)、孟继轲老师(第 7 章和第 8 章)、刘渊老师(第 9 章和第 10 章)、陈琳英老师(第 11 章和第 12 章)、王建荣老师(第 13 章)、冯志芳老师(第 14 章)，刘淑平老师(工程案例)。刘渊老师负责全书的修改和统稿工作。王静老师对本书进行了审稿，提出了许多宝贵意见。本书的编写得到了李晋红老师、李传亮老师的帮助和指导。北京邮电大学出版社有关人员在本书的编辑出版过程中付出了大量的辛勤劳动，在此一并表示诚挚的谢意。

编写适应新时期教学需求的教材是一种持续性的探索与研究。在党的二十大报告提出的“加强教材建设和管理”精神的指引下，本次改版，编者对全书进行了检查和梳理。

由于编者水平有限，书中不妥和疏漏之处在所难免，恳请专家、同行和读者批评指正。

编　者

2024 年 8 月

目录

绪论

物理学是关于自然界最基本形态的科学，研究的是物质的基本结构及物质运动的普遍规律，它是一门严格的、精密的基础科学。物理学的新发现及所产生的新概念、新理论已发展成为新的学科或学科分支。物理学的基本概念、基本理论与实验方法已广泛应用于其他学科领域，促成科学技术的革命性变化。历史上几次重要的技术革命都是以物理学的发展为先导的。

物理学真正成为一门精密学科，是从1687年牛顿发表《自然哲学的数学原理》开始的。牛顿在伽利略、笛卡儿、开普勒、惠更斯等人工作的基础上，提出了著名的牛顿运动三大定律，奠定了经典力学的基础。

牛顿对光学也作出了很大贡献。在光的本性问题上，牛顿坚持光的微粒说，而惠更斯主张光的波动说，在长达一个世纪的时间里，牛顿的微粒说一直占据上风。直到1800年，英国物理学家托马斯·杨发现了光的干涉这一微粒学说无法解释的现象，光的波动说才逐渐被人们接受。

热力学发展的历史记载着物理学家为解决能源问题而不懈努力的壮丽史诗。19世纪中叶，德国的亥姆霍兹、英国的焦耳各自独立提出了能量守恒定律，包括热现象在内的能量守恒定律称为热力学第一定律。热力学第一定律和德国的克劳修斯发现的热力学第二定律结束了人们制造永动机的幻想。法国工程师卡诺提出了卡诺定理，为提高热机效率指明了方向。

电学在18世纪还处于混沌初开的阶段，其研究是从摩擦起电、天电、电火这样一些实验和现象开始的。法国的库仑发明了一种扭秤用以测量很弱的力，并于1785年建立了库仑定律，电学从此走上了定量研究的科学道路。1820年，丹麦物理学家奥斯特首次发现通电导线能使小磁针发生偏转，并将原来相互独立的电学和磁学统称为电磁学。奥斯特的发现引起了法国物理学家安培的注意，安培进一步发现，不仅电流对磁针有作用，而且两个电流之间彼此也有作用。1831年，法拉第发现了只有变化的磁场才能产生电的电磁感应定律。这些重大发现从技术上推动了电磁铁的产生，从而发明出了电动机，西门子于1867年对发电机提出了重大改进，打开了人类进入电气化时代的大门。1862年，麦克斯韦提出了“位移电流”假说，并于1864年高度概括了电磁场的规律，总结出麦克斯韦方程组，1865年，他又预言了电磁波并断定光也是一种电磁波。1888年，德国物理学家赫兹通过实验证实了电磁波的存在，从而推动了无线电通信技术的发展，最终将人类带入了电信时代。

经过近两百年的努力，人类对物理学的研究取得了巨大的成功，建立了一套完整的经典物理理论体系，大部分物理学家都乐观地认为：经典物理学的大厦已基本建成。

然而，在19世纪末20世纪初，物理学晴朗的天空中，出现了“两朵乌云”：一是试图测定“以太”存在的迈克耳孙-莫雷实验，二是关于黑体辐射的“紫外灾难”。这些事实从根本上动摇了经典物理学大厦的基础。

1905年,爱因斯坦挣脱经典物理学的束缚,抛开绝对时间和绝对空间的概念,把革命性的时空观引入物理学,成功地解释了迈克耳孙-莫雷实验。爱因斯坦对时空观的研究促进了相对论的建立。1900年,普朗克对黑体辐射的维恩公式和瑞利-金斯公式进行了修改,提出了能量量子化的概念,圆满地解决了黑体辐射中"紫外灾难"的难题。爱因斯坦、康普顿、玻尔、德布罗意等人将量子化的概念加以推广和应用,解释了经典物理学无法解释的实验现象。最终,在薛定谔和海森伯完成数学表述后,一门新的学科 —— 量子力学诞生了。

伴随着相对论和量子力学的创立,漂浮在物理学上空的"两朵乌云"被驱散,近代物理的两大支柱得以形成。更值得一提的是,相对论和量子力学并没有否定经典物理学,它们只是在更深层次上描述了物质世界的客观规律。物理学以此为新起点,向着更高、更深的层次延伸,向着更宽、更广的应用领域拓展。

物理学的研究对象具有普遍性,它的基本理论渗透在自然科学的一切领域,应用于生产技术的各个方面,它是自然科学许多领域和工程技术发展的基础,甚至应用到了某些社会科学领域。同时,科学技术的每一次重大突破,大多植根于物理学这片沃土,三次工业革命均无一例外地起源于物理学的重大突破。可以毫不夸张地说,物理学是许多科学与技术的基础和发源地,没有物理学的发展,就不可能有今天的科学和技术。

大学物理课是理工科各专业学生的一门重要的必修基础课。以物理学基础为内容的大学物理课程包括力学、电磁学、热学、光学和近代物理基础等。

力学部分完全按传统体系讲述。以牛顿运动定律为基础和出发点,引入动量、角动量和能量的概念,导出动量、角动量和机械能守恒定律、机械振动与机械波动等,最后将它们都推广到普遍的形式。守恒定律在物理思想和方法上固然重要,但在解决实际问题时,经典的动力学概念与规律也是不可或缺的。力学部分还强调了参考系的概念,说明了守恒定律的意义,并注意到了物理概念和理论的衍生和发展。

电磁学部分以库伦定律、毕奥-萨伐尔定律和法拉第定律为基础进行展开,直至麦克斯韦方程组结束。在分析方法上,电磁学部分强调对称性的分析,如在求电场和磁场的分布时,都应用了空间对称性的概念。

热学部分除了对系统,特别是气体的宏观性质及其变化规律进行清晰的介绍外,还大大加强了在分子理论基础上的统计概念和规律的讲解。不仅在温度和气体动理论中着重介绍了统计规律,而且在其他各章中对功和热的实质、热力学第一定律、热力学第二定律以及熵的微观意义和宏观表达式等,结合统计概念进行了许多独特而清晰的讲解。

光学部分主要着眼于从经典物理的角度描述光的振动和光波,其中涉及光的干涉、衍射和偏振等基本现象和规律。

近代物理基础部分的重点放在狭义相对论和量子力学方面,如时空观理念、相对论和经典力学的结合、波粒二象性、不确定关系、薛定谔方程等及其应用,原子中电子运动的规律等只进行了简要的陈述。

书后附有大学物理在工程技术中的应用案例,以激发学生学习物理课程的兴趣。

开设大学物理课程,可以使学生初步学习科学思维方法和研究问题方法,开阔学生的思维之路,激发探索和创新精神,提高学生科学素质。打好物理基础,不仅对学生在校学习起着十分重要的作用,而且对学生毕业后的工作和在工作中进一步学习新理论、新知识、新技术都将产生深远的影响。为此,我们精心打造大学物理课程,以使学生得到开启科学之门的金钥匙。

第 1 章

质点运动学

运动学研究如何描述物体的运动，动力学研究物体运动状态变化的原因。质点运动学侧重用几何学的观点研究质点机械运动时运动状态随时间变化的关系。本章主要内容：位置矢量、位移、速度和加速度等基本概念及质点的曲线运动和相对运动等。

§1.1　质点运动的描述

1.1.1　位置矢量　位移

1. 参考系　坐标系　质点

为描述物体的运动而选择的标准物(或物体组）称为**参考系**。参考系的选择是任意的，主要根据问题的性质和研究方法而定。常用的参考系有太阳参考系(太阳 — 恒星参考系)、地心参考系(地球 — 恒星参考系)、地面参考系和质心参考系。研究物体的运动时，必须选择一个恰当的参考系，只有选定了参考系，运动的描述才有意义。

物理中的模型化

参考系选定之后，为了定量地描述物体相对于参考系的位置，需要在此参考系上建立一个固定的**坐标系**。坐标系的选择同样是任意的，主要由研究问题的方法而定。物理学中最常用的坐标系是笛卡儿坐标系(直角坐标系),极坐标系、柱坐标系、球坐标系和自然坐标系等也可根据需要选择使用。

当物体的大小和形状在所研究的问题中没有影响,或者影响可以忽略不计时,可以把物体看作一个没有形状和大小而只有质量的点,假想物体的质量全部集中于这一点,称为质点。质点是一个理想化的力学模型,一个物体能否当作质点,并不取决于它的实际大小,而是取决于所研究问题的性质。例如,研究地球绕太阳的公转时,地球可当作质点;而研究地球的自转时,地球不可当作质点。

2. 位置矢量

要描述一个质点的运动,首要问题是如何确定质点相对于参考系的位置。可以在参考系上取一点 O,称之为坐标原点,从坐标原点 O 到质点所在的位置点 P 的有向线段能唯一地确定质点相对于参考系的位置。如图 1-1 所示,从坐标原点 O 到质点所在的位置点 P 的有向线段 $\boldsymbol{r}$,称为**位置矢量**,简称**位矢**。

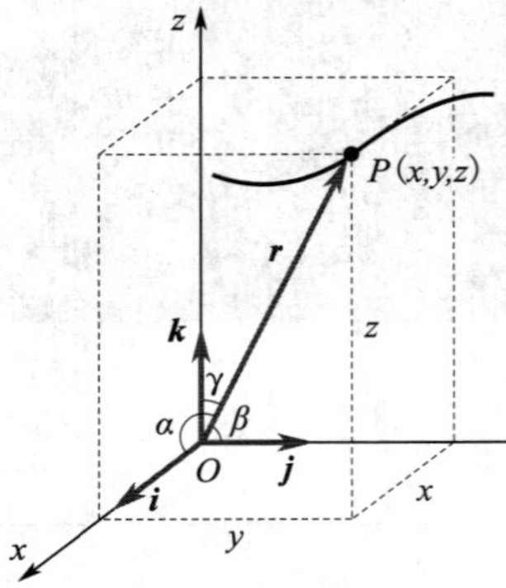

图 1-1 位置矢量的表示

位矢的端点就是质点的位置,矢量在坐标轴上的投影分别为 x、y、z(见图 1-1),位矢可表示为

$$\boldsymbol{r} = x\boldsymbol{i} + y\boldsymbol{j} + z\boldsymbol{k} \tag{1-1}$$

式中,$\boldsymbol{i}$、$\boldsymbol{j}$、$\boldsymbol{k}$ 分别为沿 x、y、z 轴的单位矢量。

位矢的大小可表示为

$$r = \sqrt{x^2 + y^2 + z^2}$$

位矢的方向可由 $\cos\alpha = \dfrac{x}{r}$,$\cos\beta = \dfrac{y}{r}$,$\cos\gamma = \dfrac{z}{r}$ 来确定,其中 α、β 和 γ 分别是 $\boldsymbol{r}$ 与 x、y、z 轴之间的夹角。

质点运动时,它相对坐标原点 O 的位矢 $\boldsymbol{r}$ 是随时间变化的。因此,$\boldsymbol{r}$ 是时间的函数,即

$$\boldsymbol{r} = \boldsymbol{r}(t) \quad (\text{矢量式}) \tag{1-2}$$

而直角坐标系下的形式为

$$\begin{cases} x = x(t) \\ y = y(t) \quad (\text{标量式}) \\ z = z(t) \end{cases} \tag{1-3}$$

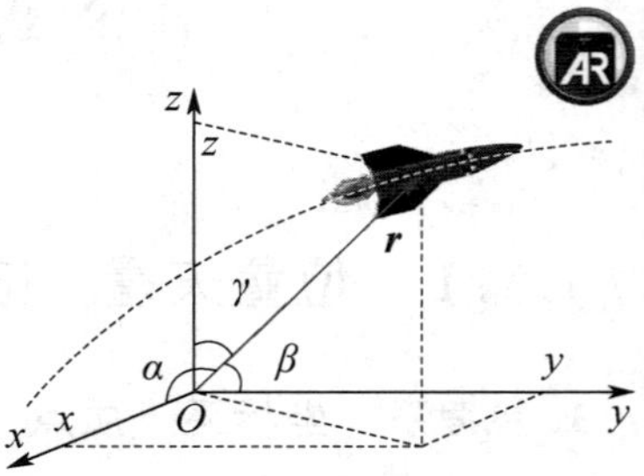

质点运动的描述

式(1-2) 和式(1-3) 称为质点的**运动方程**,它包含了质点运动的全部信息。运动学的主要任务之一,就是找出各种具体运动所遵循的运动方程。

质点运动时,在空间所经过的实际路径称为**轨迹**。轨迹是直线的运动称为直线运动,轨迹是曲线的运动称为曲线运动。在式(1-3) 中,消去时间 t 后即可得到**轨迹方程** $f(x,y,z) = 0$。

3. 位移

如图 1-2 所示,设曲线 $\overset{\frown}{AB}$ 是质点轨迹的一部分,在 Δt 时间间隔内质点从点 A 运动到点 B,它相对于原点的位矢由 $\boldsymbol{r}_A$ 变化到 $\boldsymbol{r}_B$。把由始点 A 指向终点 B 的有向线段 $\overrightarrow{AB}$ 定义为质点从点 A 到点 B 的**位移矢量**,简称**位移**,用 $\Delta\boldsymbol{r}$ 表示。显然

$$\Delta \boldsymbol{r} = \boldsymbol{r}_B - \boldsymbol{r}_A \tag{1-4}$$

即位移 $\Delta \boldsymbol{r}$ 表示位矢 $\boldsymbol{r}$ 在 Δt 时间间隔内的增量。同时，把由始点 A 到终点 B 的实际走过的曲线 $\overset{\frown}{AB}$ 的长度定义为质点的**路程**，用 Δs 表示。

应该注意：

(1) 位移和路程是两个截然不同的概念。位移表示质点位置的改变，并非质点所经历的路程。如图 1-2 所示，位移 $\Delta \boldsymbol{r}$ 为矢量，它的大小 $|\Delta \boldsymbol{r}|$ 即割线 AB 的长度，而路程 Δs 为标量，即曲线 $\overset{\frown}{AB}$ 的长度。只有在 Δt 趋近于零时，$|\Delta \boldsymbol{r}|$ 和 Δs 才可视为相等。

北斗导航系统

(2) $|\Delta \boldsymbol{r}|$ 不等于 Δr，如图 1-3 所示，$\Delta r = r(t+\Delta t) - r(t)$，它反映 Δt 时间间隔内质点相对于原点的径向长度的变化，而非位移的大小 $|\Delta \boldsymbol{r}|$。

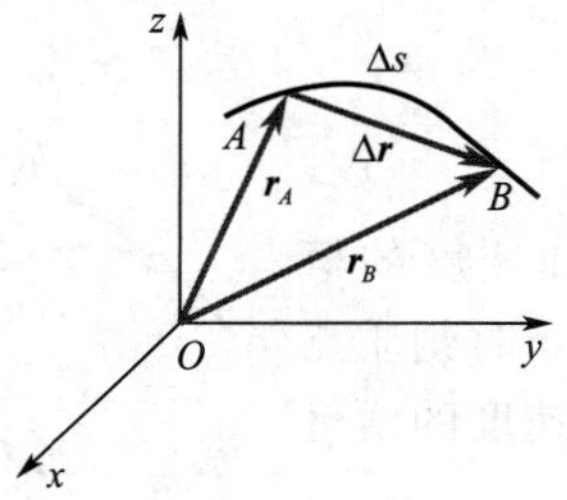

图 1-2　位移

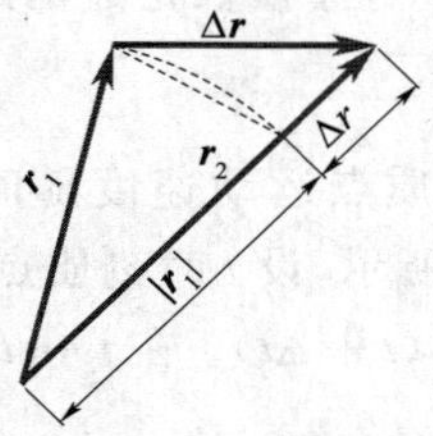

图 1-3　位移的大小

(3) 位矢和位移在量值上都表示长度，在国际单位制(SI)中，单位都为 m(米)。

1.1.2　速度　加速度

1. 速度

为了描述质点运动的快慢程度和方向，引入速度的概念。如图 1-4 所示，设在 $t \to t+\Delta t$ 时间间隔内，质点的位移为 $\Delta \boldsymbol{r}$，则在 $t \to t+\Delta t$ 时间间隔内质点运动的**平均速度**定义为

$$\bar{\boldsymbol{v}} = \frac{\Delta \boldsymbol{r}}{\Delta t} \tag{1-5}$$

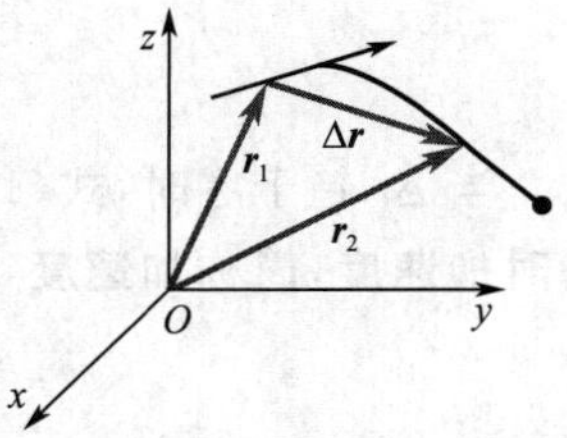

图 1-4　速度

一般来说，平均速度与质点的位移和所用的时间有关，因而在描述平均速度时，必须指明是哪一段时间内或哪一段位移内的平均速度。平均速度只能粗略地反映在某一段时间内质点运动的快慢程度和方向。

为了精确地描述质点运动的快慢程度和方向，必须研究其每一时刻的运动情况，即瞬时速度。当 Δt 趋于零时，式(1-5)的极限，即质点位矢对时间的变化率，称为质点在时刻 t 的**瞬时速度**，简称**速度**。用 $\boldsymbol{v}$ 表示，即

$$\boldsymbol{v} = \lim_{\Delta t \to 0} \frac{\Delta \boldsymbol{r}}{\Delta t} = \frac{\mathrm{d}\boldsymbol{r}}{\mathrm{d}t} \tag{1-6}$$

速度是矢量。速度矢量的方向为沿平均速度的极限方向，即沿轨迹上质点所在位置的切线并且指向质点前进的一方。在直角坐标系中，可将速度表示为

$$\boldsymbol{v} = \frac{\mathrm{d}\boldsymbol{r}}{\mathrm{d}t} = \frac{\mathrm{d}x}{\mathrm{d}t}\boldsymbol{i} + \frac{\mathrm{d}y}{\mathrm{d}t}\boldsymbol{j} + \frac{\mathrm{d}z}{\mathrm{d}t}\boldsymbol{k} = v_x\boldsymbol{i} + v_y\boldsymbol{j} + v_z\boldsymbol{k} \tag{1-7}$$

式中,v_x、v_y、v_z 分别表示沿 x、y、z 轴方向的速度分量。速度的大小称为**速率**,表示为 $v = |\boldsymbol{v}| = \sqrt{(v_x)^2 + (v_y)^2 + (v_z)^2}$。若在 Δt 时间间隔内,质点通过的路程为 Δs,则

$$\bar{v} = \frac{\Delta s}{\Delta t} \tag{1-8}$$

称为 Δt 时间间隔内的**平均速率**。一般情况下,平均速度的大小不等于平均速率,这是因为 $|\Delta\boldsymbol{r}| \neq \Delta s$。平均速度与平均速率是两个不同的概念,切记不可混淆。当 $\Delta t \to 0$ 时,平均速率的极限称为质点在 t 时刻的**瞬时速率**,简称速率,又由于 $\Delta t \to 0$ 时,质点位移矢量的大小 $|\Delta\boldsymbol{r}|$ 与路程 Δs 趋于相同,因此可以得到

$$v = \lim_{\Delta t \to 0} \frac{|\Delta\boldsymbol{r}|}{\Delta t} = \lim_{\Delta t \to 0} \frac{\Delta s}{\Delta t} = \frac{\mathrm{d}s}{\mathrm{d}t} \tag{1-9}$$

也就是说,速率等于质点走过的路程对时间的变化率。

2. 加速度

为了描述质点运动速度随时间变化的情况,引入加速度的概念。如图 1-5 所示,设 t 时刻质点运动速度为 $v_1(t)$;$t + \Delta t$ 时刻质点运动速度为 $v_2(t + \Delta t)$。在 $t \to t + \Delta t$ 时间间隔内,质点速度的增量为

$$\Delta v = v_2(t + \Delta t) - v_1(t)$$

则在 $t \to t + \Delta t$ 时间间隔内质点运动的**平均加速度**定义为

$$\bar{\boldsymbol{a}} = \frac{\Delta v}{\Delta t} \tag{1-10}$$

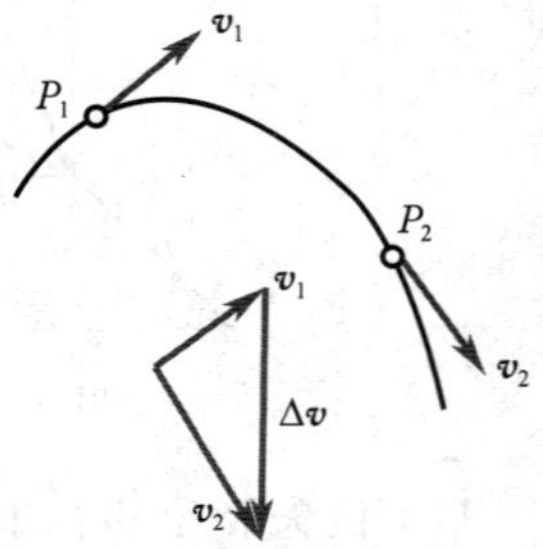

图 1-5　加速度

平均加速度也是矢量,其大小为

$$\bar{a} = |\bar{\boldsymbol{a}}| = \left|\frac{\Delta\boldsymbol{v}}{\Delta t}\right|$$

当 Δt 趋于零时,式(1-10)的极限,即质点运动速度对时间的变化率,称为质点在时刻 t 的**瞬时加速度**,简称**加速度**,用 $\boldsymbol{a}$ 表示,有

$$\boldsymbol{a} = \lim_{\Delta t \to 0} \frac{\Delta\boldsymbol{v}}{\Delta t} = \frac{\mathrm{d}\boldsymbol{v}}{\mathrm{d}t} = \frac{\mathrm{d}^2\boldsymbol{r}}{\mathrm{d}t^2} \tag{1-11}$$

即加速度为速度对时间的一阶导数或位矢对时间的二阶导数。

在直角坐标系中,加速度可表示为

$$\begin{aligned}\boldsymbol{a} &= \frac{\mathrm{d}^2\boldsymbol{r}}{\mathrm{d}t^2} = \frac{\mathrm{d}^2x}{\mathrm{d}t^2}\boldsymbol{i} + \frac{\mathrm{d}^2y}{\mathrm{d}t^2}\boldsymbol{j} + \frac{\mathrm{d}^2z}{\mathrm{d}t^2}\boldsymbol{k} \\ &= a_x\boldsymbol{i} + a_y\boldsymbol{j} + a_z\boldsymbol{k}\end{aligned} \tag{1-12}$$

式中,a_x、a_y、a_z 分别表示沿 x、y、z 轴方向的加速度分量,即

$$a_x = \frac{\mathrm{d}v_x}{\mathrm{d}t} = \frac{\mathrm{d}^2x}{\mathrm{d}t^2},\quad a_y = \frac{\mathrm{d}v_y}{\mathrm{d}t} = \frac{\mathrm{d}^2y}{\mathrm{d}t^2},\quad a_z = \frac{\mathrm{d}v_z}{\mathrm{d}t} = \frac{\mathrm{d}^2z}{\mathrm{d}t^2} \tag{1-13}$$

质点运动的加速度 $\boldsymbol{a}$ 的大小为

$$a = \sqrt{\left(\frac{\mathrm{d}v_x}{\mathrm{d}t}\right)^2 + \left(\frac{\mathrm{d}v_y}{\mathrm{d}t}\right)^2 + \left(\frac{\mathrm{d}v_z}{\mathrm{d}t}\right)^2} = \sqrt{\left(\frac{\mathrm{d}^2x}{\mathrm{d}t^2}\right)^2 + \left(\frac{\mathrm{d}^2y}{\mathrm{d}t^2}\right)^2 + \left(\frac{\mathrm{d}^2z}{\mathrm{d}t^2}\right)^2}$$

根据加速度的定义，其方向为速度增量的极限方向。一般来说，加速度的方向与速度的方向并不相同。当质点沿直线运动时，若质点做加速运动，则加速度与速度同向；若质点做减速运动，则加速度与速度反向。当质点沿曲线运动时，若质点做加速运动，则加速度与速度的夹角为锐角；若质点做减速运动，则加速度与速度的夹角为钝角；若质点做匀速率运动，则加速度与速度相互垂直。

在国际单位制中，速度和加速度的单位分别为 $\mathrm{m \cdot s^{-1}}$（米每秒）、$\mathrm{m \cdot s^{-2}}$（米每二次方秒）。

由以上讨论可以看出，如果知道了质点的运动方程，就能确定质点的全部运动状况。因此，运动方程是运动学的核心。运动学的任务之一，就是要根据各种问题的具体情况，求出质点的运动方程。

例 1-1 一个质点在 x 轴上做直线运动，运动方程为 $x=(2t^3+4t^2+8)\boldsymbol{i}$，式中 x 的单位为 m，t 的单位为 s，求：(1) 任意时刻的速度和加速度；(2) 在 $t=2$ s 和 $t=3$ s 时刻，物体的位置、速度和加速度；(3) 在 $t=2$ s 到 $t=3$ s 时间内，物体的平均速度和平均加速度。

解 (1) 由速度和加速度的定义式，可求得

$$\boldsymbol{v}=\frac{\mathrm{d}x}{\mathrm{d}t}=\frac{\mathrm{d}(2t^3+4t^2+8)}{\mathrm{d}t}\boldsymbol{i}=(6t^2+8t)\boldsymbol{i}\ \mathrm{m\cdot s^{-1}}$$

$$\boldsymbol{a}=\frac{\mathrm{d}\boldsymbol{v}}{\mathrm{d}t}=\frac{\mathrm{d}(6t^2+8t)}{\mathrm{d}t}\boldsymbol{i}=(12t+8)\boldsymbol{i}\ \mathrm{m\cdot s^{-2}}$$

(2) $t=2$ s 时，代入上面各式，有

$$x=40\boldsymbol{i}\ \mathrm{m},\quad v=40\boldsymbol{i}\ \mathrm{m\cdot s^{-1}},\quad a=32\boldsymbol{i}\ \mathrm{m\cdot s^{-2}}$$

同理，$t=3$ s 时，有

$$x=98\boldsymbol{i}\ \mathrm{m},\quad v=78\boldsymbol{i}\ \mathrm{m\cdot s^{-1}},\quad a=44\boldsymbol{i}\ \mathrm{m\cdot s^{-2}}$$

(3) $\bar{\boldsymbol{v}}=\dfrac{\Delta x}{\Delta t}=\dfrac{98-40}{3-2}\boldsymbol{i}\ \mathrm{m\cdot s^{-1}}=58\boldsymbol{i}\ \mathrm{m\cdot s^{-1}}$，$\bar{\boldsymbol{a}}=\dfrac{\Delta \boldsymbol{v}}{\Delta t}=\dfrac{78-40}{3-2}\boldsymbol{i}\ \mathrm{m\cdot s^{-2}}=38\boldsymbol{i}\ \mathrm{m\cdot s^{-2}}$。

例 1-2 一质点的运动方程为 $x=4t^2$，$y=2t+3$，其中 x 和 y 的单位都是 m，t 的单位是 s。求：(1) 运动轨迹；(2) 第 1 s 内的位移；(3) $t=0$ s 和 $t=1$ s 两个时刻质点的速度和加速度。

解 (1) 将运动方程 $x=4t^2$，$y=2t+3$ 消去参数 t，得轨迹方程

$$x=(y-3)^2$$

此为抛物线方程，即质点的运动轨迹为抛物线。

(2) 先将运动方程写成位矢形式，即

$$\boldsymbol{r}=x\boldsymbol{i}+y\boldsymbol{j}=4t^2\boldsymbol{i}+(2t+3)\boldsymbol{j}$$

由此可得，$t=0$ s 时，$\boldsymbol{r}_0=3\boldsymbol{j}$ m；$t=1$ s 时，$\boldsymbol{r}_1=4\boldsymbol{i}+5\boldsymbol{j}$ m。

所以第 1 s 内的位移为

$$\Delta\boldsymbol{r}=\boldsymbol{r}_1-\boldsymbol{r}_0=4\boldsymbol{i}+5\boldsymbol{j}-3\boldsymbol{j}=4\boldsymbol{i}+2\boldsymbol{j}\ \mathrm{m}$$

(3) 由速度及加速度定义，得

$$\boldsymbol{v}=\frac{\mathrm{d}\boldsymbol{r}}{\mathrm{d}t}=\frac{\mathrm{d}x}{\mathrm{d}t}\boldsymbol{i}+\frac{\mathrm{d}y}{\mathrm{d}t}\boldsymbol{j}=8t\boldsymbol{i}+2\boldsymbol{j}\ \mathrm{m\cdot s^{-1}}$$

$$\boldsymbol{a}=\frac{\mathrm{d}\boldsymbol{v}}{\mathrm{d}t}=8\boldsymbol{i}\ \mathrm{m\cdot s^{-2}}$$

由此可得,$t=0$ s时,$\boldsymbol{v}=2\boldsymbol{j}\ \mathrm{m\cdot s^{-1}}$,$\boldsymbol{a}=8\boldsymbol{i}\ \mathrm{m\cdot s^{-2}}$;$t=1$ s时,$\boldsymbol{v}=8\boldsymbol{i}+2\boldsymbol{j}\ \mathrm{m\cdot s^{-1}}$,$\boldsymbol{a}=8\boldsymbol{i}\ \mathrm{m\cdot s^{-2}}$。

1.1.3　质点运动学的两类问题

有了运动方程,不仅可以知道质点任意时刻所处的位置,还可以通过微分确定其速度和加速度;反过来,若已知质点的速度或加速度,则根据初始条件,可以通过积分建立质点的运动方程。这就是运动学中常见的两类问题。

例 1-3　匀速直线运动。

特点:$v=$ 常量,$a=\dfrac{\mathrm{d}v}{\mathrm{d}t}=0$,已知 $t=t_0$ 时,$x=x_0$,由 $v=\dfrac{\mathrm{d}x}{\mathrm{d}t}$,得

$$\mathrm{d}x=v\mathrm{d}t$$

两边积分,有

$$\int_{x_0}^{x}\mathrm{d}x=\int_{t_0}^{t}v\mathrm{d}t$$

得

$$x-x_0=v(t-t_0)$$

故

$$x=x_0+v(t-t_0)$$

特例:若 $t_0=0$ 时,$x_0=0$,则 $x=vt$。

例 1-4　匀变速直线运动。

特点:$a=$ 常量,已知 $t=t_0$ 时,$v=v_0$,由 $a=\dfrac{\mathrm{d}v}{\mathrm{d}t}$,得

$$\mathrm{d}v=a\mathrm{d}t$$

两边积分,有

$$\int_{v_0}^{v}\mathrm{d}v=\int_{t_0}^{t}a\mathrm{d}t$$

得

$$v-v_0=a(t-t_0)$$

故

$$v=v_0+a(t-t_0)$$

又已知 $t=t_0$ 时,$x=x_0$,由 $v=\dfrac{\mathrm{d}x}{\mathrm{d}t}$,得

$$\mathrm{d}x=v\mathrm{d}t=[v_0+a(t-t_0)]\mathrm{d}t$$

两边积分,有

$$\int_{x_0}^{x}\mathrm{d}x=\int_{t_0}^{t}[v_0+a(t-t_0)]\mathrm{d}t$$

得

$$x-x_0=v_0(t-t_0)+\frac{1}{2}a(t-t_0)^2$$

故

$$x=x_0+v_0(t-t_0)+\frac{1}{2}a(t-t_0)^2$$

特例:$t_0=0$ 时,$v=v_0$,$x_0=0$,则 $v=v_0+at$,$x=v_0t+\dfrac{at^2}{2}$。

从位移和速度公式中消去时间变量 t,可得

$$v^2-v_0^2=2ax$$

还有另一种很有用的方法 —— 恒等变换:

由 $a=\frac{dv}{dt}=\frac{dv}{dx}\frac{dx}{dt}=v\frac{dv}{dx}$，得

$$a\mathrm{d}x=v\mathrm{d}v$$

两边积分，有

$$\int_0^x a\mathrm{d}x=\int_{v_0}^v v\mathrm{d}x$$

得

$$ax=\frac{1}{2}(v^2-v_0^2)$$

故

$$v^2-v_0^2=2ax$$

对于自由落体运动，速度 $v=gt$，位移 $y=\frac{gt^2}{2}$；

对于竖直上抛运动，速度 $v=v_0-gt$，位移 $y=v_0t-\frac{gt^2}{2}$。

例 1-5　设某质点沿 x 轴运动，在 $t=0$ 时的速度为 v_0，其加速度与速度的大小成正比，方向相反，比例系数为 $k(k>0)$，试求速度随时间变化的关系式。

解　由题意及加速度的定义式，可知

$$a=-kv=\frac{dv}{dt}$$

分离变量并积分，有

$$\int_{v_0}^v \frac{dv}{v}=\int_0^t -k\mathrm{d}t$$

可得 $\ln\frac{v}{v_0}=-kt$，故有

$$v=v_0\mathrm{e}^{-kt}$$

因此该质点速度的方向保持不变，但速度的大小随时间的增大而减小，直到速度等于零为止。

---

§ 1.2　曲线运动的描述

1.2.1　平面曲线运动

质点做曲线运动时，速度增量 $\Delta\boldsymbol{v}$ 的方向和加速度 $\boldsymbol{a}$ 的方向一般不同于速度 $\boldsymbol{v}$ 的方向。在曲线运动中，加速度的方向总是指向曲线凹进的一边，如图 1-6 所示。当速率减慢时，$\boldsymbol{a}$ 与 $\boldsymbol{v}$ 的夹角为钝角；当速率加快时，$\boldsymbol{a}$ 与 $\boldsymbol{v}$ 的夹角为锐角；当速率保持不变时，$\boldsymbol{a}$ 与 $\boldsymbol{v}$ 的夹角为直角。

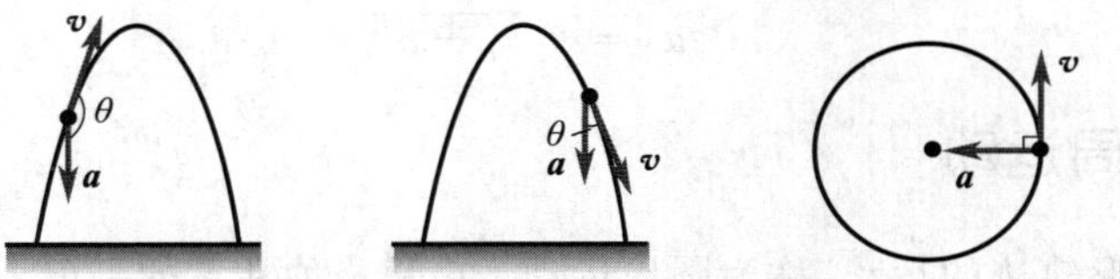

图 1-6　曲线运动中的加速度

为运算方便起见,平面曲线运动中常采用平面自然坐标系进行讨论,即将加速度沿着质点所在处轨迹的切线和法线方向进行分解,如此得到的加速度分量分别称为**切向加速度**和**法向加速度**。

切向加速度

设质点的运动轨迹如图 1-7(a) 所示,t 和 $t+\Delta t$ 时刻质点分别位于点 P_1 和点 P_2,速度分别为 $\boldsymbol{v}_1$ 和 $\boldsymbol{v}_2$,点 P_1 和点 P_2 的邻切角为 $\Delta\theta$,Δt 时间间隔内速度增量为 $\Delta\boldsymbol{v}$。图 1-7(b) 表示了 $\boldsymbol{v}_1$,$\boldsymbol{v}_2$ 和 $\Delta\boldsymbol{v}$ 之间的关系,其中矢量 $\overrightarrow{BC}$ 就是 $\Delta\boldsymbol{v}$。若在矢量 $\overrightarrow{AC}$ 上截取 $|\overrightarrow{AD}|=|\overrightarrow{AB}|=|\boldsymbol{v}_1|$,则剩下的部分 $|\overrightarrow{DC}|=|\boldsymbol{v}_2|-|\boldsymbol{v}_1|=|\Delta\boldsymbol{v}_\tau|=\Delta v$,也就是说 $|\Delta\boldsymbol{v}_\tau|=\Delta v$ 反映了速度的增量的模即速度大小的变化量。连接 $\overrightarrow{BD}$,并记作 $\Delta\boldsymbol{v}_n$,其反映了速度方向的变化量。因此速度增量 $\Delta\boldsymbol{v}$ 包含了速度大小的增量和速度方向的增量这两方面的含义,这通过 $\Delta\boldsymbol{v}_\tau$ 和 $\Delta\boldsymbol{v}_n$ 得到了定量的描述,即 $\Delta\boldsymbol{v}=\Delta\boldsymbol{v}_\tau+\Delta\boldsymbol{v}_n$。

由图 1-7(c) 可看出,当 $\Delta t\to 0$ 时,$\Delta\theta\to 0$,则 $\angle ABD\to\dfrac{\pi}{2}$,即在极限条件下,$\Delta\boldsymbol{v}_n$ 的方向垂直于过点 P_1 的切线,亦即沿曲线在点 P_1 的法线方向;同时,在 $\Delta\theta\to 0$ 的极限条件下,$\Delta\boldsymbol{v}_\tau$ 就是 $\boldsymbol{v}_1$ 的方向,亦即沿点 P_1 的切线方向。

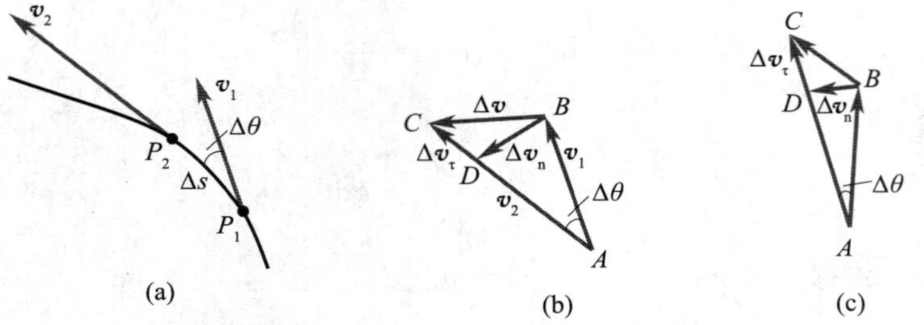

图 1-7 切向加速度和法向加速度

进一步地,由图 1-7(c) 可看出,$\Delta\theta\to 0$ 时,$|\Delta\boldsymbol{v}_n|=v\Delta\theta$,则有

$$\boldsymbol{a}=\lim_{\Delta t\to 0}\frac{\Delta\boldsymbol{v}}{\Delta t}=\lim_{\Delta t\to 0}\frac{\Delta\boldsymbol{v}_\tau}{\Delta t}+\lim_{\Delta t\to 0}\frac{\Delta\boldsymbol{v}_n}{\Delta t}=\frac{dv}{dt}\boldsymbol{\tau}_0+v\frac{d\theta}{dt}\boldsymbol{n}_0 \tag{1-14}$$

式中,τ_0 表示点 P_1 切线方向(指向质点前进方向)的单位矢量;$\boldsymbol{n}_0$ 表示点 P_1 法线方向的单位矢量。又由于 $\dfrac{d\theta}{dt}=\dfrac{d\theta}{ds}\dfrac{ds}{dt}=v\dfrac{1}{\rho}$,式中 ρ 为过点 P_1 的曲率圆的曲率半径,满足 $\rho d\theta=ds$,于是式(1-14) 可写为

$$\boldsymbol{a}=\frac{dv}{dt}\boldsymbol{\tau}_0+\frac{v^2}{\rho}\boldsymbol{n}_0=\boldsymbol{a}_\tau+\boldsymbol{a}_n \tag{1-15}$$

式中 $\boldsymbol{a}_\tau=\dfrac{dv}{dt}\boldsymbol{\tau}_0$,$\boldsymbol{a}_n=\dfrac{v^2}{\rho}\boldsymbol{n}_0$ 分别为加速度的切向分量和法向分量,反映了速度大小和方向的变化。加速度的模,即大小为

$$|\boldsymbol{a}|=\sqrt{a_\tau^2+a_n^2}$$

1.2.2 圆周运动

质点沿固定圆形轨迹的运动,称为圆周运动。它是一种常见的平面曲线运动形式,如车床飞轮上各点的运动都属于圆周运动。按玻尔的氢原子理论,氢原子中电子绕原子核的运动也

可以近似地认为是圆周运动。质点做圆周运动时，轨迹的曲率半径处处相等，而速度方向始终在圆周的切线上，因而对圆周运动的描述常采用以平面自然坐标系为基础的**线量描述**和以平面极坐标系为基础的**角量描述**。

在平面自然坐标系中，位矢 $\boldsymbol{r}$ 是轨迹 s 的函数，即 $\boldsymbol{r}=\boldsymbol{r}(s)$。如图1-8所示，$O'$ 为平面自然坐标系的坐标原点，$\boldsymbol{\tau}_0$ 和 $\boldsymbol{n}_0$ 分别为切向和法向的单位矢量。由 $|\mathrm{d}\boldsymbol{r}|=\mathrm{d}s$，有

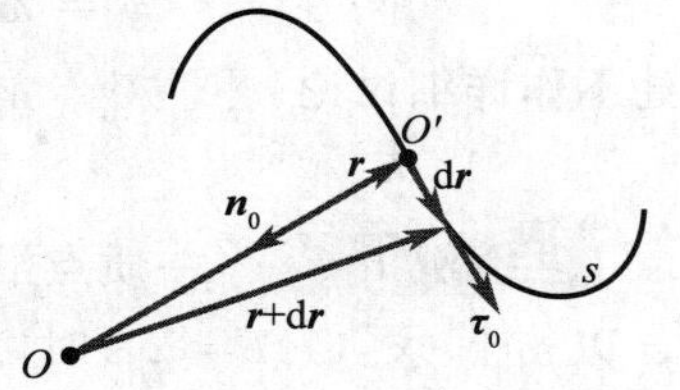

图1-8　质点位置的自然坐标表示

位移：$\mathrm{d}\boldsymbol{r}=\mathrm{d}s\boldsymbol{\tau}_0$

速度：$\boldsymbol{v}=\dfrac{\mathrm{d}s}{\mathrm{d}t}\boldsymbol{\tau}_0=v\boldsymbol{\tau}_0$

切向加速度：$\boldsymbol{a}_\tau=\dfrac{\mathrm{d}v}{\mathrm{d}t}\boldsymbol{\tau}_0=\dfrac{\mathrm{d}^2s}{\mathrm{d}t^2}\boldsymbol{\tau}_0$

法向加速度：$\boldsymbol{a}_\mathrm{n}=\dfrac{v^2}{\rho}\boldsymbol{n}_0=\dfrac{v^2}{R}\boldsymbol{n}_0$

式中，R 为圆周半径。

下面介绍极坐标系下圆周运动的角量描述。以圆心为极点，并任意引一条射线为极轴建立极坐标系。定义质点位置对极点的径向矢量 $\boldsymbol{r}$ 与极轴的夹角 θ 为质点的角位置，用 $\mathrm{d}\theta$ 表示径向矢量在 $\mathrm{d}t$ 时间内转过的**角位移**。于是，类似直线运动中引入速度和加速度的方法，圆周运动中可以引入**角速度** ω 和**角加速度** β 的概念，即

$$\omega=\lim_{\Delta t\to 0}\frac{\Delta\theta}{\Delta t}=\frac{\mathrm{d}\theta}{\mathrm{d}t}\tag{1-16}$$

$$\beta=\lim_{\Delta t\to 0}\frac{\Delta\omega}{\Delta t}=\frac{\mathrm{d}\omega}{\mathrm{d}t}=\frac{\mathrm{d}^2\theta}{\mathrm{d}t^2}\tag{1-17}$$

质点做圆周运动时，轨迹半径 R 为常数，角位置 θ 是时间 t 的函数，因此在极坐标系中只需一个坐标 θ 就可描述圆周运动中质点的位置。这和质点的直线运动很类似，于是可以比照匀变速直线运动的方法建立描述匀变速圆周运动（β 为常数）的公式，即在匀变速圆周运动中有

$$\begin{gathered}\omega=\omega_0+\beta t\\ \theta=\theta_0+\omega_0 t+\frac{1}{2}\beta t^2\\ \omega^2-\omega_0^2=2\beta(\theta-\theta_0)\end{gathered}\tag{1-18}$$

式中，θ_0 和 ω_0 分别为初始角位置和初始角速度。

以上，分别利用线量描述和角量描述讨论了圆周运动，不难证明，角量和线量之间存在如下关系，即

$$\begin{cases}\mathrm{d}s=R\mathrm{d}\theta\\ v=\dfrac{\mathrm{d}s}{\mathrm{d}t}=R\dfrac{\mathrm{d}\theta}{\mathrm{d}t}=R\omega\\ a_\tau=\dfrac{\mathrm{d}v}{\mathrm{d}t}=R\dfrac{\mathrm{d}\omega}{\mathrm{d}t}=R\beta\\ a_\mathrm{n}=\dfrac{v^2}{R}=R\omega^2\end{cases}\tag{1-19}$$

值得注意的是，上述角量描述中的角位移 $\mathrm{d}\theta$ 和角速度 ω 既有大小又有方向，角位移的方向与质点的旋转方向满足右手螺旋定则，即右手四指弯向质点的旋转方向，与四指垂直的大拇指

指向的方法表示角位移的方向;角速度的方向为角位移的方向,如图 1-9 所示。从矢量的角度考虑,按照矢量的矢积法则,角速度矢量和线速度矢量之间应为以下关系:

$$\boldsymbol{v} = \boldsymbol{\omega} \times \boldsymbol{r}$$

此处不作详细讨论。

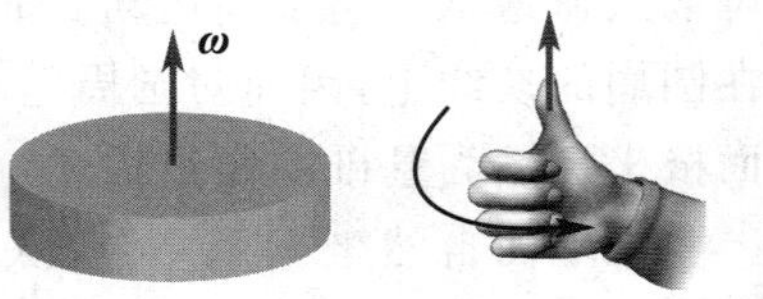

图 1-9　角速度方向

例 1-6　一质点沿半径为 1 m 的圆周运动,运动方程为 $\theta = 2 + 3t^3$,式中 θ 以 rad 计,t 以 s 计,求:(1)$t = 2$ s 时,质点的切向和法向加速度;(2) 当加速度的方向和半径成 45° 时的角位移。

解　由角量定义得　$\omega = \dfrac{\mathrm{d}\theta}{\mathrm{d}t} = 9t^2$,　$\beta = \dfrac{\mathrm{d}\omega}{\mathrm{d}t} = 18t$

(1)$t = 2$ s 时,　$a_\tau = R\beta = 1 \times 18 \times 2\ \mathrm{m \cdot s^{-2}} = 36\ \mathrm{m \cdot s^{-2}}$

$$a_n = R\omega^2 = 1 \times (9 \times 2^2)^2\ \mathrm{m \cdot s^{-2}} = 1\ 296\ \mathrm{m \cdot s^{-2}}$$

(2) 当加速度方向与半径成 45° 时,有

$$\tan 45° = \frac{a_\tau}{a_n} = 1$$

即

$$R\omega^2 = R\beta$$

亦即

$$(9t^2)^2 = 18t$$

解得

$$t^3 = \frac{2}{9}$$

于是角位移为

$$\theta = 2 + 3t^3 = 2 + 3 \times \frac{2}{9} = 2.67\ \mathrm{rad}$$

---

§1.3　相 对 运 动*

前面曾指出,对同一物体的运动,选取的参考系不同,其运动的描述就不同,这反映了运动描述的相对性。本节讨论同一质点在两个有相对运动的参考系中的位移、速度和加速度之间的关系。假设一个参考系静止,称为静止参考系,另一个相对于静止参考系运动,称为运动参考系。为此,对于一个处于运动参考系中的物体,把它相对于静止参考系的运动称为**绝对运动**,把物体相对于运动参考系的运动称为**相对运动**,而把运动参考系相对于静止参考系的运动称为**牵连运动**。当然,这些称谓都是相对的。

设 S 为静止参考系,S' 为运动参考系,如图 1-10 所示,S' 相对于 S 做沿 x 轴的直线运动,则 S' 系中的质点 P 对 S 系的位矢 $\boldsymbol{r} = \boldsymbol{r}_{OP}$ 为绝对位矢,对 S' 系的位矢 $\boldsymbol{r}' = \boldsymbol{r}'_{O'P}$ 为相对位矢,而 S' 系的坐标原点 O' 对 S 系的坐标原点 O 的位矢 $\boldsymbol{r}_0 = \boldsymbol{r}_{OO'}$ 为牵连位矢,由矢量的加减法则,可知

$$\boldsymbol{r}_{OP} = \boldsymbol{r}_{OO'} + \boldsymbol{r}'_{O'P} \tag{1-20}$$

即绝对位矢等于牵连位矢和相对位矢的矢量和。

式(1-20) 两边对时间求导,可得

$$\boldsymbol{v}_{OP} = \boldsymbol{v}_{OO'} + \boldsymbol{v}'_{O'P} \tag{1-21}$$

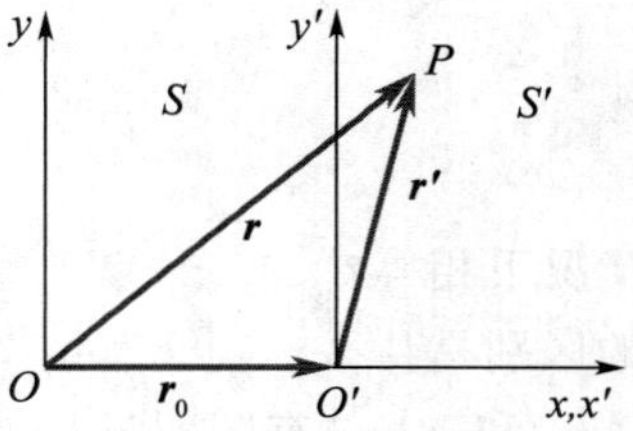

图 1-10　运动描述的相对性

即绝对速度 $\boldsymbol{v}_{OP}$ 等于牵连速度 $\boldsymbol{v}_{OO'}$ 和相对速度 $\boldsymbol{v}'_{O'P}$ 的矢量和。

式(1-21) 两边再对时间求导，可得

$$\boldsymbol{a}_{OP} = \boldsymbol{a}_{OO'} + \boldsymbol{a}'_{O'P} \tag{1-22}$$

即绝对加速度 $\boldsymbol{a}_{OP}$ 等于牵连加速度 $\boldsymbol{a}_{OO'}$ 和相对加速度 $\boldsymbol{a}'_{O'P}$ 的矢量和。

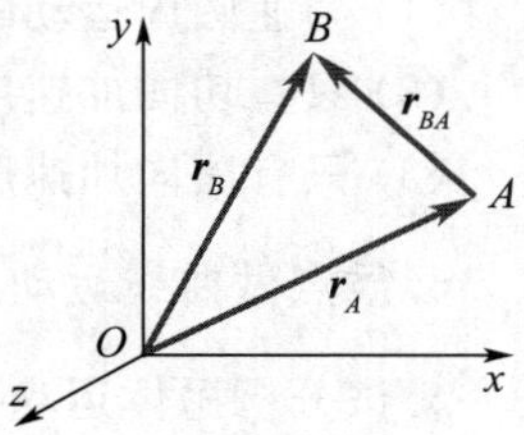

图 1-11　相对位矢

以上结论还可应用于讨论同一参考系中不同质点之间的相对运动问题。如图 1-11 所示，设 A 和 B 两个质点对参考系的位矢分别为 $\boldsymbol{r}_A$ 和 $\boldsymbol{r}_B$，则质点 B 对质点 A 的位矢是由 A 引向 B 的矢量 $\boldsymbol{r}_{BA}$，称为 B 对 A 的相对位矢。由矢量的加减法则，有

$$\boldsymbol{r}_{BA} = \boldsymbol{r}_B - \boldsymbol{r}_A \tag{1-23}$$

式(1-23) 对时间求导数，可得

$$\boldsymbol{v}_{BA} = \boldsymbol{v}_B - \boldsymbol{v}_A \tag{1-24}$$

式中，$\boldsymbol{v}_{BA}$ 称为 B 对 A 的相对速度。

雨中走还是跑淋雨会少？

需要说明的是，上面所讨论的位矢、速度和加速度的合成法则，只在低速运动领域，即运动速度远小于光速 c 时成立。当运动速度可与光速比拟时，应遵循相对论的时空坐标变换法则，这里不作详细讨论。

例 1-7　一艘船以速率 $v_1 = 30\ \mathrm{km \cdot h^{-1}}$ 沿直线向东行驶，另一小艇在其前方以速率 $v_2 = 40\ \mathrm{km \cdot h^{-1}}$ 沿直线向北行驶：(1) 在船上看小艇的速度 $\boldsymbol{v}_{21}$ 为多少？(2) 在小艇上看船的速度 $\boldsymbol{v}_{12}$ 又为多少？

解　(1) 在船上看小艇，则有 $\boldsymbol{v}_{21} = \boldsymbol{v}_2 - \boldsymbol{v}_1$，依题意作速度矢量图，如图 1-12(a) 所示，可知

$$v_{21} = \sqrt{v_1^2 + v_2^2} = 50\ \mathrm{km \cdot h^{-1}}$$

$$\theta = \arctan\frac{v_1}{v_2} = \arctan\frac{3}{4} = 36.87°$$

方向为北偏西 36.87°。

(2) 在小艇上看船，则有 $v_{12} = v_1 - v_2$，依题意作速度矢量图，如图 1-12(b) 所示，方法同题(1)，得

$$v_{12} = 50\ \mathrm{km \cdot h^{-1}}$$

方向为南偏东 36.87°。

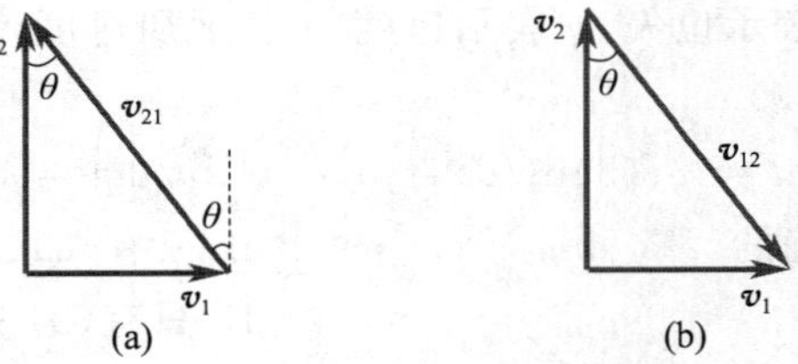

图 1-12　例 1-7 图

思考题

1. 路程和位移的大小在什么情况下相等?

2. 直角坐标系和自然坐标系的区别是什么?

3. $|\Delta \boldsymbol{r}|$和$\Delta|\boldsymbol{r}|$有区别吗?$|\Delta \boldsymbol{v}|$和$\Delta|\boldsymbol{v}|$有区别吗?

4. 下列说法是否正确:

(1) 匀速圆周运动的加速度是常量;

(2) 只有切向加速度的运动一定是直线运动;

(3) 只有法向加速度的运动一定是圆周运动。

5. 质点做曲线运动,由于$\boldsymbol{a}=\frac{\mathrm{d}\boldsymbol{v}}{\mathrm{d}t}$,故加速度的大小为$a=\frac{\mathrm{d}v}{\mathrm{d}t}$,这种说法对吗?为什么?

6. 试分析抛体运动各阶段的速度和加速度的方向。速度什么时候最大,什么时候最小?法向加速度和切向加速度呢?

7. 圆周运动中质点的加速度一定和速度的方向垂直吗?

8. 一人站在地面上用枪瞄准挂在树上的木偶,当子弹从枪口射出时木偶正好从树上由静止自由下落,子弹能击中木偶吗?为什么?

习题 1

一、选择题

1. 一质点在平面上运动,已知质点位矢的表达式为$\boldsymbol{r}=at^2\boldsymbol{i}+bt^2\boldsymbol{j}$(其中$a$、$b$为常量),则该质点做( )。

A. 匀速直线运动　　B. 变速直线运动

C. 抛物线运动　　D. 一般曲线运动

2. 质点沿半径为R的圆周做匀速率运动,转一周所用时间为t,在$2t$时间间隔中,其平均速度大小与平均速率大小分别为( )。

A. $2\pi R/t,2\pi R/t$　　B. $0,2\pi R/t$

C. $0,0$　　D. $2\pi R/t,0$

3. 质点做曲线运动,$\boldsymbol{r}$表示位矢,$\boldsymbol{v}$表示速度,$\boldsymbol{a}$表示加速度,s表示路程,a_τ表示切向加速度,下列表达式中,( )。

(1)$\mathrm{d}v/\mathrm{d}t=a$;(2)$\mathrm{d}r/\mathrm{d}t=v$;(3)$\mathrm{d}s/\mathrm{d}t=v$;(4)$|\mathrm{d}\boldsymbol{v}/\mathrm{d}t|=a_\tau$。

A. 只有(1)、(4)是正确的　　B. 只有(2)、(4)是正确的

C. 只有(2)是正确的　　D. 只有(3)是正确的

4. 一质点做曲线运动,任一时刻的径矢为$\boldsymbol{r}$,速度为$\boldsymbol{v}$,则在Δt时间间隔内( )。

A. $|\Delta \boldsymbol{v}|=\Delta v$　　B. 平均速度为$\frac{\Delta r}{\Delta t}$

C. $|\Delta \boldsymbol{r}| = \Delta r$　　D. 平均速度为$\dfrac{\Delta \boldsymbol{r}}{\Delta t}$

5. 做匀变速圆周运动的物体(　　)。

A. 法向加速度大小不变　　B. 切向加速度大小不变

C. 总加速度大小不变　　D. 以上说法都不对

6. 质点做变速直线运动时,速度与加速度的关系为(　　)。

A. 速度为 0,加速度一定也为 0　　B. 速度不为 0,加速度也一定不为 0

C. 加速度很大,速度也一定很大　　D. 加速度减小,速度的变化率也一定减小

7. 一质点在平面上做一般曲线运动,其瞬时速度为 $\boldsymbol{v}$,瞬时速率为 v,平均速度为 $\bar{\boldsymbol{v}}$,平均速率为 $\bar{v}$,它们之间的关系必定为(　　)。

A. $|\boldsymbol{v}| = v, |\bar{\boldsymbol{v}}| = v$　　B. $|\boldsymbol{v}| \neq v, |\bar{\boldsymbol{v}}| = \bar{v}$

C. $|\boldsymbol{v}| \neq v, |\bar{\boldsymbol{v}}| \neq \bar{v}$　　D. $|\boldsymbol{v}| = v, |\bar{\boldsymbol{v}}| \neq \bar{v}$

8. 一质点做直线运动,某时刻的瞬时速度 $v = 2\ \mathrm{m \cdot s^{-1}}$,瞬时加速度 $a = -2\ \mathrm{m \cdot s^{-2}}$,则1 s 后质点的速度大小(　　)。

A. 等于零　　B. 等于 $-2\ \mathrm{m \cdot s^{-1}}$

C. 等于 $2\ \mathrm{m \cdot s^{-1}}$　　D. 不能确定

9. 一质点在 xOy 平面内运动,其运动方程为 $x = R\sin \omega t + \omega R t$, $y = R\cos \omega t + R$,式中 R、ω 均为常数。当 y 达到最大值时,该质点的速度为(　　)。

A. $v_x = 0, v_y = 0$　　B. $v_x = 2R\omega, v_y = 0$

C. $v_x = 0, v_y = -R\omega$　　D. $v_x = 2R\omega, v_y = -R\omega$

10. 某人以 $4\ \mathrm{m \cdot s^{-1}}$ 的速度从 A 运动至 B,再以 $6\ \mathrm{m \cdot s^{-1}}$ 的速度沿原路从 B 回到 A,则来回全程的平均速度大小为(　　)。

A. $5\ \mathrm{m \cdot s^{-1}}$　　B. $4.8\ \mathrm{m \cdot s^{-1}}$　　C. $5.5\ \mathrm{m \cdot s^{-1}}$　　D. 0

二、填空题

1. 一质点沿半径为 R 的圆周运动一周回到原地,在此运动过程中,其位移大小为______,路程为______。

2. 一质点的运动方程为 $\boldsymbol{r} = 4\cos 2t\boldsymbol{i} + 3\sin 2t\boldsymbol{j}$,则该质点的轨迹方程为______,加速度 $\boldsymbol{a}(t) =$ ______。

3. 有一在 x 轴上做变加速直线运动的质点,已知其初速度为 v_0,初始位置为 x_0,加速度为 $a = ct^2$(其中 c 为常量),则质点速度与时间的关系为 $v =$ ______,运动方程为 $x =$ ______。

4. 以一定初速度斜向上抛出一个物体,如果忽略空气阻力,当该物体的速度 $\boldsymbol{v}$ 与水平面的夹角为 θ 时,其切向加速度的大小为 $a_\tau =$ ______,法向加速度的大小为 $a_n =$ ______。

5. 半径为 1.5 m 的飞轮做匀变速转动,初角速度为 $10\ \mathrm{rad \cdot s^{-1}}$,角加速度为 $-5\ \mathrm{rad \cdot s^{-2}}$,则在 $t =$ ______时角位移为零,而此时边缘上点的线速度的大小为 $v =$ ______。

6. 一质点做直线运动,其坐标 x 与时间 t 的关系曲线如图 1-13 所示,则该质点在第______ s 瞬时速度为零;在第______ s 至第______ s 间速度与加速度同方向。

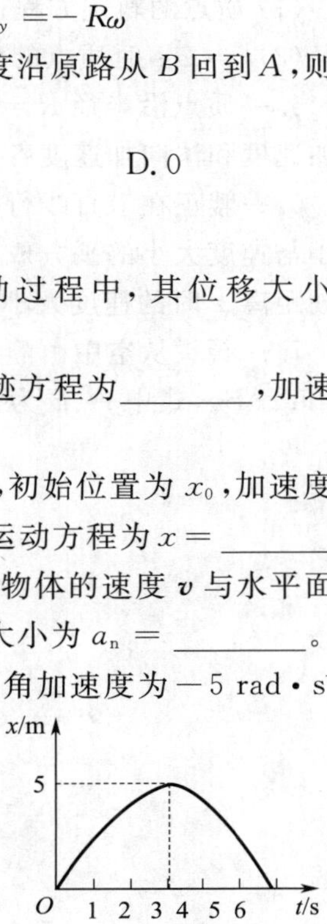

图 1-13　填空题 6 图

7. 有一水平飞行的飞机，速率为 v_0，在飞机上以水平速度 $\boldsymbol{v}$ 向前发射一颗炮弹，忽略空气阻力，并设发炮过程不影响飞机的速度，则

(1) 以地球为参考系，炮弹的轨迹方程为________；

(2) 以飞机为参考系，炮弹的轨迹方程为________。

8. 一质点速率表达式为 $v = 1 + s^2$，则在任意位置处其切向加速度 a_τ 为________。

三、计算题

1. 一质点由静止开始做直线运动，初始加速度为 a_0，之后加速度均匀增加，每经过时间间隔 t_0 增加 a_0，求经过时间 t 后该质点的速度和位移。

2. 一质点沿 x 轴做直线运动，t 时刻的坐标为 $x = 4.5t^2 - 2t^3$(SI)。试求：

(1) 第 2 s 内的平均速度；

(2) 第 2 s 末的瞬时速度；

(3) 第 2 s 内的路程。

3. 如图 1-14 所示，质点 P 在水平面内沿一半径为 $R = 2$ m 的圆周运动。转动的角速度 ω 与时间 t 的函数关系为 $\omega = kt^2$(k 为常量)。已知 $t = 2$ s 时，质点 P 的速度大小为 32 $\mathrm{m \cdot s^{-1}}$，试求 $t = 1$ s 时，质点 P 的速度与加速度的大小。

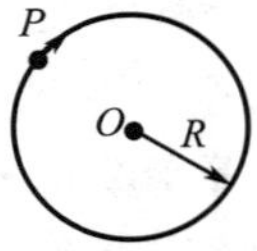

图 1-14　计算题 3 图

4. 一质点在 xOy 平面内运动，其运动方程为 $x = 2t$，$y = 19 - 2t^2$，式中 x、y 以 m 为单位，t 以 s 为单位。求：

(1) 质点的轨迹方程；

(2) $t = 2$ s 时质点的位置、速度和加速度。

5. 一质点沿半径 $R = 1$ m 的圆周运动，其角位置 $\theta = 2 + t^2$，t 以 s 为单位。求 $t = 2$ s 时切向加速度和法向加速度各为多少。

6. 一艘正在沿直线行驶的电艇，在发动机关闭后，其加速度方向与速度方向相反，加速度大小与速度大小的平方成正比，即 $\mathrm{d}v/\mathrm{d}t = -kv^2$，式中 k 为常数。证明：电艇在关闭发动机后又行驶距离 x 时的速度大小为 $v = v_0 \mathrm{e}^{-kx}$，其中 v_0 是发动机关闭时的速率。

7. 一石头从空中由静止下落，由于空气阻力，石头并非做自由落体运动。现已知加速度 $a = A - Bv$，式中 A、B 为常量。试求石头的速度随时间的变化关系。

习题解答

第2章 质点动力学

运动是物体的固有属性。第1章讨论了如何描述物体的运动，本章讨论物体为什么会运动，在什么条件下运动，这涉及物体之间的相互作用，即力的问题。研究质点在力的作用下运动规律的科学称为质点动力学。质点动力学的基本原理是牛顿运动定律，以牛顿运动定律作为基础的力学体系称为经典力学或牛顿力学。本章主要讨论牛顿运动定律、动量及动量定理、功和能量。动量和能量是最基本的物理量，其守恒定律是自然界中的基本规律，适用范围远远超出了经典力学。

§2.1 牛顿运动定律

1687年，牛顿在他的著作《自然哲学的数学原理》中，发表了三条运动定律，这三条定律统称为牛顿运动定律，它们构成了质点动力学的基础，也开始了经典力学时代，在行星运动以及其他很多方面取得了巨大的成功。

牛顿

2.1.1 牛顿第一定律

牛顿第一定律指出：**任何物体都将保持其原来的静止或匀速直线运动状态，直到有外力迫使它改变这种运动状态为止**。物体的这种保持原来运动状态的属性称为**惯性**。因此，牛顿第一定律又称为**惯性定律**。惯性是物体的固有属性，任何物体在任何状态下都具有惯性，表明物质与运动不可分离,反映了物体改变运动状态的难易程度。正是由于物体具有惯性,所以要使物体的运动状态发生变化,一定要有其他物体对它作用,这种作用称为**力**。力是物体与物体之间的相互作用,是使物体运动状态发生变化,即产生加速度的原因,但不是维持速度的原因。

相关实验表明,一个不受外力作用的质点并不是在任何参考系中都能保持加速度为零的静止或者匀速直线运动状态。如图 2-1 所示,在一个加速运动的车厢内观察水平方向不受外力作用的小球运动,小球相对于车厢参考系有加速度,而相对于地面参考系,其加速度为零。

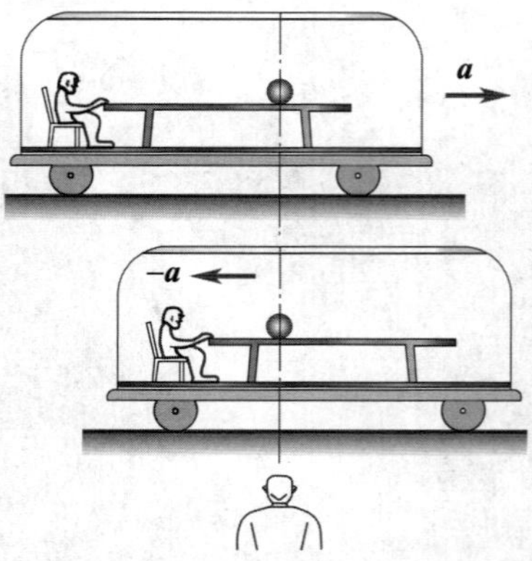

图 2-1 在加速运动的车厢内惯性定律不成立

可见,惯性定律只能在某些特殊的参考系中成立。对于一个不受外力作用的质点,相对于它静止或者做匀速直线运动的参考系称为**惯性参考系**,简称**惯性系**。上例表明,惯性定律只在惯性系中成立。上例中的地面就是惯性系,而加速运动的车厢不是惯性系。地球是最常用的惯性系,但精确的研究表明,地球并不是严格的惯性系,而太阳参考系是比地球精确度更高的惯性系。在实际问题中,对于地面附近物体的运动,通常选取地球作为惯性系。

如何从运动的车里跳下来?

此外,可以证明,相对于某惯性系静止或者做匀速直线运动的其他参考系也是惯性系。

2.1.2 牛顿第二定律

牛顿第二定律指出:**物体受到外力作用时,所获得的加速度 $\boldsymbol{a}$ 的大小与作用在物体上的合外力 $\boldsymbol{F}$ 的大小成正比,与物体的质量 m 成反比;加速度 $\boldsymbol{a}$ 的方向与合外力 F 的方向相同**。其数学表达式为

$$\boldsymbol{F} = km\boldsymbol{a} \tag{2-1}$$

式中,比例系数 k 由所使用的单位制确定,在国际单位制中,$k = 1$。

确定论系统中的随机行为

由牛顿第二定律可知,同一外力作用下,质量大的物体获得的加速度小,质量小的物体获得的加速度大。也就是说,质量大的物体要改变其运动状态比较困难,即惯性大;质量小的物体要改变其运动状态比较容易,即惯性小。因此,**质量是物体惯性大小的量度**。牛顿第二定律中的质量 m 也常称为惯性质量。

牛顿第二定律在牛顿第一定律的基础上,进一步阐明了在力的作用下物体运动状态变化的具体规律,确立了力、质量和加速度三者之间的关系,是牛顿运动定律的核心,其方程为

$$\boldsymbol{F} = m\boldsymbol{a} = m\frac{\mathrm{d}^2\boldsymbol{r}}{\mathrm{d}t^2} \tag{2-2}$$

式(2-2)也是质点动力学的基本方程。

2.1.3　牛顿第三定律

牛顿第三定律指出：**当物体 A 以力 $\boldsymbol{F}_1$ 作用在物体 B 上时，物体 B 也必定同时以力 $\boldsymbol{F}_2$ 作用在物体 A 上，$\boldsymbol{F}_1$ 和 $\boldsymbol{F}_2$ 大小相等，方向相反，且力的作用线在同一直线上**，即

$$\boldsymbol{F}_1 = -\boldsymbol{F}_2 \tag{2-3}$$

牛顿第三定律给出了作用力和反作用力的特征，说明了力具有物体间相互作用的性质。

(1) 作用力和反作用力总是成对出现且一一对应的。

(2) 作用力和反作用力分别作用在两个物体上，因此不属于平衡力。

(3) 作用力与反作用力是同一种性质的力。若作用力是拉力，则反作用力也一定是拉力；若作用力是摩擦力，则反作用力也一定是摩擦力。

2.1.4　牛顿运动定律的应用

1. 牛顿运动定律在应用中要注意的问题

(1) 牛顿运动定律只适用于质点模型。如果一个物体在讨论问题时不能被看作质点，可将该物体处理为由许许多多质点构成的质点系统(简称**质点系**)，质点系中每个质点的运动都应遵从牛顿运动定律。

(2) 牛顿运动定律只在惯性系中成立。事实上，包括后面将介绍的动量定理、动能定理、动量及机械能守恒定律等在内的所有经典力学规律都只在惯性系中成立。对于地面附近物体的运动，通常选取地球为惯性系。

(3) 牛顿运动定律只适用于宏观物体的低速(速度远小于光速) 运动情况。对于微观和高速(速度可与光速比拟) 运动领域的物理现象，经典力学的解释是不成功的。事实上，微观粒子的运动规律需要用量子力学来解释，而高速运动的物理图像必须用爱因斯坦的相对论进行讨论。

2. 牛顿运动定律的相关应用

牛顿运动定律广泛应用于科学研究和生产技术中，也大量体现在人们的日常生活中。这里所指的应用主要是对实际问题中抽象出的理想模型进行分析及计算。

是否能逆风行舟

牛顿运动定律的应用大体分为两种情况：一是已知作用在物体上的力，由力学规律决定物体的运动状态，如速度、加速度及运动方程等；二是已知物体的运动状态，由力学规律推论作用在物体上的力，可以是合力，也可以是某一分力，或是与此相关的物理量。

牛顿运动定律的应用主要是牛顿第二定律的应用。式(2-2) 是矢量式，在具体计算中往往要将其写成分量式，如在直角坐标系中写为

$$\begin{cases} F_x = ma_x = m\dfrac{\mathrm{d}^2 x}{\mathrm{d}t^2} \\ F_y = ma_y = m\dfrac{\mathrm{d}^2 y}{\mathrm{d}t^2} \\ F_z = ma_z = m\dfrac{\mathrm{d}^2 z}{\mathrm{d}t^2} \end{cases} \tag{2-4}$$

研究曲线运动时,可在自然坐标系中写为

$$\begin{cases} F_\tau = ma_\tau = m\dfrac{\mathrm{d}v}{\mathrm{d}t} \\ F_\mathrm{n} = ma_\mathrm{n} = m\dfrac{v^2}{\rho} \end{cases} \tag{2-5}$$

式中,F_τ、F_n 分别代表切向分力和法向分力的大小。

利用牛顿运动定律解题,可以使用如下步骤。

(1) 根据问题的具体要求,确定研究对象。

(2) 隔离物体,依次分析受力情况,并作受力图。

(3) 选择参考系,对研究对象的运动状况进行定性分析。

(4) 建立合适的坐标系,根据牛顿运动定律列出运动方程(组)。

(5) 求解方程,并对结果进行必要讨论。

例 2-1　一质量为 m 的人站在升降机内,当升降机以加速度 $\boldsymbol{a}$ 运动时,如图 2-2 所示,求人对升降机地板的压力。

解　(1) 确定研究对象:以人为研究对象。

(2) 受力分析:人受到重力 $m\boldsymbol{g}$ 和地板对人的弹性力 $\boldsymbol{N}$ 的作用。

(3) 选择坐标系:选择向上为正方向。

(4) 列方程:根据牛顿第二定律,得

$$N - mg = ma$$

(5) 解方程:解得　$N = m(g + a)$

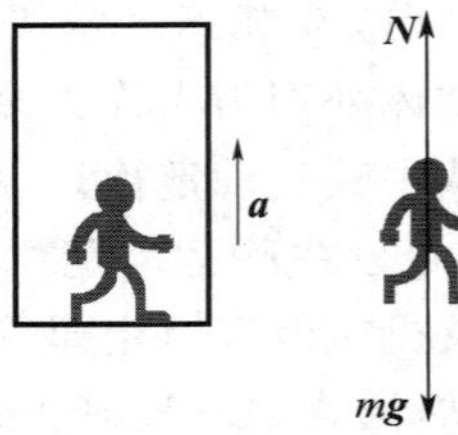

图 2-2　例 2-1 图

由牛顿第三定律可知,人对地板的压力为 $N' = m(g + a)$,方向向下。

(6) 讨论:当 $a > 0$ 时,$N > mg$,向上加速或向下减速,超重;

当 $a < 0$ 时,$N < mg$,向上减速或向下加速,失重。

当升降机自由降落时,人对地板的压力减为 0,此时人处于完全失重状态。

例 2-2　一细绳跨过一定滑轮,绳的一端悬有一质量为 m_1 的物体,另一端穿在质量为 m_2 的圆柱体的竖直细孔中,如图 2-3(a) 所示,圆柱体可沿绳子滑动。现看到绳子在细孔中加速上升,圆柱体相对于绳子以加速度 $\boldsymbol{a}$ 下滑,求物体和圆柱体相对于地面的加速度、绳子的张力及圆柱体与绳子间的摩擦力(绳子轻且不可伸长,滑轮的质量及轮与轴间的摩擦不计)。

解　因绳子不可伸长,故设滑轮两边绳子的加速度均为 $\boldsymbol{a}_1$,其对于圆柱体则为牵连加速度,又知圆柱体对绳子的相对加速度为 $\boldsymbol{a}$,故由图 2-3(b) 可知,圆柱体对地的加速度为

$$a_2 = a_1 - a \quad ①$$

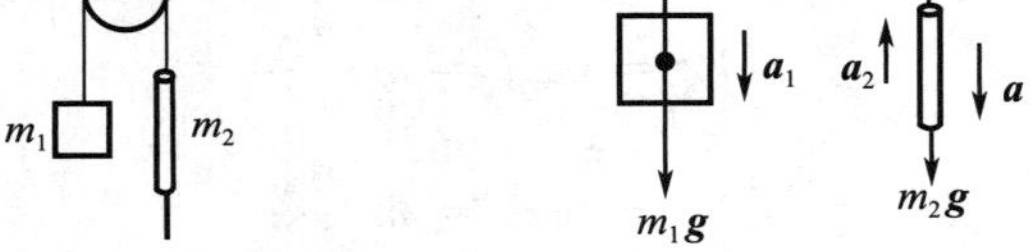

(a)　(b)

图 2-3　例 2-2 图

又因为绳的质量不计，所以圆柱体受到的摩擦力 $\boldsymbol{f}$ 在数值上等于绳的张力 $\boldsymbol{T}$，由牛顿第二定律，有

$$m_1 g - T = m_1 a_1 \quad ②$$

$$T - m_2 g = m_2 a_2 \quad ③$$

联立 ①、②、③ 式，可得

$$a_1 = \frac{(m_1 - m_2)g + m_2 a}{m_1 + m_2}$$

$$a_2 = \frac{(m_1 - m_2)g - m_1 a}{m_1 + m_2}$$

$$f = T = \frac{m_1 m_2 (2g - a)}{m_1 + m_2}$$

讨论：(1) 若 $a = 0$，则 $a_1 = a_2$，表示圆柱体与绳子之间无相对滑动。

(2) 若 $a = 2g$，则 $T = f = 0$，表示圆柱体与绳子之间无任何作用力，此时 m_1、m_2 均做自由落体运动。

例 2-3　如图 2-4 所示，长为 l 的轻绳，一端系一质量为 m 的小球，另一端系于定点 O，开始时小球处于最低位置。若使小球获得初速度 $\boldsymbol{v}_0$，小球将在竖直平面内做圆周运动。求小球在任意位置的速率及绳的张力。

解　以小球为研究对象，在位置 θ 处，小球受重力和绳的张力的作用。根据牛顿第二定律，可以写出小球在法向和切向的运动方程：

$$T - mg\cos\theta = ma_{\mathrm{n}} = m\frac{v^2}{l} \quad ①$$

$$-mg\sin\theta = ma_{\tau} = m\frac{\mathrm{d}v}{\mathrm{d}t} \quad ②$$

由式 ② 可得

$$\frac{\mathrm{d}v}{\mathrm{d}t} = -g\sin\theta \quad ③$$

又因为 $\frac{\mathrm{d}v}{\mathrm{d}t} = \frac{\mathrm{d}v}{\mathrm{d}s}\frac{\mathrm{d}s}{\mathrm{d}t} = v\frac{\mathrm{d}v}{\mathrm{d}s} = \frac{v}{l}\frac{\mathrm{d}v}{\mathrm{d}\theta}$，其中 $\mathrm{d}s = l\mathrm{d}\theta$，于是式 ③ 可写成

$$v\mathrm{d}v = -gl\sin\theta\mathrm{d}\theta$$

由初始条件，对上式两边积分，有

$$\int_{v_0}^{v} v\mathrm{d}v = \int_0^{\theta} -gl\sin\theta\mathrm{d}\theta$$

得

$$v = \sqrt{v_0^2 + 2gl(\cos\theta - 1)}$$

代入式 ①，得

$$T = m\left(\frac{v_0^2}{l} - 2g + 3g\cos\theta\right)$$

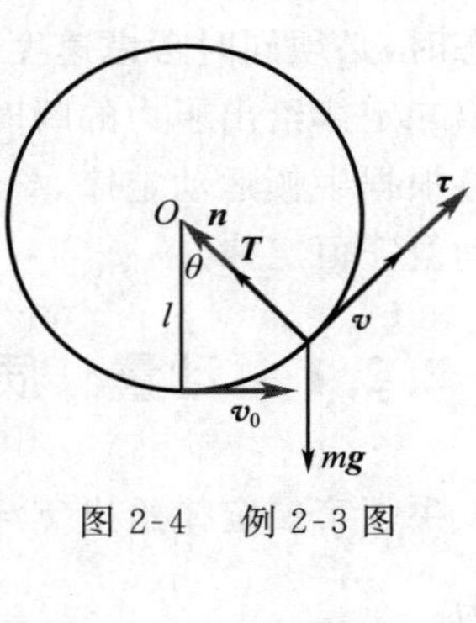

图 2-4　例 2-3 图

讨论：上升过程中，小球速率减小，绳的拉力逐渐减小；下降过程中，小球速率增大，绳的拉力逐渐增大。

例 2-4 如图 2-5 所示，漏斗匀速转动，质量为 m 的物块与漏斗壁之间的静摩擦系数为 μ，若物块相对于漏斗内壁静止不动，求漏斗转动的最大角速度。

解 分两种情况考虑：

(1) 若无静摩擦力，且物块静止不动，则漏斗只有一个角速度 ω。此时，物块受到重力 $m\boldsymbol{g}$、漏斗壁支持力 $\boldsymbol{F}$，且径向上满足

$$F\sin\theta = m\omega^2 r$$

y 方向上满足

$$F\cos\theta - mg = 0$$

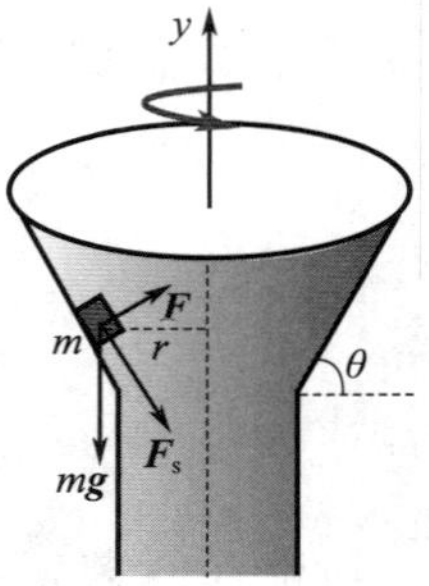

图 2-5 例 2-4 图

(2) 若有静摩擦力 $\boldsymbol{F}_s$，ω 的数值可在一个范围内变化。由 $\omega_{\min}$ 至 $\omega_{\max}$，当 ω 较小(但 $\omega > \omega_{\min}$)时，物块有沿壁下滑趋势，$\boldsymbol{F}_s$ 沿壁向上；当 ω 较大(但 $\omega < \omega_{\max}$)时，物块有沿壁上滑趋势，$\boldsymbol{F}_s$ 沿壁向下；当 $\omega = \omega_{\max}$ 时，$\boldsymbol{F}_s$ 沿壁向下，数值最大，有 $F_{s,\max} = \mu F$。此时，物块受力如图 2-5 所示，且径向上满足

$$F\sin\theta + F_{s,\max}\cos\theta = m\omega_{\max}^2 r \quad ①$$

钱伟长

y 方向上满足

$$F\cos\theta - mg - F_{s,\max}\sin\theta = 0 \quad ②$$

由式 ①、式 ② 及 $F_{s,\max} = \mu F$，可得

$$\omega_{\max} = \sqrt{\frac{g(\sin\theta + \mu\cos\theta)}{r(\cos\theta - \mu\sin\theta)}}$$

§ 2.2 动量 动量守恒定律

速度是反映物体运动状态的物理量，但物体的运动状态不仅取决于速度，还与物体的质量有关。也就是说，从动力学的角度考虑物体的机械运动状态时，必须同时考虑速度和质量这两个因素。为此，引入动量的概念。牛顿第二定律给出了力的瞬时效应，动量则体现的是力的时间积累效应。本节将根据牛顿运动定律，导出单个质点和质点系的动量定理，并进一步讨论动量守恒定律。

自然界中的科里奥利效应

2.2.1 动量 质点的动量定理

牛顿第二定律给出 $\boldsymbol{F} = m\boldsymbol{a} = m\dfrac{\mathrm{d}\boldsymbol{v}}{\mathrm{d}t}$。在经典力学中，质点的质量 m 是一个常数，因此可写为

$$\boldsymbol{F} = \frac{\mathrm{d}}{\mathrm{d}t}(m\boldsymbol{v}) \tag{2-6}$$

定义质点的质量 m 和运动速度 $\boldsymbol{v}$ 的乘积 $m\boldsymbol{v}$ 为质点的**动量**，用 $\boldsymbol{p}$ 表示，即

$$\boldsymbol{p} = m\boldsymbol{v} \tag{2-7}$$

动量是矢量，其方向与速度 v 的方向一致，大小为质量 m 和速度大小 v 的乘积，是一个状态量，具有瞬时性。动量的单位是 $\mathrm{kg \cdot m \cdot s^{-1}}$。

定义动量 $\boldsymbol{p}$ 后，式(2-6) 可写为

$$\boldsymbol{F} = \frac{\mathrm{d}\boldsymbol{p}}{\mathrm{d}t} \tag{2-8}$$

也就是说，质点所受的合外力等于质点的动量对时间的一阶导数。事实上，式(2-8) 是更普遍的牛顿第二定律表达式。只有在经典力学适用的低速运动领域，且质量是常数时，牛顿第二定律才可写为 $\boldsymbol{F} = m\boldsymbol{a}$ 的形式。

将式(2-8) 分离变量，得

$$\boldsymbol{F}\mathrm{d}t = \mathrm{d}\boldsymbol{p} = \mathrm{d}(m\boldsymbol{v})$$

假设 t_0 时刻质点的动量为 $\boldsymbol{p}_0$，速度为 $\boldsymbol{v}_0$，t 时刻质点的动量为 $\boldsymbol{p}$，速度为 $\boldsymbol{v}$，上式两边积分得

$$\int_{t_0}^{t} \boldsymbol{F}\mathrm{d}t = \int_{\boldsymbol{p}_0}^{\boldsymbol{p}} \mathrm{d}\boldsymbol{p} = \boldsymbol{p} - \boldsymbol{p}_0 = \Delta\boldsymbol{p} = m\boldsymbol{v} - m\boldsymbol{v}_0 \tag{2-9}$$

上式左边力对时间的积分 $\int_{t_0}^{t} \boldsymbol{F}\mathrm{d}t$ 称为力 $\boldsymbol{F}$ 对质点的**冲量**，用 $\boldsymbol{I}$ 表示，即

$$\boldsymbol{I} = \int_{t_0}^{t} \boldsymbol{F}\mathrm{d}t \tag{2-10}$$

冲量 $\boldsymbol{I}$ 也是矢量，其表征了外力对时间的积累效应，单位是 N · s(牛顿 · 秒)。当外力是常量时，冲量表示为 $\boldsymbol{I} = \boldsymbol{F} \cdot \Delta t$，即力对物体的冲量等于作用在物体上的力与力作用时间的乘积。

定义冲量后，式(2-9) 可写为

$$\boldsymbol{I} = \boldsymbol{p} - \boldsymbol{p}_0 = \Delta\boldsymbol{p} \tag{2-11}$$

即作用在物体上的合外力的冲量等于物体动量的增量，这就是**质点的动量定理**。式(2-8) 为质点动量定理的微分形式。

式(2-11) 为质点动量定理的矢量表达式，在直角坐标系中，可写出其分量式

$$\begin{cases} I_x = \int_{t_0}^{t} F_x \mathrm{d}t = mv_x - mv_{0x} \\ I_y = \int_{t_0}^{t} F_y \mathrm{d}t = mv_y - mv_{0y} \\ I_z = \int_{t_0}^{t} F_z \mathrm{d}t = mv_z - mv_{0z} \end{cases} \tag{2-12}$$

显然，质点在某一坐标轴上的动量增量，只与质点在此轴线上所受外力的冲量有关。实际问题中，常常采用分量式使问题简化。

关于质点的动量定理，应注意以下几点。

(1) 冲量的方向问题。冲量的方向并不是动量的方向，而是动量增量的方向，即沿着力的方向。

(2) 由动量定理可知，力在一段时间内的积累效果，是使物体产生动量增量。要产生同样的效果，即同样的动量增量，施加的力不同，相应的作用时间也就不同。力大时所需时间短，力小时所需时间长。只要力的时间积累量即冲量一样，就能产生相同的动量增量。

(3) 动量定理常用来讨论冲击和碰撞等问题。一般情况下，碰撞和冲击过程中物体间相互

作用的时间很短。在该过程中,相互作用力往往很大而且随时间改变,称为冲力。由于冲力很大,在碰撞的瞬间过程中作用在质点上的其他有限大小的力(如重力、阻力等)与冲力相比,可忽略不计,从而使问题得到简化。

(4) 利用动量定理可以求出碰撞过程中的平均冲力。只要测定了两个物体在碰撞前、后的动量和作用时间,由公式 $\overline{\boldsymbol{F}}=\dfrac{\int_{t_1}^{t_2}\boldsymbol{F}\mathrm{d}t}{t_2-t_1}=\dfrac{\boldsymbol{p}_2-\boldsymbol{p}_1}{t_2-t_1}$ 就可算出冲力的平均值。因而对于短时间 $\Delta t=t_2-t_1$ 内冲力的作用,可表示为 $\boldsymbol{I}=\overline{\boldsymbol{F}}\cdot\Delta t=\Delta\boldsymbol{p}$,如图 2-6 所示。

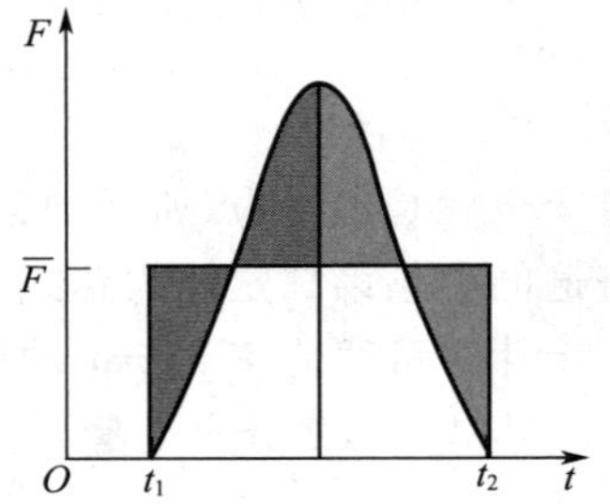

图 2-6　冲力的示意图

(5) 动量定理仅适用于惯性系,表达式中的速度必须是对同一参考系而言的。

(6) 动量是状态量,而冲量是过程量,动量定理给出了过程量和状态量之间的关系。因此,在很多问题中,利用动量定理解题是比较简单的。

例 2-5　一弹性小球,质量 $m=0.2\ \mathrm{kg}$,速度 $v=6\ \mathrm{m\cdot s^{-1}}$,如图 2-7 所示,与墙壁碰撞后跳回,设跳回时速度的大小不变,碰撞前、后的方向与墙壁的法线的夹角 α 都是 $60°$,碰撞的时间 Δt 为 0.03 s。求在碰撞时间内,球对墙壁的平均作用力。

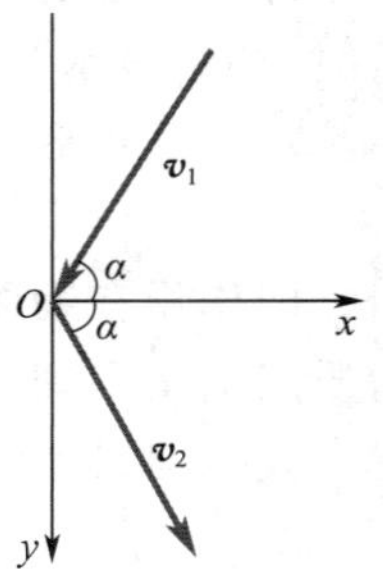

图 2-7　例 2-5 图

解　以球为研究对象,设墙壁对球的平均作用力为 $\overline{\boldsymbol{F}}$,球在碰撞前、后的速度分别为 $\boldsymbol{v}_1$、$\boldsymbol{v}_2$,由动量定理得

$$\overline{\boldsymbol{F}}\Delta t=m\boldsymbol{v}_2-m\boldsymbol{v}_1$$

建立如图 2-7 所示的坐标系,则上式写成标量形式

$$\begin{cases}\overline{\boldsymbol{F}}_x\Delta t=m\boldsymbol{v}_{2x}-m\boldsymbol{v}_{1x}\\\overline{\boldsymbol{F}}_y\Delta t=m\boldsymbol{v}_{2y}-m\boldsymbol{v}_{1y}\end{cases}$$

即
$$\begin{cases}\overline{F}_x\Delta t=mv\cos\alpha-(-mv\cos\alpha)=2mv\cos\alpha\\\overline{F}_y\Delta t=mv\sin\alpha-mv\sin\alpha=0\end{cases}$$

得
$$\begin{cases}\overline{F}_x=2mv\cos\alpha/\Delta t\\\overline{F}_y=0\end{cases}$$

代入数据,得
$$\overline{F}_x=2\times0.2\times6\times\cos60°/0.03\ \mathrm{N}=40\ \mathrm{N}$$

根据牛顿第三定律,球对墙壁的平均作用力大小为 40 N,方向向左。

例 2-6　一质量为 0.15 kg 的棒球以 $v_0=40\ \mathrm{m\cdot s^{-1}}$ 的水平速度飞来,被棒打击后,速度与原来的方向成 $135°$,大小为 $v=50\ \mathrm{m\cdot s^{-1}}$。如果棒与球的接触时间为 0.02 s,求棒对球的平均打击力的大小及方向。

解　先通过动量定理求出棒对球在初速度方向与垂直初速度方向的平均打击力,再合成可求总的平均打击力的大小及方向。

在初速度方向上,由动量定理得

$$F_1 \Delta t = mv\cos 135^\circ - mv_0 \quad ①$$

在垂直初速度方向上，由动量定理得

$$F_2 \Delta t = mv\sin 45^\circ \quad ②$$

又

$$\overline{F} = \sqrt{F_1^2 + F_2^2} \quad ③$$

将式 ①、式 ②、式 ③ 代入数据得

$$\overline{F} = 624\ \text{N}$$

方向与初速度方向成 $\arctan\left(\frac{F_2}{-F_1}\right) = 155^\circ$。

例 2-7　如图 2-8 所示，一辆装矿砂的车厢以 $v = 4\ \text{m} \cdot \text{s}^{-1}$ 的速率从漏斗下通过，落入车厢的矿砂的质量变化率为 $k = 200\ \text{kg} \cdot \text{s}^{-1}$。若使车厢保持速率不变，需施与车厢多大的牵引力？（忽略车厢与地面的摩擦力）

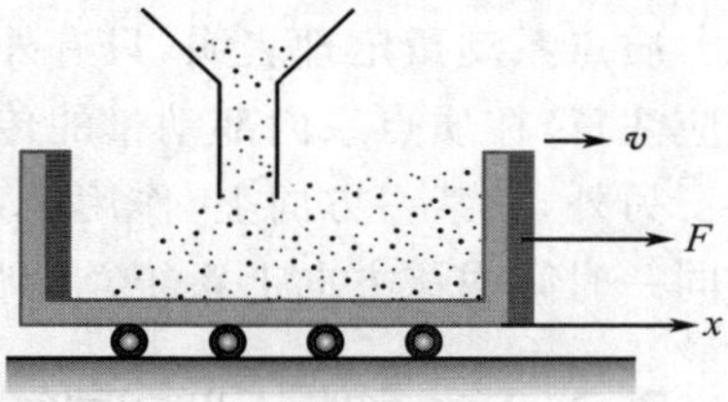

图 2-8　例 2-7 图

解　设 t 时刻已落到车厢的矿砂质量为 m，经 $\text{d}t$ 时间后又有 $\text{d}m = k\text{d}t$ 的矿砂落入车厢。取 m 和 $\text{d}m$ 为研究对象，则系统沿 x 方向的动量定理为

$$F\text{d}t = (m + \text{d}m)v - (mv + \text{d}m \cdot 0) = v\text{d}m = k\text{d}t \cdot v$$

则需施与车厢的牵引力大小为

$$F = kv = 200 \times 4\ \text{N} = 800\ \text{N}$$

2.2.2　质点系的动量定理

中国空间站

上面讨论了质点的动量定理，然而在许多问题中，需要研究多个甚至无数个质点构成的质点系的动量变化与作用在质点系上的力之间的关系。

当研究对象是质点系时，其受力可分为内力和外力。质点系内各质点之间的作用力称为内力，质点系外物体对质点系内质点的作用力称为外力。

设一质点系由 n 个质点组成，先考查第 i 个质点的受力情况。设质点系内第 j 个质点对第 i 个质点的作用力为 $\boldsymbol{f}_{ji}$，则第 i 个质点所受的内力，即质点系内其他质点对第 i 个质点所施加作用力的矢量和，可表示为

$$\sum_{j \neq i}^{n} \boldsymbol{f}_{ji} \quad (2\text{-}13)$$

另设 i 质点所受的外力为 $\boldsymbol{F}_{i外}$，则第 i 个质点受到的合力可表示为

$$\boldsymbol{F}_{i外} + \sum_{j \neq i} \boldsymbol{f}_{ji} \quad (2\text{-}14)$$

对第 i 个质点运用动量定理，有

$$\int_{t_1}^{t_2} (\boldsymbol{F}_{i外} + \sum_{j \neq i}^{n} \boldsymbol{f}_{ji})\text{d}t = \int_{t_1}^{t_2} \boldsymbol{F}_{i外}\,\text{d}t + \int_{t_1}^{t_2} (\sum_{j \neq i} \boldsymbol{f}_{ji})\text{d}t = m_i \boldsymbol{v}_{i2} - m_i \boldsymbol{v}_{i1} \quad (2\text{-}15)$$

式中，$\boldsymbol{v}_{i1}$、$\boldsymbol{v}_{i2}$ 分别为作用前、后第 i 个质点的速度。

进而对于整个质点系，只需对第 i 个质点求和，即

$$\sum_{i=1}^{n} \int_{t_1}^{t_2} \boldsymbol{F}_{i外}\,\text{d}t + \sum_{i}^{n} \int_{t_1}^{t_2} (\sum_{j \neq i} \boldsymbol{f}_{ji})\text{d}t = \sum_{i=1}^{n} m_i \boldsymbol{v}_{i2} - \sum_{i=1}^{n} m_i \boldsymbol{v}_{i1}$$

考虑到求和与积分顺序可互换,于是有

$$\int_{t_1}^{t_2}\sum_{i=1}^{n}\boldsymbol{F}_{i外}\,\mathrm{d}t+\int_{t_1}^{t_2}\Big(\sum_{i=1}^{n}\sum_{j\neq i}\boldsymbol{f}_{ji}\Big)\mathrm{d}t=\sum_{i=1}^{n}m_i\boldsymbol{v}_{i2}-\sum_{i=1}^{n}m_i\boldsymbol{v}_{i1} \tag{2-16}$$

考虑到内力总是成对出现的,且每对内力都大小相等,方向相反,故其矢量和必为零,即

$$\sum_{i=1}^{n}\sum_{j\neq i}\boldsymbol{f}_{ji}=\boldsymbol{0}$$

于是有

$$\int_{t_1}^{t_2}\sum_{i=1}^{n}\boldsymbol{F}_{i外}\,\mathrm{d}t=\sum_{i=1}^{n}m_i\boldsymbol{v}_{i2}-\sum_{i=1}^{n}m_i\boldsymbol{v}_{i1} \tag{2-17}$$

式(2-17)左边表示质点系所受合外力$\sum\limits_{i=1}^{n}\boldsymbol{F}_{i外}$的冲量,右边表示作用前后质点系总动量的变化量,即**作用于质点系上合外力的冲量等于质点系动量的增量**,这就是**质点系的动量定理**。

质点系动量定理表明,只有外力可以改变系统的总动量,内力对系统的总动量无贡献。但是应注意,在质点系内部动量的传递和交换中,内力是起作用的。

另外,在某一方向上,作用于系统上所有外力的冲量的代数和,应等于在同一时间内该方向上系统总动量的变化量。

长征系列火箭

2.2.3 动量守恒定律

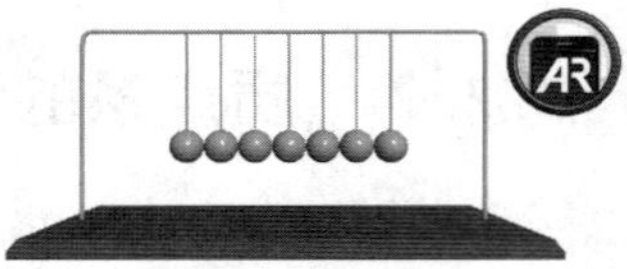

动量守恒定律

由质点系的动量定理,很容易得到动量守恒定律。根据式(2-17),若质点系所受合外力$\sum\limits_{i=1}^{n}\boldsymbol{F}_{i外}=\boldsymbol{0}$,则有

$$\sum_{i=1}^{n}m_i\boldsymbol{v}_{i2}=\sum_{i=1}^{n}m_i\boldsymbol{v}_{i1} \tag{2-18}$$

即系统的总动量$\boldsymbol{p}=\sum\limits_{i}m_i\boldsymbol{v}_i=$恒矢量。也就是说,**对于一个不受外力作用的力学系统(孤立系统)或所受合外力为零的系统,系统的总动量保持恒定不变**,这就是**动量守恒定律**。

动量守恒定律是物理学中基本的普适定律之一,迄今为止,人们还未发现不适用动量守恒定律的特例。虽然动量守恒定律是从牛顿运动定律出发推得的,但动量守恒定律是比牛顿运动定律更为普遍的规律,特别是在微观领域的某些过程中,牛顿运动定律不成立,但动量守恒定律依然成立。

应用动量守恒定律时,应注意以下几点:

(1) 当质点系所受合外力的矢量和$\sum\limits_{i}\boldsymbol{F}_{i外}=\boldsymbol{0}$时,质点系在任何一个方向上都满足动量守恒定律;当$\sum\limits_{i}\boldsymbol{F}_{i外}\neq\boldsymbol{0}$,但合外力在某一个方向上的分量为零时,质点系在该方向上依然满足动量守恒定律。

(2) 质点系动量守恒定律成立的条件是系统所受合外力为零。在一些具体问题,如碰撞、打击、爆炸等过程中,系统所受合外力并不为零,但其值比系统内各质点间的内力要小得多,此时,外力对质点系的总动量变化影响甚小。此种情况下,可忽略外力,近似地认为合外力为零,从而应用动量守恒定律。

(3) 系统的总动量守恒并不意味着系统内每一个质点的动量都保持不变。事实上，由于系统内各质点之间存在相互作用，各质点的动量都是变化的，只是系统内所有质点动量的矢量和保持不变。

(4) 由于动量守恒定律是用牛顿运动定律导出的，所以也只适用于惯性系。运用动量守恒定律时，必须将各质点的动量统一到同一惯性系中。

例 2-8　质量为 M 的木块静止在光滑的水平桌面上，质量为 m、速率为 v_0 的子弹水平地射入木块，并陷在木块内与木块一起运动。求：(1) 子弹相对木块静止后，木块的速度和动量；(2) 子弹相对木块静止后，子弹的动量；(3) 在此过程中，子弹施于木块的冲量。

解　(1) 以木块和子弹为系统，水平方向上不受外力，则由动量守恒定律，得

$$mv_0 = (m+M)v$$

所以木块的速度为 $v = \dfrac{mv_0}{m+M}$，其动量为 $Mv = M\dfrac{mv_0}{m+M}$。

(2) 子弹相对木块静止后，子弹的速度为 v，其动量为 $mv = \dfrac{m^2 v_0}{m+M}$。

(3) 由动量定理，子弹施与木块的冲量为 $I = Mv = M\dfrac{mv_0}{m+M}$。

例 2-9　如图 2-9 所示，质量为 M 的炮车以仰角 α 发射质量为 m 的炮弹。若地面的摩擦力可忽略不计。设炮弹的初速率为 v_1，求炮车对地后退的速率 v_2。

解　以炮车和炮弹为系统。发射过程中，系统所受合外力不为零，但若地面的摩擦力可忽略不计，则系统在水平方向上合外力为零，动量守恒。故由动量守恒定律，得

$$mv_1\cos\alpha = Mv_2$$

所以

$$v_2 = \frac{mv_1\cos\alpha}{M}$$

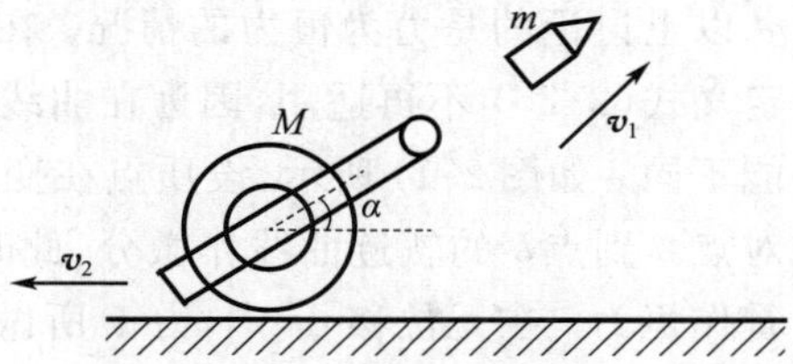

图 2-9　例 2-9 图

§ 2.3　功　动能定理

上面讨论了力的时间积累效应，本节讨论力的空间积累效应，即功的概念，进而讨论功和能的关系，即动能定理。

2.3.1　功和功率

1. 功

在力的持续作用过程中，若力的作用点由初位置变化到末位置，就形成了力对空间的积累。物理学上用功这个概念表示力的空间积累效应，记作 W。在国际单位制中，功的单位为 J(焦耳)。下面讨论力的不同情况下功的数值定义和计算。

首先讨论力为恒力的情况。设一恒力 $\boldsymbol{F}$ 作用于可视为质点的物体上，在 $\boldsymbol{F}$ 的作用下，物体沿直线发生了位移 $\Delta\boldsymbol{r}$，如图 2-10 所示。在该位移过程中，恒力 $\boldsymbol{F}$ 所做的**功**定义为**力在位移方向上的投影与位移大小的乘积**，即

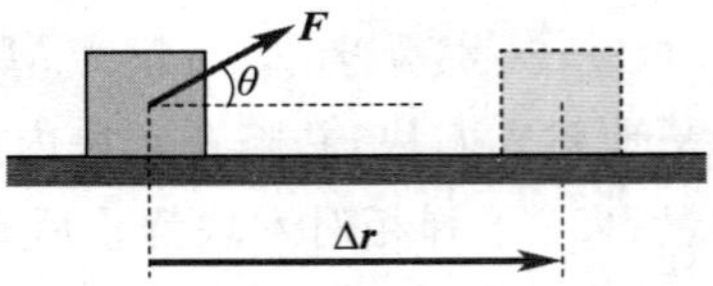

图 2-10　恒力的功

$$W = F\cos\theta|\Delta\boldsymbol{r}| \tag{2-19}$$

根据矢量点积的定义，式(2-19) 可写为

$$W = \boldsymbol{F}\cdot\Delta\boldsymbol{r} \tag{2-20}$$

由此可知，恒力做的功等于力与质点位移的点积(标积)。

功是标量，没有方向，但是有正负，功的正负由力与位移的夹角 θ 决定。当 $0\leqslant\theta<\dfrac{\pi}{2}$ 时，$W>0$，说明力对物体做正功；当 $\dfrac{\pi}{2}<\theta\leqslant\pi$ 时，$W<0$，说明力对物体做负功，或者物体克服外力做功；当 $\theta=\dfrac{\pi}{2}$ 时，$W=0$，力与位移垂直，不做功，如物体做圆周运动时法向力(向心力) 不做功。

以上讨论的是力为恒力的情况。在变力作用下，质点运动的轨迹通常为一曲线。此时，功的定义式(2-20) 不再适用，因为在曲线路径上不同的点，力的大小、方向及力与位移的夹角都可能不同。如图 2-11 所示，设质点在变力 $\boldsymbol{F}$ 作用下沿图示曲线从点 a 运动到点 b，为了计算功，可对点 a 到点 b 的轨迹曲线作微分，此时对每段无限小的元位移 $\mathrm{d}\boldsymbol{r}$，作用在质点上的力 $\boldsymbol{F}$ 都可以看作恒力。在元位移 $\mathrm{d}\boldsymbol{r}$ 中，力 $\boldsymbol{F}$ 所做的功 $\mathrm{d}W$，称为**元功**，根据功的定义式(2-20)，可表示为

$$\mathrm{d}W = \boldsymbol{F}\cdot\mathrm{d}\boldsymbol{r} \tag{2-21}$$

则力 $\boldsymbol{F}$ 在从点 a 到点 b 的整个路径上所做的总功 W 应等于所有元位移上的元功的代数和，即对式(2-21) 两边积分，有

$$\boldsymbol{W} = \int\mathrm{d}\boldsymbol{W} = \int_a^b\boldsymbol{F}\cdot\mathrm{d}\boldsymbol{r} = \int_a^b F\cos\theta|\mathrm{d}\boldsymbol{r}| \tag{2-22}$$

此即变力功的一般表达式，适用于各种情况下功的计算。在直角坐标系中，有

$$\begin{cases}\boldsymbol{F} = F_x\boldsymbol{i}+F_y\boldsymbol{j}+F_z\boldsymbol{k}\\ \mathrm{d}\boldsymbol{r} = \mathrm{d}x\boldsymbol{i}+\mathrm{d}y\boldsymbol{j}+\mathrm{d}z\boldsymbol{k}\end{cases}$$

因而功可以表示为

$$W = \int_a^b\boldsymbol{F}\cdot\mathrm{d}\boldsymbol{r} = \int_{x_a}^{x_b}F_x\mathrm{d}x+\int_{y_a}^{y_b}F_y\mathrm{d}y+\int_{z_a}^{z_b}F_z\mathrm{d}z = W_x+W_y+W_z \tag{2-23}$$

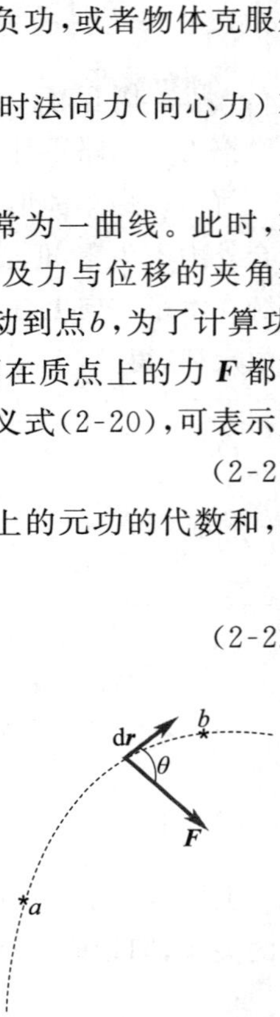

图 2-11　变力的功

另外，功也可以通过几何图表示，这种图称为**示功图**。在式(2-22)中，元位移的大小 $|d\boldsymbol{r}|$ 近似等于路程 ds，如图 2-12 所示，以路程 s 为横坐标，以 $\boldsymbol{F}\cos\theta$ 为纵坐标，根据力 $\boldsymbol{F}$ 随路程的变化关系绘制曲线。由式(2-22)可知，曲线与边界线所围成的图形的面积就是力 $\boldsymbol{F}$ 在从点 a 到点 b 的整个路程上所做的总功。

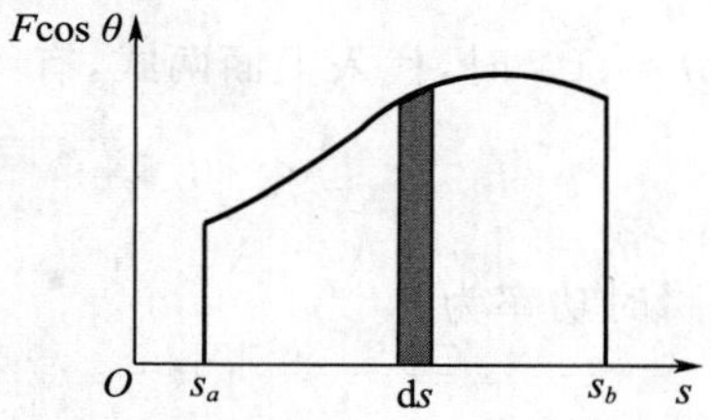

图 2-12　示功图

用示功图表示功直观方便，特别是当所围成的图形为规则几何图形时，由面积计算功不失为一种简单有效的方法。

2. 功率

在一些实际问题中，不仅要知道做功的多少，而且要考虑做功的快慢。为此，引入功率这一物理量。力在单位时间内所做的功称为**功率**，用 P 表示。

设力 $\boldsymbol{F}$ 在 Δt 时间间隔内做功 ΔW，则 $\overline{P}=\dfrac{\Delta W}{\Delta t}$ 表示 Δt 时间间隔内的平均功率；当 $\Delta t\to 0$ 时，某一时刻的瞬时功率(简称功率)，可表示为

$$P=\lim_{\Delta t\to 0}\frac{\Delta W}{\Delta t}=\frac{dW}{dt} \tag{2-24}$$

即功率为功对时间的一阶导数；又由式(2-21)，式(2-24)可写成

$$P=\boldsymbol{F}\cdot\boldsymbol{v} \tag{2-25}$$

可见，**功率等于力和速度的标积**。

功率是标量，单位是 $J\cdot s^{-1}$(焦耳每秒)，又称为 W(瓦特)，$1\ W=1\ J\cdot s^{-1}$。

例 2-10　一物体按规律 $x=ct^3$ 在介质中做直线运动，式中 c 为常量，t 为时间。设介质对物体的阻力与速度大小的平方成正比，比例系数为 k。试求物体由 $x=0$ 运动到 $x=l$ 时，阻力所做的功。

解　由质点的运动方程 $x=ct^3$，可得质点的速度

$$v=\frac{dx}{dt}=3ct^2$$

由题意得，阻力为

$$f=-kv^2=-9kc^2t^4=-9kc^{\frac{2}{3}}x^{\frac{4}{3}}$$

阻力的功为

$$W_f=\int f\,dx=-\int_0^l 9kc^{\frac{2}{3}}x^{\frac{4}{3}}\,dx=-\frac{27}{7}kc^{\frac{2}{3}}l^{\frac{7}{3}}$$

例 2-11　一沿 x 轴正方向的力作用在一质量为 3.0 kg 的质点上。已知质点的运动方程为 $x=3t-4t^2+t^3$，这里位移 x 以 m 为单位，时间 t 以 s 为单位。试求 $t=1$ s 时，力的瞬时功率。

解　由前面定义，得　$v(t)=\dfrac{dx}{dt}=3-8t+3t^2$

$$a(t)=\frac{\mathrm{d}v}{\mathrm{d}t}=6t-8$$

当 $t=1$ s 时,代入上面两式,有

$$a=-2\ \mathrm{m\cdot s^{-2}},\quad v=-2\ \mathrm{m\cdot s^{-1}}$$

得

$$F=ma=-6\ \mathrm{N}$$

故瞬时功率为

$$P=Fv=12\ \mathrm{W}$$

2.3.2 动能和动能定理

上面讨论了力对物体做功的问题,现在讨论力对物体做功后,物体的运动状态将发生的变化。

1. 动能

动能的概念是人们在长期的生产实践和科学研究中总结出来的,它是描述物体机械运动的又一重要物理量。运动的物体可以做功,如铁锤钉钉子、风力推动帆船、流水推动水轮机等,这些例子都说明运动着的物体具有能量。

把物体由于运动而具有的能量称为**动能**,用 E_k 表示,其定义为**物体的质量与其运动速度的平方的乘积的一半**,即

$$E_k=\frac{1}{2}mv^2 \tag{2-26}$$

动能是标量,单位与功相同,也是 J(焦耳)。但要注意,功是过程量,而动能取决于物体的运动状态,是状态量。

2. 动能定理

设一质点沿任意曲线运动,在力 $\boldsymbol{F}$ 的作用下发生了元位移 $\mathrm{d}\boldsymbol{r}$,则力 $\boldsymbol{F}$ 在此元位移上做的元功为

$$\mathrm{d}W=\boldsymbol{F}\cdot\mathrm{d}\boldsymbol{r}$$

由牛顿第二定律

$\boldsymbol{F}=m\boldsymbol{a}=m\dfrac{\mathrm{d}\boldsymbol{v}}{\mathrm{d}t}$ 及 $\mathrm{d}\boldsymbol{r}=\boldsymbol{v}\mathrm{d}t$[可由式(1-6)推导],并根据矢量点乘的运算规则,有

$$\mathrm{d}W=m\boldsymbol{v}\cdot\mathrm{d}\boldsymbol{v}=mv\mathrm{d}v=\mathrm{d}\left(\frac{1}{2}m\boldsymbol{v}^2\right)=\mathrm{d}E_k \tag{2-27}$$

式(2-27)表明,力对质点所做的元功等于质点动能的微增量。

由式(2-27)得,若质点在力 $\boldsymbol{F}$ 的作用下,由初位置 1 处运动到末位置 2 处,其速率由 v_1 变化到 v_2,则力 $\boldsymbol{F}$ 所做的总功为

$$W=\int_1^2\mathrm{d}W=\int_{v_1}^{v_2}\mathrm{d}\left(\frac{1}{2}mv^2\right)=\frac{1}{2}mv_2^2-\frac{1}{2}mv_1^2=E_{k2}-E_{k1} \tag{2-28}$$

可见,**外力对质点所做的功等于质点动能的增量**,这就是**质点的动能定理**。式(2-28)是质点动能定理的积分形式,式(2-27)可看作质点动能定理的微分形式。

例 2-12 一质量为 10 g、速度为 200 $\mathrm{m\cdot s^{-1}}$ 的子弹水平射入铅直的墙壁内 0.04 m 处

而停止运动。若墙壁的阻力是一恒量，求墙壁对子弹的作用力。

解　本题可以用牛顿第二定律求解，也可用动量定理求解，但用动能定理更简单。

由题意得，子弹初态动能为

$$E_{k0}=\frac{1}{2}mv^2$$

末态动能为

$$E_k=0$$

整个过程中，墙壁对子弹做功

$$W=fs$$

由动能定理，有

$$W=E_k-E_{k0}=0-\frac{1}{2}mv^2$$

由此得

$$f=-\frac{mv^2}{2s}=-\frac{0.01\times200^2}{2\times0.04}\ \text{N}=-5\times10^3\ \text{N}$$

负号表示力的方向与运动的方向相反。

例 2-13　力 $\boldsymbol{F}$ 作用在质量为 1.0 kg 的质点上，已知在此力作用下质点的运动方程为 $x=3t-4t^2+t^3$(SI)，求在 0 到 4 s 内，力 $\boldsymbol{F}$ 对质点所做的功。

解　由运动方程，可得质点的速率为

$$v=\frac{\mathrm{d}x}{\mathrm{d}t}=\frac{\mathrm{d}}{\mathrm{d}t}(3t-4t^2+t^3)=3-8t+3t^2$$

于是，当 $t=0$ 时，$v_0=(3-8\times0+3\times0^2)\ \text{m}\cdot\text{s}^{-1}=3\ \text{m}\cdot\text{s}^{-1}$；当 $t=4$ s 时，$v=(3-8\times4+3\times4^2)\ \text{m}\cdot\text{s}^{-1}=19\ \text{m}\cdot\text{s}^{-1}$。

因此质点始、末状态的动能分别为

$$E_{k0}=\frac{1}{2}mv_0^2=\frac{1}{2}\times1\times3^2\ \text{J}=4.5\ \text{J}$$

$$E_k=\frac{1}{2}mv^2=\frac{1}{2}\times1\times19^2\ \text{J}=180.5\ \text{J}$$

根据质点的动能定理，力对质点所做的功为

$$W=E_k-E_{k0}=(180.5-4.5)\ \text{J}=176\ \text{J}$$

从例 2-12 和例 2-13 可以看出，动能定理提供了一种更为简单的计算功的方法，这在求解某些力学问题时非常方便。

§2.4　保守力　势能

本节将通过分析重力、弹性力和万有引力做功的特点，引入保守力的概念，进而讨论与保

守力相对应的势能。

2.4.1 保守力和保守力的功

1. 重力的功

在中学阶段,学习过重力做功的问题。质量为 m 的质点,在重力作用下,由初位置 z_0 运动到末位置 z,在此过程中,重力所做的功可表示为

$$W=\int_{z_0}^{z}\boldsymbol{F}\mathrm{d}z=\int_{z_0}^{z}-mg\,\mathrm{d}z=-mg(z-z_0) \tag{2-29}$$

这里,取 z 轴正方向竖直向上,且视重力为恒力(地面附近)。

由式(2-29)可见,只要质点的始、末位置确定,重力所做的功就确定了,即重力做功只与质点的始、末位置有关,而与质点所经过的路径无关,这就是重力做功的特点。

2. 弹性力的功

如图2-13所示,选弹簧自然伸长处为坐标轴的原点,当弹簧形变量为 x 时,根据胡克定律,弹簧对质点的弹性力为

$$F=-kx$$

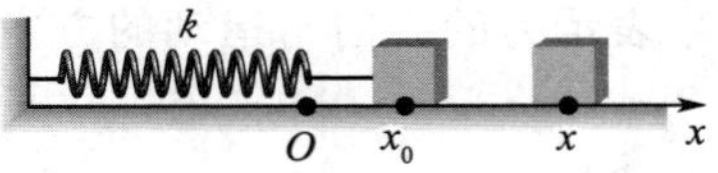

图2-13 弹性力的功

式中,k 为弹簧的刚度系数,负号表示弹性力的方向与形变的方向相反,即总是指向平衡位置(坐标原点)。于是,当弹簧从初位置 x_0 形变到末位置 x 时,弹性力所做的功为

$$W=\int_{x_0}^{x}F\mathrm{d}x=\int_{x_0}^{x}-kx\,\mathrm{d}x=-\left(\frac{1}{2}kx^2-\frac{1}{2}kx_0^2\right) \tag{2-30}$$

由式(2-30)可见,只要弹簧的始、末位置确定,弹性力所做的功也就确定了,即弹性力做功同样只与弹簧的始、末位置有关,而与弹簧的中间形变过程无关,这就是弹性力做功的特点。

3. 万有引力的功

考虑质量分别为 m 和 M 的两个质点1和2,1相对于2的初位置为 $\boldsymbol{r}_A$,末位置为 $\boldsymbol{r}_B$,如图2-14所示。由万有引力的定义,1受到2的万有引力可表示为

$$\boldsymbol{F}=-G\frac{mM}{r^2}\boldsymbol{e}_r$$

式中,G 为引力常量;$\boldsymbol{e}_r$ 为1相对于2位矢的单位矢量,即 $\boldsymbol{r}=r\boldsymbol{e}_r$。

根据功的定义及矢量的运算法则,万有引力 $\boldsymbol{F}$ 的元功可写为

$$\mathrm{d}W=\boldsymbol{F}\cdot\mathrm{d}\boldsymbol{r}=-G\frac{mM}{r^2}\boldsymbol{e}_r\cdot\mathrm{d}\boldsymbol{r}=-G\frac{mM}{r^2}\mathrm{d}r$$

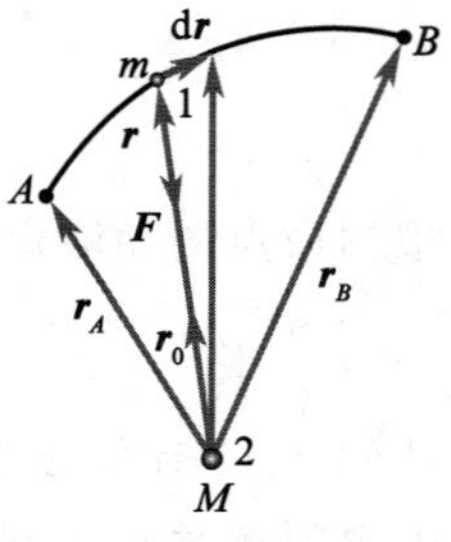

图2-14 万有引力的功

于是,当质点由初位置点 A 移动到末位置点 B 时,万有引力做的总功为

$$W=\int_{r_A}^{r_B}-G\frac{mM}{r^2}\mathrm{d}r=-\left[\left(-G\frac{mM}{r_B}\right)-\left(-G\frac{mM}{r_A}\right)\right] \tag{2-31}$$

可见,万有引力的功也只与始、末位置有关,而与具体的路径无关。

综上可见,重力、弹性力和万有引力有一个共同的特点,就是它们做功都只与物体的始、末位置有关,而与具体路径无关。这种做功与具体路径无关的力称为**保守力**。重力、弹性力和万

有引力，以及后面要学到的电场力都属于保守力。由保守力做功的特点可知，在保守力作用下，物体沿着任意的闭合路径 l 绕行一周时，保守力所做的总功均为零，其数学表达式为

$$\oint_l \boldsymbol{F}_{保} \cdot \mathrm{d}\boldsymbol{r} = 0 \tag{2-32}$$

因而，也可以定义保守力为满足式(2-32)的力。当然，如果不满足式(2-32)，即沿着任意闭合路径做功不为零，或者说做功与具体路径有关的力称为**非保守力**。摩擦力是典型的非保守力。

2.4.2　势能

势能的定义和意义

势能只针对保守力而言，非保守力没有势能的概念。因此，讨论势能，就是讨论重力势能、弹性势能及万有引力势能，它们分别对应重力、弹性力及万有引力这 3 种保守力。

前面分别讨论了 3 种保守力做功的表达式，从式(2-29)、式(2-30)、式(2-31)可以看出，保守力的功都可以表示为一个由相对位置决定的函数增量的负值。功总是与能量的变化量相联系，因此由相对位置决定的函数必定是某种能量的函数，称为**势能函数**，用 E_p 表示，则保守力的功可以用统一的表达式，即

$$\int_{r_0}^{r} \boldsymbol{F}_{保} \cdot \mathrm{d}\boldsymbol{r} = -(E_p - E_{p0}) = -\Delta E_p \tag{2-33}$$

从而势能 E_p 可以表示为

$$E_p = -\int_{r_0}^{r} \boldsymbol{F}_{保} \cdot \mathrm{d}\boldsymbol{r} + E_{p0} \tag{2-34}$$

可见，只要已知一种形式的保守力，即可求出与之对应的势能。式(2-34)中，E_{p0} 通常取为零，称为势能零点，只有选定合适的势能零点，势能才具有确定的数值。下面利用式(2-34)，分别讨论 3 种形式的势能。

对于重力势能，通常选取地面为势能零点，即选取 $z_0 = 0$ 时，$E_{p0} = 0$，将重力的功的表达式(2-29)代入式(2-34)，得

$$E_p = mgz \tag{2-35}$$

对于弹性势能，通常选取弹簧自然伸长处为势能零点，即选取 $x_0 = 0$ 时，$E_{p0} = 0$，将弹力的功的表达式(2-30)代入式(2-34)，得

$$E_p = \frac{1}{2}kx^2 \tag{2-36}$$

对于万有引力势能，通常选取无穷远处为势能零点，即选取 $r \to \infty$ 时，$E_{p0} = 0$，将万有引力的功的表达式(2-31)代入式(2-34)，得

$$E_p = -G\frac{mM}{r} \tag{2-37}$$

关于势能，应注意以下几点。

(1) 势能是一个相对量，其值与势能零点的选择有关，只有确定了势能零点，势能才具有确定的值；而通过选择合适的势能零点，可简化势能函数。

(2) 势能差是一个绝对量，不论何种性质的势能，任意两个状态之间的势能差是确定的，与势能零点的选取无关。

(3) 势能是与保守力一一对应的，有一种保守力就对应着一种势能，而一种势能必然对应

着某一种保守力,因此势能函数不可能像动能一样有统一的表达式。

(4) 势能是由系统内各物体间相互作用的保守力和相对位置决定的能量,因此是属于整个系统的,而并非某一物体所有,如重力势能是属于地球和物体组成的系统。习惯上称某物体的势能,只是叙述上简便而已。

潮汐

(5) 保守力的功是相关势能增量的负值,故当保守力做正功时,系统的势能减少;当保守力做负功时,系统的势能增加。如物体下落,重力做正功,重力势能减少;物体上升,重力做负功,重力势能增加。

例 2-14　如图 2-15 所示,一质量为 m、总长为 l 的匀质铁链(两端分别为 A、B),开始时有一半放在光滑的桌面上,另一半下垂。试求铁链滑离桌面边缘时重力所做的功。

解　建立如图 2-15 所示坐标轴,选一线元 $\mathrm{d}x$,则其质量为

$$\mathrm{d}m = \frac{m}{l}\mathrm{d}x$$

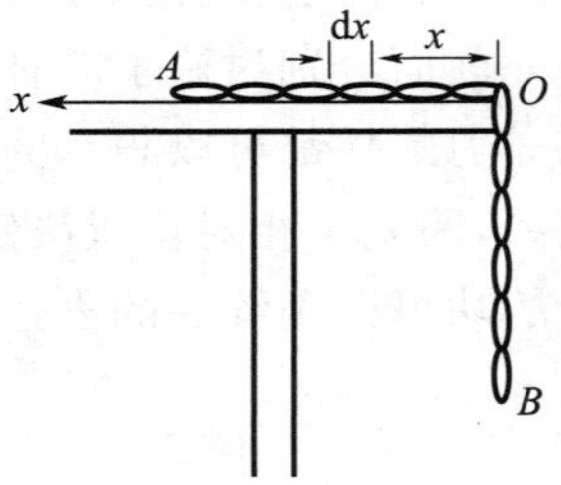

图 2-15　例 2-14 图

铁链滑离桌面边缘过程中,OA 段重力做的功为

$$W_1 = \int_0^{\frac{1}{2}l} \mathrm{d}W = \int_0^{\frac{1}{2}l} g\left(\frac{1}{2}l - x\right)\mathrm{d}m = \frac{1}{8}mgl$$

OB 段重力做的功为

$$W_2 = \frac{1}{2}mg \times \frac{1}{2}l = \frac{1}{4}mgl$$

故重力所做的总功为

$$W = W_1 + W_2 = \frac{3}{8}mgl$$

§2.5　功能原理　机械能守恒定律

前面介绍了质点的动能定理,本节将从质点系的动能定理出发,推导功能原理,并介绍机械能守恒定律。

2.5.1　质点系的动能定理

设一质点系由 n 个质点组成,先考察第 i 个质点,由式(2-14)得,第 i 个质点所受的合力为

$$\boldsymbol{F}_{i外} + \sum_{j \neq i} \boldsymbol{f}_{ji}$$

对第 i 个质点运用动能定理,有

$$\int \boldsymbol{F}_{i外} \cdot \mathrm{d}\boldsymbol{r}_i + \int \sum_{j \neq i} \boldsymbol{f}_{ji} \cdot \mathrm{d}\boldsymbol{r}_i = \frac{1}{2}m_i v_{i2}^2 - \frac{1}{2}m_i v_{i1}^2$$

对于整个质点系,只需对 i 求和,即

$$\sum_{i=1}^{n}\int \boldsymbol{F}_{i外}\cdot \mathrm{d}\boldsymbol{r}_i+\sum_{i=1}^{n}\int \sum_{j\neq i}\boldsymbol{f}_{ji}\cdot \mathrm{d}\boldsymbol{r}_i=\sum_{i=1}^{n}\frac{1}{2}m_i v_{i2}^2-\sum_{i=1}^{n}\frac{1}{2}m_i v_{i1}^2 \tag{2-38}$$

式(2-38)左边第一项为外力对质点系所做的总功，即外力功，用 $W_{外}$ 表示；左边第二项为质点系的总内力功，由于内力包括保守力和非保守力，因此内力功可分为内保守力功和内非保守力功，分别用 $W_{内保}$ 和 $W_{内非}$ 表示；右边两项分别为质点系在位置 2 和位置 1 的总动能，分别用 E_{k2} 和 E_{k1} 表示，则上式可写为

$$W_{外}+W_{内保}+W_{内非}=E_{k2}-E_{k1} \tag{2-39}$$

即质点系总动能的增量等于外力功与质点系内保守力功和内非保守力功三者之和，这就是质点系的动能定理。

需要注意的是，式(2-38)中，在计算质点系的功时，由于质点系内各质点的位移 $\mathrm{d}\boldsymbol{r}_i$ 是不相同的，因此只能先求每个力的功，再对这些功求和，而不能先求合力，再求合力的功。

2.5.2　功能原理

接下来，将质点系的动能定理和势能结合起来，全面阐述涉及系统的功能关系。

前面介绍过，保守力的功等于相关势能增量的负值，即

$$W_{内保}=-\Delta E_p=-(E_{p2}-E_{p1})$$

式中，E_p 表示系统内各种势能的和。将其代入式(2-39)，可得

$$W_{外}+W_{内非}=E_{k2}-E_{k1}+E_{p2}-E_{p1}=(E_{k2}+E_{p2})-(E_{k1}+E_{p1})$$

上式右边两项分别表示系统在状态 1 和 2 时的动能和势能之和，称为**机械能**，用 E 表示，即

$$E=E_k+E_p \tag{2-40}$$

于是，有

$$W_{外}+W_{内非}=E_2-E_1 \tag{2-41}$$

即系统机械能的增量等于外力做的功与内部非保守力做的功之和，这就是功能原理。

功能原理是机械运动的一个基本规律，其正确性首先被物理实验证实。上述以牛顿运动定律为出发点的推导过程，可以认为是一个理论结果，物理实验与理论结果的一致性曾经是牛顿运动定律正确性的判据。

可以看到，质点系的动能定理和功能原理分别从不同的角度反映了力的功和系统的能量变化的关系。在具体应用时，应根据不同的研究对象和力学环境选择使用。例如，在不区别保守力和非保守力做功的情况下，应选用质点系的动能定理，此时不考虑势能的问题。而如果计入了势能，就只能采用功能原理，此时保守力的功被势能的变化量代替，从而简化了计算过程。

顺便指出，由于势能的大小与零点的选择有关，因此在表示机械能及运用功能原理时，应指明系统的范围并确定势能零点。

2.5.3　机械能守恒定律

由功能原理表达式(2-41)知，当 $W_{外}+W_{内非}=0$ 时，有

$$E_2=E_1=常量 \tag{2-42}$$

即当系统的外力功与内部非保守力功之和为零时，系统的机械能保持恒定不变，这就是机械能守恒定律。

关于机械能守恒的条件,作如下讨论。

(1) 当 $W_{外} = 0$ 时,$W_{内非}$ 也必须为零,才能满足机械能守恒。

(2) 若 $W_{内非} > 0$,则 $E_2 > E_1$,即机械能增加,此时有其他形式的能量(如热能、化学能等)转化为机械能。

(3) 若 $W_{内非} < 0$,则 $E_2 < E_1$,即机械能减少,此时部分或者全部的机械能转化为其他形式的能量。

C919 国产大型客机

因此,只有当系统与外界没有能量的交换($W_{外} = 0$,孤立系统),同时系统内部也没有其他形式的能量与机械能的交换($W_{内非} = 0$,保守系统)时,系统才能保持机械能守恒。可见,**一个孤立的保守系统,机械能总是守恒的**。

系统的机械能守恒时,$E_2 = E_1$,即

$$E_{k2} + E_{p2} = E_{k1} + E_{p1}$$

亦即

$$\Delta E_k = E_{k2} - E_{k1} = E_{p1} - E_{p2} = -\Delta E_p$$

也就是说,系统的动能增加时势能必然减少,动能减少时势能必然增加,且动能的变化量等于势能的变化量,从而系统机械能的总量保持不变。

大量事实证明,在孤立系统内,包括各种形式的能量(如机械能、内能、化学能、电磁能、生物能及核能等)在内的系统的总能量也是守恒的。某种形式的能量发生变化,必然有另一种形式的能量增加或减少,即发生变化的能量和其他形式的能量之间发生了等量的转换,即**在一个孤立系统内,能量既不会消失,也不会创生,只能从一种形式转换为另一种形式,且在转换过程中系统的总能量始终保持不变**,这就是**能量守恒定律**。

能量守恒定律是自然界最普遍的规律之一,它不仅适用于物质的机械运动、热运动、电磁运动等物理运动形式,而且适用于化学运动、生物运动等一切形式的运动。

例 2-15　如图 2-16 所示,一质量 $m = 0.8$ kg 的物体,自 $h = 2$ m 处落到弹簧上。当弹簧从原长向下压缩 $x_0 = 0.2$ m 时,物体被弹回,试求弹簧弹回至向下压缩 0.1 m 时物体的速度。($g = 9.80\ \text{m}\cdot\text{s}^{-2}$)

时空对称律和守恒定律

解　设弹簧向下压缩 0.1 m 时物体的速度为 v,以地球、物体和弹簧为系统,外力做的功和内非保守力做的功都为零,系统整体的机械能守恒。选取弹簧从原长向下压缩 x_0 的位置为重力势能的零点,当弹簧从原长向下压缩 $x_0 = 0.2$ m 时,重力势能全部转化为弹性势能,则

$$mg(h + x_0) = \frac{1}{2}kx_0^2$$

钱学森

当弹簧向下压缩 $x = 0.1$ m 时,由机械能守恒定律得

$$mg(h + x_0) = \frac{1}{2}kx_0^2 + mg(x_0 - x) + \frac{1}{2}mv^2$$

上面两式联立,解得

$$v = \sqrt{3.1 \times 9.80}\ \text{m}\cdot\text{s}^{-1} = 5.51\ \text{m}\cdot\text{s}^{-1}$$

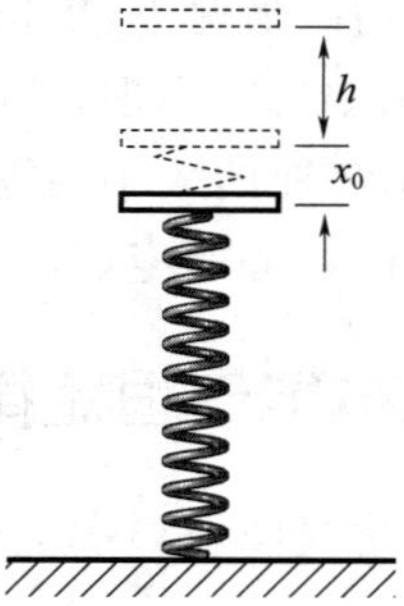

图 2-16　例 2-15 图

---

§ 2.6　质点的角动量和角动量守恒定律

前面引入了速度 $\boldsymbol{v}$ 和动量 $\boldsymbol{p}$ 来描述质点的运动状态，并导出了动量守恒定律。然而，当讨论质点绕空间某定点转动的问题时，仅用 $\boldsymbol{v}$ 和 $\boldsymbol{p}$ 来描述转动状态是不够的。本节将引进描述机械运动的又一个物理量 —— 角动量，它是从动力学角度描述质点或质点系转动状态的物理量。天文观察表明，地球在围绕太阳转动的过程中，在近日点附近转动速度较快，而在远日点附近转动速度较慢，对此，可使用角动量的守恒定律进行解释。

当然，为了研究质点绕空间固定点的转动问题，必须引入力对固定点的力矩的概念。因此，本节先介绍角动量和力矩的概念，再进一步讨论质点的角动量定理及角动量守恒定律。

2.6.1　质点的角动量

角动量是物体转动运动量的量度。这里先讨论质点对某一固定点的角动量。

如图 2-17 所示，设一质量为 m 的质点以速度 $\boldsymbol{v}$ 运动（动量 $\boldsymbol{p}=m\boldsymbol{v}$），其相对于固定点 O 的位矢为 $\boldsymbol{r}$，定义**质点相对于固定点 O 的角动量为质点相对于点 O 的位矢 $\boldsymbol{r}$ 与质点动量 $\boldsymbol{p}$ 的矢积**，用 $\boldsymbol{L}$ 表示，即

$$\boldsymbol{L}=\boldsymbol{r}\times\boldsymbol{p}=\boldsymbol{r}\times m\boldsymbol{v} \tag{2-43}$$

角动量是矢量，根据矢积的定义，其大小为

$$L=rmv\sin\theta \tag{2-44}$$

式中，θ 为 $\boldsymbol{r}$ 和 $\boldsymbol{p}$ 的夹角。当质点做角速度为 ω 的圆周运动时，$\theta=90°$，此时质点对圆心 O 的角动量大小为

$$L=rmv=mr^2\omega \tag{2-45}$$

角动量 L 的方向垂直于位矢 $\boldsymbol{r}$ 和动量 $\boldsymbol{p}$ 所组成的平面，其指向由右手螺旋定则确定，即右手四指由位矢 $\boldsymbol{r}$ 弯向动量 $\boldsymbol{p}$ 的方向，此时与四指垂直的拇指所指的方向即为角动量 $\boldsymbol{L}$ 的方向。

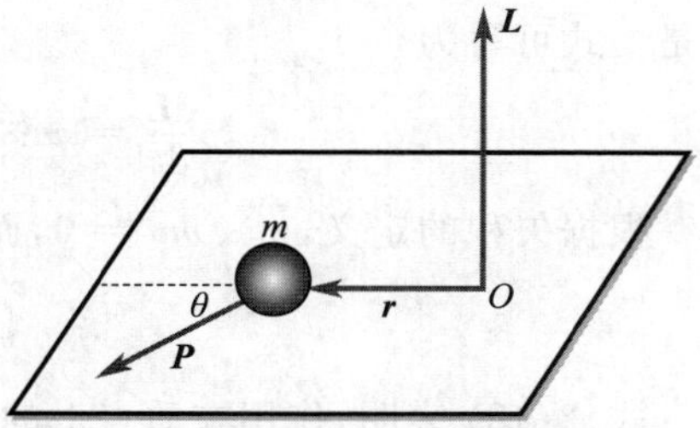

图 2-17　质点的角动量

需要注意的是，质点的角动量与质点对固定点的位矢有关，同一质点对不同固定点的位矢不同，故角动量也不同。因此，在讲质点的角动量时，必须指明是对哪一个固定点而言的。

在国际单位制中，角动量的单位是 $kg\cdot m^2\cdot s^{-1}$（千克二次方米每秒）。

2.6.2　力矩和质点的角动量定理

1. 力矩

为了定量地描述引起质点角动量变化的原因，须引入力对某固定点的力矩的概念。

如图 2-18 所示，定义力 $\boldsymbol{F}$ 对固定点 O 的力矩 $\boldsymbol{M}$ 的大小等于此力和力臂（从固定点到力的作用线的垂直距离）的乘积，即

$$M=Fr\sin\theta \tag{2-46}$$

式中,r 为由点 O 指向力的作用点 P 的位矢 $\boldsymbol{r}$ 的大小;θ 为 $\boldsymbol{r}$ 和 $\boldsymbol{F}$ 的夹角。根据矢积的定义,式(2-46) 可写为矢量式

$$\boldsymbol{M} = \boldsymbol{r} \times \boldsymbol{F} \tag{2-47}$$

即力 $\boldsymbol{F}$ 对固定点 O 的力矩 $\boldsymbol{M}$ 等于点 O 指向力的作用点的位矢 $\boldsymbol{r}$ 与力 $\boldsymbol{F}$ 的矢积。力矩是矢量,力矩的方向垂直于 $\boldsymbol{r}$ 和 $\boldsymbol{F}$ 所决定的平面,其指向同样可由右手螺旋定则确定。

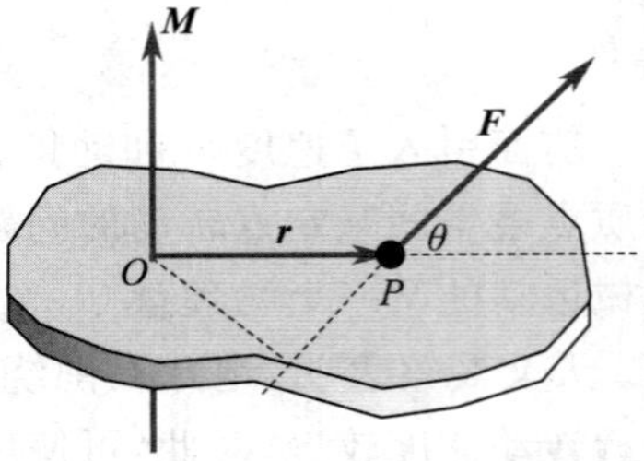

图 2-18　质点对固定点的力矩

由于力矩同样与位矢 $\boldsymbol{r}$ 有关,因此提到力矩时,同样必须指明是对哪一个固定点而言的。

在国际单位制中,力矩的单位是 N · m(牛 · 米)。

另外,由式(2-46) 可知,当力矩为零时,可能是力为零,也可能是夹角 θ 为零。对于 θ 为零,即 $\boldsymbol{F}$ 与 $\boldsymbol{r}$ 共线的情况,此时力的作用线穿过固定点 O,这种穿过(指向或背离)某一固定点的力称为**有心力**,该固定点称为有心力的**力心**。因此,**有心力对力心的力矩恒为零**,这是有心力的重要特征之一。

2. 质点的角动量定理

将质点角动量的表达式(2-43) 两边对时间 t 求导数,有

$$\frac{\mathrm{d}\boldsymbol{L}}{\mathrm{d}t} = \frac{\mathrm{d}(\boldsymbol{r} \times \boldsymbol{p})}{\mathrm{d}t} = \frac{\mathrm{d}\boldsymbol{r}}{\mathrm{d}t} \times \boldsymbol{p} + \boldsymbol{r} \times \frac{\mathrm{d}\boldsymbol{p}}{\mathrm{d}t}$$

由速度的定义及牛顿第二定律,得

$$\boldsymbol{v} = \frac{\mathrm{d}\boldsymbol{r}}{\mathrm{d}t}, \quad \boldsymbol{F} = \frac{\mathrm{d}\boldsymbol{p}}{\mathrm{d}t}$$

于是上式可写为

$$\frac{\mathrm{d}\boldsymbol{L}}{\mathrm{d}t} = \boldsymbol{v} \times \boldsymbol{p} + \boldsymbol{r} \times \boldsymbol{F} = \boldsymbol{v} \times m\boldsymbol{v} + \boldsymbol{r} \times \boldsymbol{F}$$

根据矢积的定义,$\boldsymbol{v} \times m\boldsymbol{v} = \boldsymbol{0}$,而 $\boldsymbol{r} \times \boldsymbol{F} = \boldsymbol{M}$,于是有

$$\boldsymbol{M} = \frac{\mathrm{d}\boldsymbol{L}}{\mathrm{d}t} \tag{2-48}$$

式(2-48) 表明,作用在质点上的力矩等于质点角动量对时间的一阶导数。式(2-48) 两边分离变量并积分,令 t_1 时刻角动量为 $\boldsymbol{L}_1$,t_2 时刻角动量为 $\boldsymbol{L}_2$,有

$$\int_{t_1}^{t_2} \boldsymbol{M}\mathrm{d}t = \boldsymbol{L}_2 - \boldsymbol{L}_1 \tag{2-49}$$

式(2-49) 左边力矩对时间的积分 $\int_{t_1}^{t_2} \boldsymbol{M}\mathrm{d}t$ 称为冲量矩,反映了力矩在时间上的积累效应。式(2-49) 表明,**质点所受外力矩的冲量矩等于质点角动量的增量**,这就是**质点的角动量定理**。式(2-49) 是质点角动量定理的积分形式,式(2-48) 可看作其微分形式。

需要注意的是,运用角动量定理时,等式两边的力矩和角动量必须是对同一固定点而言的。

2.6.3　角动量守恒定律

式(2-49) 中,若 $\boldsymbol{M} = \boldsymbol{0}$,则

$$\boldsymbol{L}_2 = \boldsymbol{L}_1$$

即
$$L = r \times p = \text{常矢量} \tag{2-50}$$
可见，**质点所受外力对某固定点的力矩为零时，质点对该固定点的角动量守恒**，这就是**质点的角动量守恒定律**。需要注意，由于角动量是矢量，当外力对固定点的力矩不为零，但其在某一方向上的分量为零时，角动量在该方向上的分量依然守恒。

另外，前面已经指出，有心力对力心的力矩为零，因此**在有心力作用下，质点对力心的角动量守恒**，这是有心力的又一重要特征。

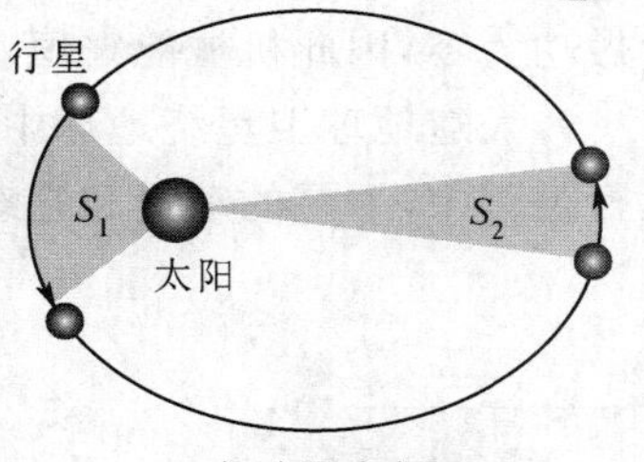

角动量守恒

角动量守恒定律是继动量守恒定律之后得到的又一重要守恒定律。动量是与物体的平动相联系的守恒量，而角动量是与物体的转动相联系的守恒量。类似于动量守恒定律，角动量守恒定律也是从牛顿运动定律出发推导的，但其并不受牛顿运动定律适用范围的限制。不论在低速、宏观研究领域，还是在高速、微观研究领域，角动量守恒定律都是成立的。

例 2-16　地球质量为 6.0×10^{24} kg，地球与太阳相距 1.5×10^{11} m，视地球为质点，它绕太阳做圆周运动，求地球对圆轨道中心的角动量。

解　地球绕太阳一周为 365 天，换算成秒，用质点的角动量定义求解。由式(2-45)，有
$$L = rmv = rm\frac{2\pi r}{T} = 1.5 \times 10^{11} \times 6.0 \times 10^{24} \times \frac{2\pi \times 1.5 \times 10^{11}}{365 \times 24 \times 60 \times 60}\ \mathrm{kg \cdot m^2 \cdot s^{-1}}$$
$$= 2.68 \times 10^{40}\ \mathrm{kg \cdot m^2 \cdot s^{-1}}$$

例 2-17　我国发射的第一颗人造地球卫星的近地点高度 $d_{近} = 439$ km，远地点高度 $d_{远} = 2\ 384$ km，地球半径 $R_{地} = 6\ 370$ km，求卫星在近地点和远地点的速度之比。

解　卫星绕地球运动时角动量守恒。由角动量守恒定律，有
$$(d_{近} + R_{地})mv_{近} = (d_{远} + R_{地})mv_{远}$$
故
$$\frac{v_{近}}{v_{远}} = \frac{d_{远} + R_{地}}{d_{近} + R_{地}} = 1.28$$

思　考　题

1. 物体受到几个力的作用时，是否一定会产生加速度？

2. 物体运动的速率不变，所受的合外力是否为零？

3. 物体的运动方向和合外力方向是否一定相同？

4. 用锤子压钉子，很难把钉子压入木块，如果用锤子击打钉子，那么钉子很容易进入木块，这是为什么？

5. 大小不同的两只船与岸的距离相同，则人从小船跳上岸容易还是从大船跳上岸容易？为什么？

6. 人坐在车上推车是怎么也推不动的，但坐在轮椅上的人却能让轮椅前进，为什么？

7. 将物体以匀速和匀加速拉起同样的高度,外力对物体做的功是否相同?

8. 试分析下面的论述是否正确:跳伞运动员张开伞后匀速下降,重力和空气阻力相等,合力做功为零,因此机械能守恒。

9. 人造地球卫星绕地球中心做椭圆轨迹运动,若不计空气阻力和其他星球的作用,在卫星运行过程中,卫星的动量和它对地心的角动量都守恒吗?为什么?

习 题 2

一、选择题

1. 质量为 m 的铁锤竖直落下,打在木桩上并停下,设打击时间为 Δt,打击前铁锤速率为 v,则在打击木桩的时间内,铁锤所受的平均合外力的大小为(　　)。

A. $mv/\Delta t$　　B. $mv/\Delta t - mg$

C. $mv/\Delta t + mg$　　D. $2mv/\Delta t$

2. 对于一个物体系统来说,在下列情况下系统的机械能守恒的是(　　)。

A. 合外力为零　　B. 合外力不做功

C. 外力和非保守内力都不做功　　D. 外力和保守内力都不做功

3. 速度为 v 的子弹,打穿一块木板后速度为零,设木板对子弹的阻力是恒定的。那么,当子弹射入木板的深度等于其厚度的一半时,子弹的速度是(　　)。

A. $v/2$　　B. $v/4$　　C. $v/3$　　D. $v/\sqrt{2}$

4. 下列说法中正确的是(　　)。

A. 作用力的功与反作用力的功必须等值异号

B. 作用于一个物体的摩擦力只能做负功

C. 内力不改变系统的总机械能

D. 一对作用力和反作用力做功之和与参考系的选取无关

5. 粒子 B 的质量是粒子 A 的质量的 4 倍,粒子 A 的初速度为$(3\boldsymbol{i}+4\boldsymbol{j})$,粒子 B 的初速度为$(2\boldsymbol{i}-7\boldsymbol{j})$,由于二者的相互作用,粒子 A 的速度变为$(7\boldsymbol{i}-4\boldsymbol{j})$,此时粒子 B 的速度等于(　　)。

A. $\boldsymbol{i}-5\boldsymbol{j}$　　B. $2\boldsymbol{i}-7\boldsymbol{j}$　　C. $\boldsymbol{0}$　　D. $5\boldsymbol{i}-3\boldsymbol{j}$

6. 一质点做匀速率圆周运动时,(　　)。

A. 它的动量不变,对圆心的角动量也不变

B. 它的动量不变,对圆心的角动量不断改变

C. 它的动量不断改变,对圆心的角动量不变

D. 它的动量不断改变,对圆心的角动量也不断改变

7. 质点系的内力可以改变(　　)。

A. 系统的总质量　　B. 系统的总动量

C. 系统的总动能　　D. 系统的总角动量

8. 对功的概念有以下几种说法:

① 保守力做正功时,系统内相应的势能增加;

② 质点沿一闭合路径运动，保守力对质点做的功为零；

③ 作用力与反作用力大小相等、方向相反，所以两者所做功的代数和必为零。

在上述说法中，(　　)。

A. ①、② 是正确的　　B. ②、③ 是正确的

C. 只有 ② 是正确的　　D. 只有 ③ 是正确的

9. 如图 2-19 所示，一质量为 M 的斜面静止于水平光滑平面上，现将一质量为 m 的木块轻轻放于斜面上，如果此后木块能静止于斜面上，则斜面将(　　)。

A. 保持静止

B. 向右加速运动

C. 向右匀速运动

D. 向左加速运动

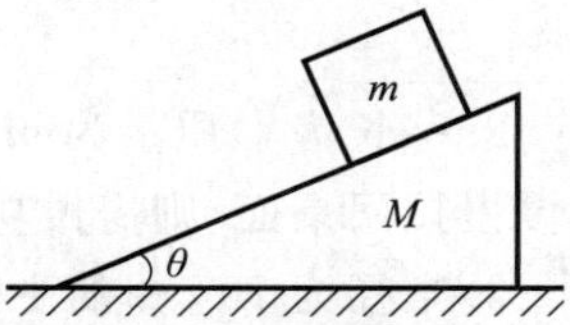

图 2-19　选择题 9 图

10. 已知质点 A 与质点 B 的质量 $m_A > m_B$，若两个质点受到相等的冲量作用，则(　　)。

A. A 比 B 的动量增量少　　B. A 与 B 的动能增量相等

C. A 比 B 的动量增量大　　D. A 与 B 的动量增量相等

11. 一质点由原点从静止出发沿 x 轴运动，它在运动过程中还受到指向原点的力的作用，此力的大小与它通过的距离 x 成正比，比例系数为 k。那么，当质点离开原点距离为 x 时，它相对于原点的势能为(　　)。

A. $-\frac{1}{2}kx^2$　　B. $-kx^2$　　C. kx^2　　D. $\frac{1}{2}kx^2$

12. 在弹性范围内，如果将弹簧的伸长量增加到原来的 3 倍，那么弹性势能将增加到原来的(　　)。

A. 6 倍　　B. 8 倍　　C. 9 倍　　D. 12 倍

13. 关于保守力，下面说法正确的是(　　)。

A. 只有保守力作用的系统，其动能和势能之和保持不变

B. 只有合外力为零的保守内力作用的系统，其机械能守恒

C. 保守力总是内力

D. 若物体沿任一闭合路径运动一周，作用于它的某种力做功为零，则该力为保守力

14. 质量分别为 m_1 和 m_2 的两个滑块 A 和 B 通过一轻弹簧水平连接后置于水平桌面上，滑块与桌面间的摩擦系数均为 μ，系统在水平拉力 F 的作用下匀速运动，如图 2-20 所示。若突然撤销拉力，则刚撤销后的瞬间，二者的加速度 a_A 和 a_B 分别为(　　)。

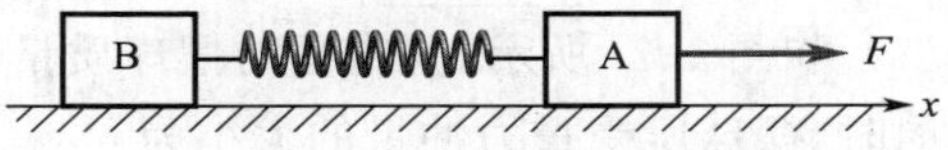

图 2-20　选择题 14 图

A. $a_A = 0, a_B = 0$　　B. $a_A > 0, a_B < 0$

C. $a_A < 0, a_B > 0$　　D. $a_A < 0, a_B = 0$

15. 如图 2-21 所示，一被压缩的弹簧放置在光滑水平桌面上，两端分别连接 A、B 两个不同的物体，设 $m_A = 2m_B$，若由静止释放，则物体 A 的动能与物体 B 的动能之比为(　　)。

图 2-21　选择题 15 图

A. 1 ∶ 1　　B. 2 ∶ 1　　C. 1 ∶ 2　　D. 1 ∶ 4

二、填空题

1. 如图 2-22 所示，两块并排的木块 A 和 B 静止地放在光滑的水平面上，质量分别为 m_A 和 m_B，一子弹水平地穿过两木块，设子弹穿过两木块所用的时间分别为 Δt_1 和 Δt_2，若木块对子弹的阻力为恒力 F，则子弹穿出后，木块 A 的速度大小为________，木块 B 的速度大小为________。

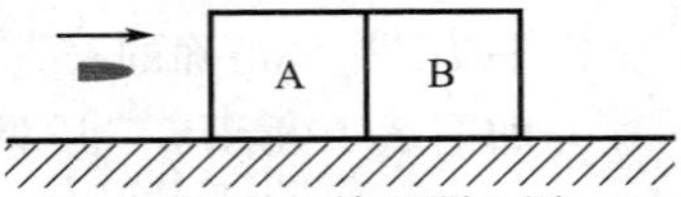

图 2-22　填空题 1 图

2. 一长为 l、质量为 m 的匀质链条，放在光滑的桌面上。若其长度的 1/5 悬挂于桌边下，将其慢慢拉回桌面，则需做功________。

3. 半径为 20 cm 的主动轮，通过皮带拖动半径为 50 cm 的被动轮转动，皮带与轮之间无相对滑动，主动轮从静止开始做匀角加速转动。在 4 s 内被动轮的角速度达到 $8\pi\ \text{rad}\cdot\text{s}^{-1}$，则主动轮在这段时间内转过了________圈。

4. 如图 2-23 所示，刚度系数为 k 的弹簧，上端固定，下端悬挂重物。当弹簧伸长量为 x_0 时，重物在 O 处达到平衡，现取重物在 O 处时各种势能均为零，则当弹簧长度为原长时，系统的重力势能为________，系统的弹性势能为________，系统的总势能为________。

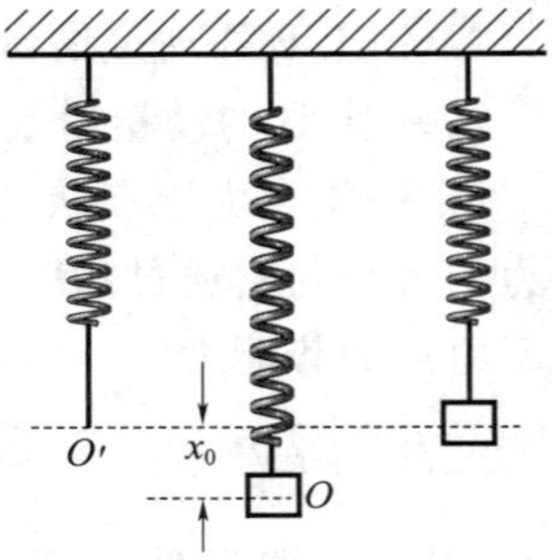

图 2-23　填空题 4 图

5. 一质点在两个恒力的作用下，位移为 $\Delta \boldsymbol{r} = 3\boldsymbol{i} + 8\boldsymbol{j}$(SI)，在此过程中，动能增量为 24 J，已知其中一恒力 $\boldsymbol{F}_1 = 12\boldsymbol{i} - 3\boldsymbol{j}$(SI)，则另一恒力所做的功为________。

6. 一物体质量为 10 kg，受到方向不变的力 $F = 30 + 40t$(SI) 作用，在开始的 2 s 内，此力冲量的大小等于________；若物体的初速度大小为 10 m/s，方向与力 F 的方向相同，则在 2 s 末物体的速度大小等于________。

7. 质量为 m 的物体在水平面上做直线运动，当速度为 v 时仅在摩擦力作用下开始做匀减速运动。经过距离 s 后速度减为零，则物体加速度的大小为________，物体与水平面间的摩擦系数为________。

8. 一质量为 m 的质点在指向圆心的力 $F = -\dfrac{k}{r^2}$ 的作用下，做半径为 r 的圆周运动，此质点的速度大小 $v =$ ________。若取距圆心无穷远处为势能零点，系统的机械能 $E =$ ________。

9. 如图 2-24 所示，圆锥摆的摆球质量为 m，速率为 v，圆的半径为 R。当摆球在轨道上运动半周时，摆球所受重力冲量的大小为________。

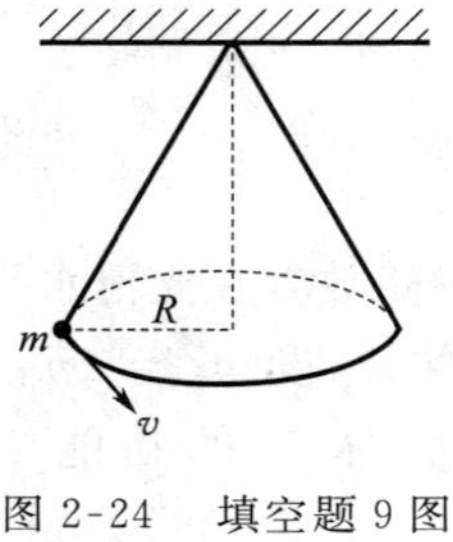

图 2-24　填空题 9 图

三、计算题

1. 如图 2-25 所示，质量为 $M = 1.5$ kg 的物体，用一根长为 $l = 1.25$ m的细绳悬挂在天花板上，今有一质量为 $m = 10$ g的子弹以 $v_0 = 500\ \mathrm{m\cdot s^{-1}}$ 的水平速度射穿物体，刚穿出物体时子弹的速度大小 $v = 30\ \mathrm{m\cdot s^{-1}}$，设穿透时间极短，求：

(1) 子弹刚穿出时绳中张力的大小；

(2) 子弹在穿透过程中所受的冲量。

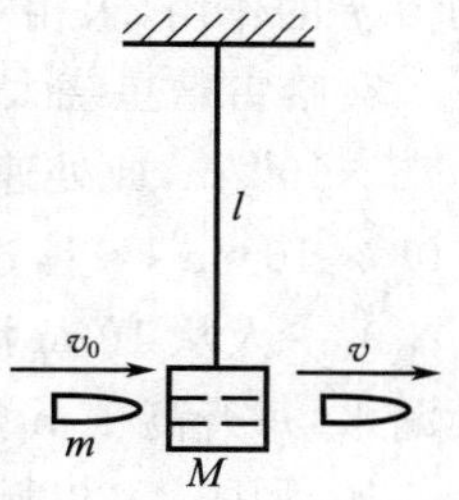

图 2-25　计算题 1 图

2. 一颗子弹由枪口射出时速率为 v_0（单位为 $\mathrm{m\cdot s^{-1}}$），当子弹在枪筒内被加速时，它所受的合力为 $F = a - bt$（a，b 为常数），其中 t 以 s 为单位，F 以 N 为单位：

(1) 假设子弹运行到枪口处合力刚好为零，试计算子弹走完枪筒全长所需的时间；

(2) 求子弹所受的冲量；

(3) 求子弹的质量。

3. 质量为M的大木块具有半径为R 的四分之一弧形槽，如图 2-26 所示。质量为 m 的小木块从弧形槽的顶端滑下，大木块放在光滑水平面上，二者都做无摩擦的运动，而且都从静止开始，求小木块脱离大木块时的速度。

4. 如图 2-27 所示，平板中央开一小孔，质量为 m 的小球用细线系住，细线穿过小孔后挂一质量为 M_1 的重物。小球做匀速圆周运动，当半径为 r_0 时重物达到平衡。今在 M_1 的下方再挂一质量为 M_2 的物体，试问：这时小球做匀速圆周运动时的角速度 ω' 和半径 r' 为多少。

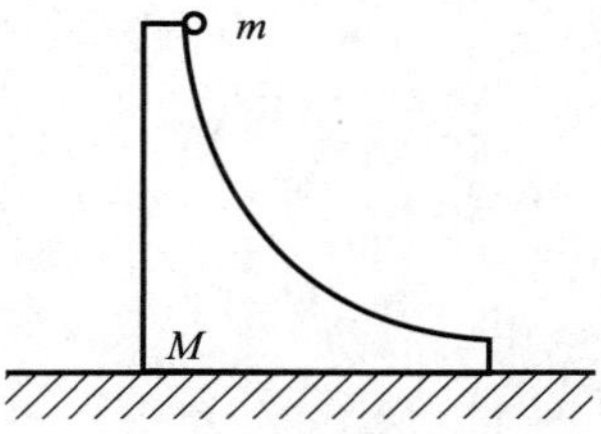

图 2-26　计算题 3 图

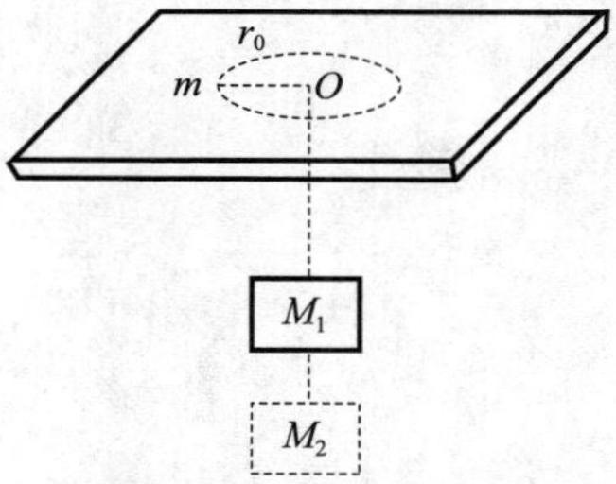

图 2-27　计算题 4 图

5. 设 $\boldsymbol{F} = 7\boldsymbol{i} - 6\boldsymbol{j}$(N)，一质点从原点运动到 $\boldsymbol{r} = -3\boldsymbol{i} + 4\boldsymbol{j} + 16\boldsymbol{k}$(SI)。

(1) 求 $\boldsymbol{F}$ 所做的功；

(2) 如果质点到 $\boldsymbol{r}$ 处时需 0.6 s，试求平均功率；

(3) 如果质点的质量为 1 kg，试求动能的变化。

6. 如图 2-28 所示，一质量为m的物体 A 放在一与水平面成 θ 角的固定光滑斜面上，并系于刚度系数为 k 的轻弹簧的一端，弹簧的另一端固定。设物体沿斜面的运动中，在平衡位置处的初动能为 E_{k0}，以弹簧原长处为坐标原点，沿斜面向下为 x 轴正向，试求：

(1) 物体 A 处于平衡位置时的坐标 x_0；

(2) 物体 A 在弹簧伸长量为 x 时的动能的表达式。

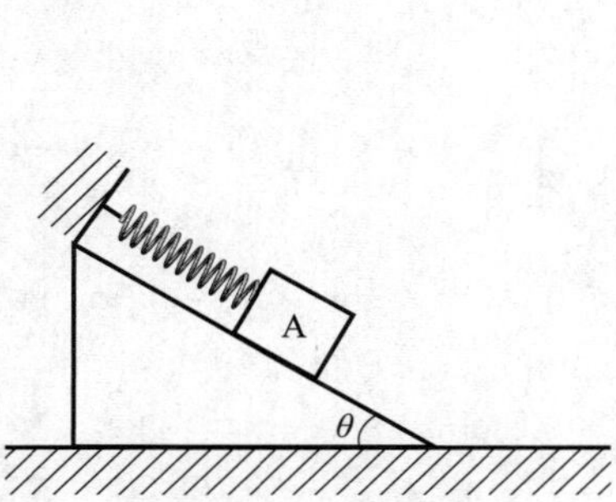

图 2-28　计算题 6 图

7. 一质量为 m 的质点位于(x_1，y_1) 处，速度为 $\boldsymbol{v} = v_x\boldsymbol{i} + v_y\boldsymbol{j}$，质点受到一个沿 x 轴负方向

的力 f 的作用,求相对于坐标原点的角动量以及作用于质点上的力的力矩。

8. 哈雷彗星绕太阳运动的轨迹是一个椭圆。它离太阳最近点(近日点)的距离是 $r_1 = 8.75\times10^{10}$ m,此处速率是 $v_1 = 5.46\times10^4$ m·s^{-1},它离太阳最远点(远日点)时的速率是 $v_2 = 9.08\times10^2$ m·s^{-1},这时它离太阳的距离 r_2 是多少?(太阳位于椭圆的一个焦点)

9. 一人从 10 m 深的井中提水,起始时水桶中装有 10 kg 的水,水桶的质量为 1 kg,由于水桶漏水,每升高 1 m 要漏去 0.2 kg 的水。求水桶从井中匀速提到井口的过程中人所做的功。

10. 如图 2-29 所示,人的质量为 60 kg,底板的质量为 40 kg,人若想站在底板上静止不动,则必须以多大的力拉住绳子?

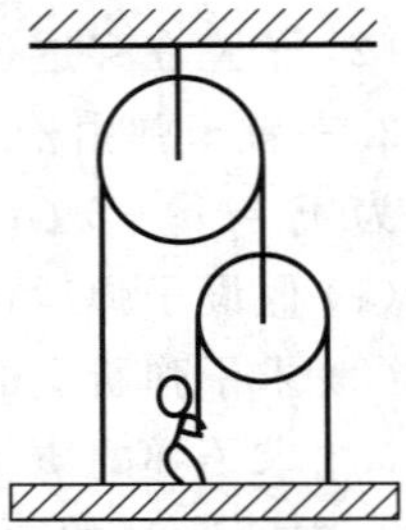

图 2-29　计算题 10 图

11. 质量分别为 M 和 $M+m$ 的两个人,分别拉住定滑轮两边的绳子往上爬,开始时两人与滑轮的距离都是 h,设滑轮和绳子的质量以及定滑轮轴承处的摩擦均可忽略,绳长不计。证明:若质量轻的人在 t s 末爬到滑轮,则此时质量重的人与滑轮的距离为$\dfrac{m}{M+m}\left(h+\dfrac{1}{2}gt^2\right)$。

12. 从地面上以一定角度发射地球卫星,发射速度 v_0 应为多大才能使卫星在距地心半径为 r 的圆上运转?

13. 电子的质量为 9.1×10^{-31} kg,在半径为 5.3×10^{-11} m 的圆周上绕氢核做匀速率运动。已知电子的角动量为$\dfrac{h}{2\pi}$(h 为普朗克常量,$h = 6.63\times10^{-34}$ J·s),求电子的角速度。

习题解答

第3章 刚体力学基础

前两章介绍了质点的运动问题，但在研究物体的机械运动规律时，仅讨论质点的情况是不全面的，因为现实生活中并不是所有的物体都可以看作质点。在许多实际问题中，研究对象往往是许多质点组成的质点系。本章将要讨论的刚体，便是一种特殊的质点系，因此，刚体运动遵循质点系的基本规律，将这些规律与刚体本身具有的特殊性质结合，将得到特殊的形式。本章主要介绍的概念有转动惯量和力矩、刚体的动能和角动量以及角动量守恒定律。

§3.1 刚体 刚体定轴转动的描述

3.1.1 刚体及其基本运动

通常，物体在受到外力或外界作用时，总会产生不同程度的形变。对于某些物体，当形变非常微小时，为了研究问题的方便，其形变可忽略不计，从而认为物体的大小和形状都不发生变化。这种在任何情况下大小和形状都保持不变的物体称为**刚体**。刚体是一种特殊的质点系，刚体中任意两个质点间的距离均保持不变，是一种理想的力学模型，是实际物体的一种抽象。

刚体的运动一般比较复杂，而平动和转动是刚体最基本的两种运动形式，任何复杂的运动都可以看作平动和转动的合成。

通常把在运动过程中,刚体内部任意两质元间的连线在每一时刻的位置都和初始时刻保持平行的运动称为刚体的**平动**,如图 3-1 所示。刚体做平动时,每个质元均具有相同的速度和加速度,在任意一段时间内具有相同的运动轨迹和位移,因而可以通过任意质元的运动来表示整个刚体的运动,即平动的物体可以看作质点。

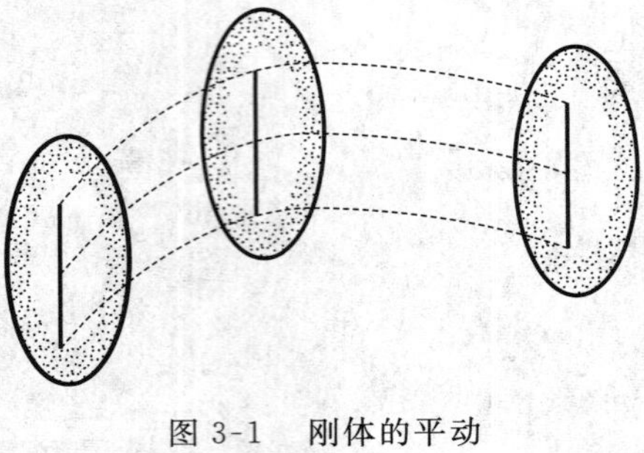

图 3-1 刚体的平动

若刚体上每个质元都绕同一直线做圆周运动,则这样的运动称为刚体的**转动**,该直线称为转轴。若转轴的方向和位置在转动过程中随时间变化,则这种转动称为**非定轴转动**,如陀螺的进动和车轮的滚动等;若转轴固定不动,既不改变方向也不发生平移,则这种转动称为**定轴转动**,如门、窗、钟表指针和车床工件的运动等。

定轴转动是最简单的转动形式,本章只讨论刚体的定轴转动。

3.1.2 刚体定轴转动的描述

刚体在做定轴转动时,刚体上各个点的速度都不相同,距离转轴远的质点速度大,距离转轴近的质点速度小,但是各个质点的角速度都相同,因此用角量描述刚体的定轴转动比较方便.

在刚体上任取一点 P,如图 3-2 所示,过点 P 作垂直于转轴的平面,称为转动平面,点 P 在此转动平面内做圆周运动。类似圆周运动的描述,建立如图 3-2 所示的坐标系,点 P 的位置矢量与 x 轴的夹角 θ,称为刚体的**角位置**,单位为 rad(弧度)。设 Δt 时间间隔内,点 P 转过角度 $\Delta\theta$,$\Delta\theta$ 称为 Δt 时间间隔内的**角位移**,于是刚体的**角速度**为

$$\omega = \lim_{\Delta t \to 0} \frac{\Delta\theta}{\Delta t} = \frac{d\theta}{dt} \tag{3-1}$$

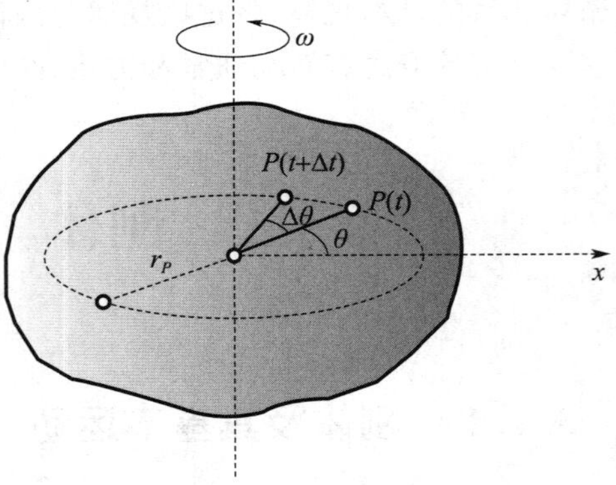

图 3-2 刚体的定轴转动

角速度的单位为 rad · s^{-1}(弧度每秒),方向由右手螺旋定则确定。对于定轴转动,当转轴固定时,刚体绕转轴的运动只有顺时针和逆时针两种情况,对应于角速度的方向只有向上和向下两种。习惯上认为,从上向下看,刚体做逆时针转动且满足右手螺旋定则的方向作为正方向;反之,刚体做顺时针转动且不满足右手螺旋定则的方向为负方向。如图 3-2 所示,刚体做逆时针转动,因此 $\omega > 0$。

刚体绕定轴转动时,如果角速度发生变化,刚体就具有了**角加速度**,定义为角速度对时间

的变化率，其数学表达式为

$$\beta = \lim_{\Delta t \to 0} \frac{\Delta\omega}{\Delta t} = \frac{d\omega}{dt} = \frac{d^2\theta}{dt^2} \tag{3-2}$$

由式(3-2)可见，角加速度还可以是角位置对时间的二阶导数，其单位为 $rad \cdot s^{-2}$（弧度每二次方秒）。当刚体加速转动时，角加速度的方向和角速度的方向相同；当刚体减速转动时，角加速度的方向和角速度的方向相反。

刚体绕定轴转动时，刚体上各质元都绕转轴做圆周运动，各质元的角位移、角速度和角加速度均相同，但由于不同质元的圆周运动的半径不同，因而速度和加速度也不相同。对于离转轴垂直距离为 r_i 的质点，其线速度和角速度的关系为

$$v_i = r_i\omega \tag{3-3}$$

而加速度与刚体角加速度、角速度的关系为

$$\begin{cases} a_{\tau i} = r_i\beta \\ a_{ni} = r_i\omega^2 \end{cases} \tag{3-4}$$

可见，刚体上距离轴越远的质点，其速度、切向加速度和法向加速度都越大。

例 3-1　设有一车床上的轮子以恒定的角加速度 β 转动，已知初始时刻的角速度为 ω_0，起始角位置为 θ_0，求经过一段时间 t 后，该轮子的角速度和转过的角度。

解　根据角加速度的定义和初始条件，可得轮子的角速度为

$$\omega = \omega_0 + \beta t$$

转过的角度为

$$\theta = \theta_0 + \omega_0 t + \frac{1}{2}\beta t^2$$

§3.2　刚体定轴转动的转动定律

力是使物体平动状态发生改变的原因，而力矩是使物体转动状态发生改变的原因。本节讨论刚体做定轴转动时的动力学规律——转动定律。

3.2.1　刚体的转动定律

刚体定轴转动的转动惯量和转动定律

理论与实践表明，只有当力的作用线在转动平面内且不与转轴相交时，力才能对转轴产生力矩，从而使刚体转动状态发生改变。因此在研究引起定轴转动的刚体转动状态发生改变的原因时，只需考虑外力在转动平面内的分量对转轴的力矩。

如图 3-3 所示，形状任意的刚体绕固定轴转动，将刚体看成由无数个质点组成，任意取一质点 i，其质量为 Δm_i，距离转轴的距离为 r_i。质点 i 受到两种力：一种是刚体之外的物体对它的作用力，称为外力，用 $\boldsymbol{F}_i$ 表示；另一种是刚体内部质点对它的相互作用力，称为内力，用 $\boldsymbol{f}_i$ 表

示。假设这两种力均在与转轴垂直的同一平面内，由牛顿第二定律，有

$$\boldsymbol{F}_i + \boldsymbol{f}_i = \Delta m_i \boldsymbol{a}_i \tag{3-5}$$

式中，$\boldsymbol{a}_i = \boldsymbol{a}_{ni} + \boldsymbol{a}_{\tau i}$，表示质点 i 的总加速度。为了求力矩，用质点对点 O 的位矢 $\boldsymbol{r}_i$ 叉乘式(3-5) 两边，可得

$$\boldsymbol{r}_i \times \boldsymbol{F}_i + \boldsymbol{r}_i \times \boldsymbol{f}_i = \Delta m_i(\boldsymbol{r}_i \times \boldsymbol{a}_i) = \Delta m_i(\boldsymbol{r}_i \times \boldsymbol{a}_{ni} + \boldsymbol{r}_i \times \boldsymbol{a}_{\tau i}) \tag{3-6}$$

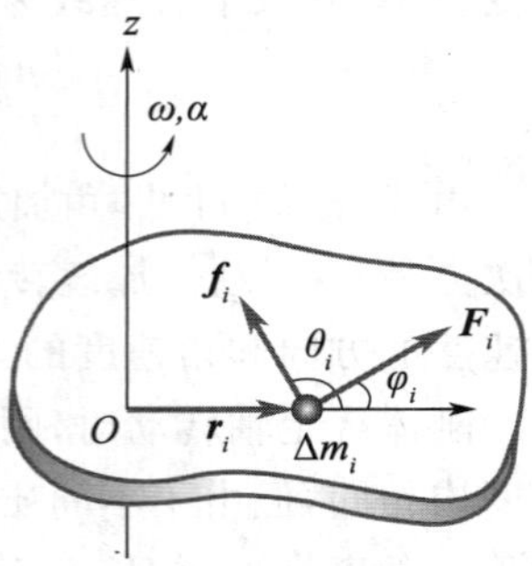

图 3-3　刚体转动定律

由于 $\boldsymbol{r}_i$ 的方向和 $\boldsymbol{a}_{ni}$ 的方向一致，$\boldsymbol{r}_i \times \boldsymbol{a}_{ni} = \boldsymbol{0}$；而由于 $\boldsymbol{r}_i$ 的方向和 $\boldsymbol{a}_{\tau i}$ 的方向垂直，根据式(3-4)，$a_{\tau i} = r_i\beta$，故 $r_i \times a_{\tau i} = r_i a_{\tau i} = r_i^2\beta$，于是式(3-6) 可写为标量式，即

$$r_i F_i \sin\varphi_i + r_i f_i \sin\theta_i = \Delta m_i r_i^2 \beta \tag{3-7}$$

式中，β 为刚体转动的角加速度。

对于整个刚体，只需对所有质点求和，即

$$\sum_i r_i F_i \sin\varphi_i + \sum_i r_i f_i \sin\theta_i = \sum_i \Delta m_i r_i^2 \beta \tag{3-8}$$

式(3-8) 左边第二项表示所有质点即刚体的内力矩之和，由于内力总是成对出现的，且每对内力对同一轴的力矩之和必定为零，故刚体合内力矩为零，即 $\sum\limits_i r_i f_i \sin\theta_i = 0$。左边第一项表示刚体所受合外力矩，用 M 表示，即

$$M = \sum_i \Delta m_i r_i^2 \beta \tag{3-9}$$

式(3-9) 中 $\sum\limits_i \Delta m_i r_i^2$ 与刚体的运动及所受外力无关，只取决于各质元相对于转轴的分布，它表示了刚体本身的一种性质，称为**转动惯量**，用 J 表示，即

$$J = \sum_i \Delta m_i r_i^2 \tag{3-10}$$

于是，有

$$M = J\beta \tag{3-11}$$

可知，**刚体绕定轴转动时，作用于刚体上的合外力矩等于刚体对转轴的转动惯量与角加速度的乘积，刚体的角加速度与所受到的合外力矩成正比，与刚体的转动惯量成反比**，这就是**刚体定轴转动的转动定律**。

刚体定轴转动的转动定律是解决刚体转动问题的基本方程之一，它也可以称为物体转动的牛顿第二定律。使用刚体定轴转动的转动定律式(3-11) 时应注意，公式中的各物理量均须对应同一刚体、同一转轴。另外，转动惯量作为一个常量，其物理意义也很重要。

3.2.2　刚体的转动惯量

刚体的转动惯量在工程和生活中经常用到，如机车的轮子形状大致为中间空、外延厚，生活中的风车造型大致为外延大、中心小，这些都是为了增加刚体的转动惯量。

转动惯量是表征物体转动惯性的物理量。由式(3-11) 可知，对于相同的外力矩，作用在转动惯量越大的刚体上获得的角加速度越小，即原来的转动状态越难改变。也就是说，刚体的转动惯量越大，其转动惯性就越大，因而**转动惯量是物体转动惯性大小的量度**。

根据转动惯量的定义式(3-10)可知，刚体的转动惯量就是组成刚体的各质元的质量与其到转轴的距离的平方的乘积之和。

若绕轴转动的是单个质点，其转动惯量可以定义为质点的质量与其到转轴的距离的平方的乘积，表示为

$$J = mr^2 \tag{3-12}$$

对于分立质点组成的质点系，其转动惯量为

$$J = \sum_i m_i r_i^2 \tag{3-13}$$

而对于质量连续分布的刚体，转动惯量可表示为

$$J = \int r^2 \mathrm{d}m \tag{3-14}$$

式中，r 为质元到转轴的垂直距离。转动惯量的单位是 $\mathrm{kg \cdot m^2}$（千克二次方米）。

下面举例说明转动惯量的计算。

例 3-2　如图 3-4 所示，两小球的质量分别为 m_1 和 m_2，均可视为质点，到转轴的距离分别为 r_1 和 r_2，固定在一质量可以忽略的细杆上，求两小球与细杆组成的这一刚体的转动惯量。

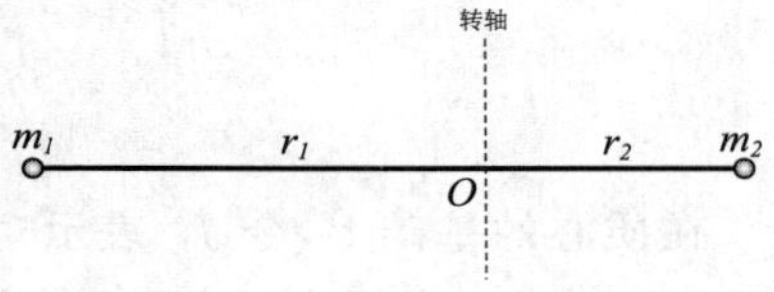

图 3-4　例 3-2 图

解　对于可视为分立质点的情况，由式(3-13)，直接计算得

$$J = m_1 r_1^2 + m_2 r_2^2$$

例 3-3　如图 3-5 所示，计算下面两种情况下，长为 L、质量为 m 的均匀细棒的转动惯量：(1) 转轴通过棒的中点并垂直于棒；(2) 转轴通过棒的一端并垂直于棒。

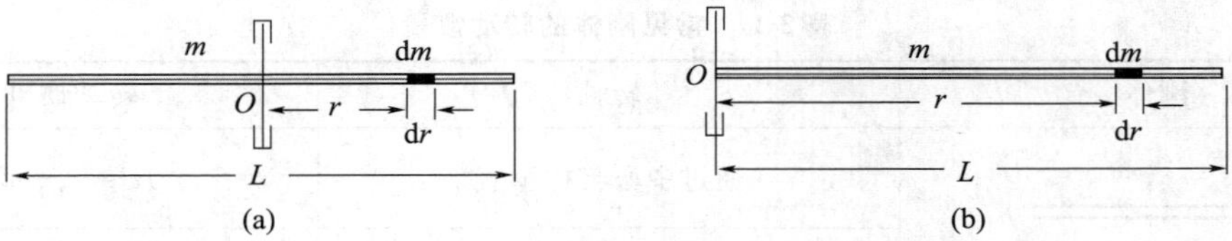

图 3-5　例 3-3 图

解　均匀细棒可看作质量连续分布的刚体，转动惯量由式(3-14)计算。

(1) 如图 3-5(a) 所示，建立以棒的中点为坐标原点 O 的坐标系，任取一质元，长度为 $\mathrm{d}r$，质量为 $\mathrm{d}m = \lambda \mathrm{d}r = \frac{m}{L}\mathrm{d}r$，式中 λ 为棒的线密度（单位长度上的质量），质元到原点 O 的距离为 r，根据式(3-14)，可得

$$J = \int r^2 \mathrm{d}m = \int_{-\frac{L}{2}}^{\frac{L}{2}} r^2 \frac{m}{L} \mathrm{d}r = \frac{1}{12} mL^2$$

(2) 如图 3-5(b) 所示，建立以棒的端点为坐标原点 O 的坐标系，方法同题(1)，可得

$$J = \int r^2 \mathrm{d}m = \int_0^L r^2 \frac{m}{L} \mathrm{d}r = \frac{1}{3} mL^2$$

可以看出,对于同一刚体,转轴的位置不同,转动惯量就不同。事实上,刚体的转动惯量与刚体的总质量、刚体质量对轴的分布及轴的位置 3 个因素有关。质量分布离轴越远,转动惯量越大。对于质量均匀分布的刚体,其对中心轴的转动惯量最小。

另外,在例 3-3 中,第(1)种情况转轴在棒的中点,即在棒的质心位置,第(2)种情况不在质心位置,这两者的转动惯量之间存在一定的关系。

质心,即质量的中心,是质点系质量分布的平均位置。若一质点系中任一质点的质量为 m_i,相对于一固定点 O 的位矢为 $\boldsymbol{r}_i$,则质心的位矢 $\boldsymbol{r}_C$ 表示为

$$\boldsymbol{r}_C = \frac{\sum_i m_i \boldsymbol{r}_i}{\sum_i m_i} = \frac{\sum_i m_i \boldsymbol{r}_i}{M}$$

式中,M 为质点系的总质量。

如果计算一个连续体的质心,则上式可写成积分的形式,即

$$\boldsymbol{r}_C = \frac{\int \boldsymbol{r}_i \mathrm{d}m}{\int \mathrm{d}m}$$

在质心的基础上,令 J_C 表示对通过质心的轴的转动惯量,若另外一轴与通过质心的轴平行且距离为 d,则此刚体对后一轴的转动惯量为

$$J = J_C + md^2 \tag{3-15}$$

这一关系称为**平行轴定理**。平行轴定理有助于计算转动惯量,对研究刚体的滚动也有一定的帮助。刚体对于两条相互正交的轴的转动惯量之间满足垂直轴定理,这里不作详细讨论。需要注意,转动惯量是标量,对于同一轴,可以代数相加减。

对于几种质量分布均匀、具有简单几何形状的刚体,表 3-1 列出了几种常见刚体的转动惯量以供参考。对于形状不规则刚体的转动惯量,常常通过实验来测定。

表 3-1　常见刚体的转动惯量

刚体	转轴	转动惯量
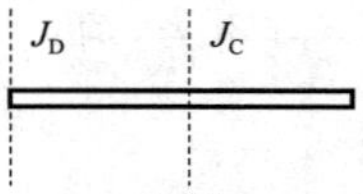 细棒	通过中心与棒垂直	$J_C = \frac{1}{12}ml^2$
	通过端点与棒垂直	$J_D = \frac{1}{3}ml^2$
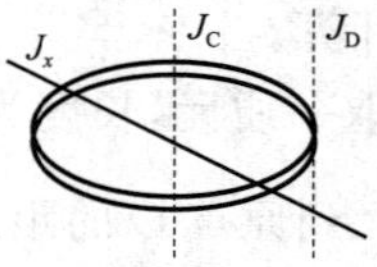 细圆环	通过中心与环面垂直	$J_C = mR^2$
	通过边缘与环面垂直	$J_D = 2mR^2$
	沿直径	$J_x = \frac{1}{2}mR^2$
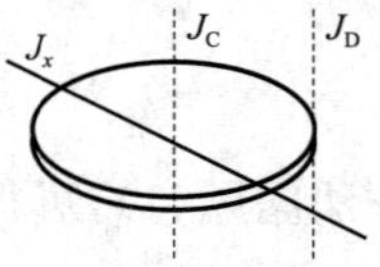 薄圆盘	通过中心与盘面垂直	$J_C = \frac{1}{2}mR^2$
	通过边缘与盘面垂直	$J_D = \frac{3}{2}mR^2$
	沿直径	$J_x = \frac{1}{4}mR^2$

续表

刚体	转轴	转动惯量
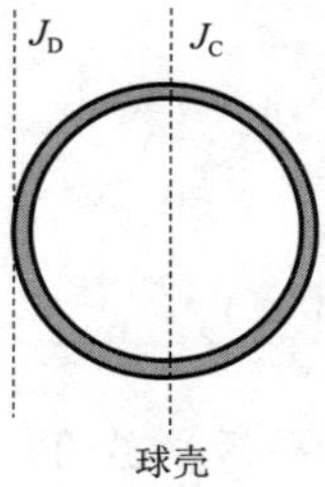	中心轴	$J_C = \frac{2}{3}mR^2$
	切线	$J_D = \frac{5}{3}mR^2$
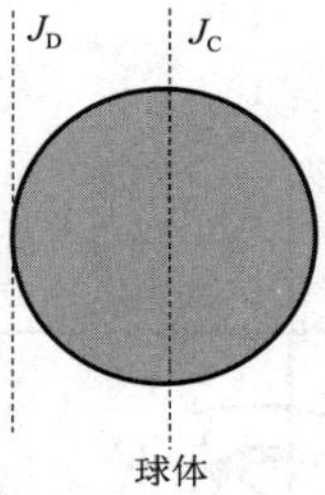	中心轴	$J_C = \frac{2}{5}mR^2$
	切线	$J_D = \frac{7}{5}mR^2$

3.2.3　刚体转动定律的应用

刚体的转动定律对应质点平动中的牛顿第二定律，因而应用转动定律解题的步骤和方法类似于牛顿第二定律的应用。将刚体的转动定律和牛顿运动定律结合，并应用角量和线量的关系，可以讨论许多有关转动的动力学问题。在具体应用中，式(3-11) 可写为

$$M = J\beta = J\frac{\mathrm{d}\omega}{\mathrm{d}t} = J\frac{\mathrm{d}^2\theta}{\mathrm{d}t^2}$$

例 3-4　质量分别为 m_1 和 m_2 的物体 A 和 B 由一根轻绳连接，悬挂在定滑轮上，如图 3-6(a) 所示，滑轮的质量为 m，设滑轮和轴之间的摩擦力可以忽略，绳与滑轮之间无相对滑动，求两个物体的加速度和绳子的张力。

解　A、B 及滑轮的受力分析如图 3-6(b) 所示，两个物体有共同的加速度 $\boldsymbol{a}$，$\boldsymbol{T}_1$ 和 $\boldsymbol{T}_1'$、$\boldsymbol{T}_2$ 和 $\boldsymbol{T}_2'$ 都是作用力和反作用力，分别以 $\boldsymbol{T}_1$ 代替 $\boldsymbol{T}_1'$，$\boldsymbol{T}_2$ 代替 $\boldsymbol{T}_2'$，并假设 B 下降，A 上升，滑轮做逆时针转动，则对 A 运用牛顿第二定律，可得

$$T_1 - m_1 g = m_1 a$$

对 B 运用牛顿第二定律，可得

$$m_2 g - T_2 = m_2 a$$

对定滑轮运用转动定律，可得

$$M = (T_2 - T_1)R = J\beta = \frac{1}{2}mR^2\beta$$

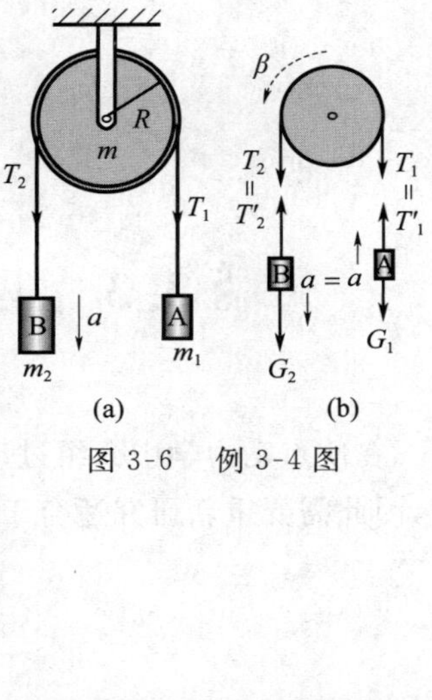

图 3-6　例 3-4 图

又根据角量和线量的关系,得

$$a = R\beta$$

联立以上四式并求解,可得

$$a = \frac{m_2 - m_1}{m_2 + m_1 + 0.5m}g$$

$$T_1 = m_1 a + m_1 g$$

$$T_2 = m_2 g - m_2 a$$

例 3-5 如图 3-7 所示,一质量分布均匀、半径为 R 的圆形平板平放在水平桌面上,平板与水平桌面之间的摩擦系数为 μ,若平板绕通过其中心且垂直于板面的固定轴以角速度 ω_0 开始旋转,则它将在旋转几圈后停止?$\left(转动惯量\ J = \frac{1}{2}mR^2\right)$

解 本题中摩擦力是一个随径向位置变化的量,所以摩擦力矩也随径向位置变化。设圆盘质量为 m,则在 r 处的宽度为 $\mathrm{d}r$ 的圆环面积上的摩擦力矩为

$$\mathrm{d}M = \mu \frac{mg}{\pi R^2} \cdot 2\pi r \cdot r\mathrm{d}r$$

总摩擦力矩的大小为

$$M = \frac{2\mu mg}{R^2}\int_0^R r^2\,\mathrm{d}r = \frac{2}{3}\mu mgR$$

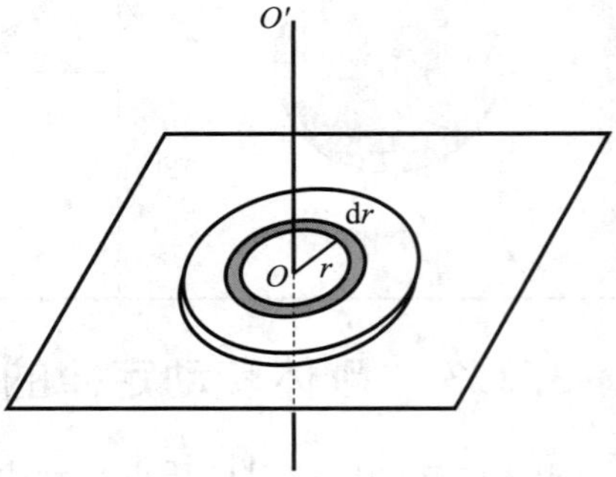

图 3-7 例 3-5 图

虽然摩擦力矩随位置变化,但是总摩擦力矩是确定的值,所以刚体做匀减速转动。由转动定律可得,平板的角加速度的大小为

$$\beta = \frac{M}{J} = \frac{\frac{2}{3}\mu mgR}{\frac{1}{2}mR^2} = \frac{4\mu g}{3R}$$

由匀变速转动公式可得,停止前转过的角位移的大小为

$$\Delta\theta = \frac{\omega_0^2}{2\beta} = \frac{3R\omega_0^2}{8\mu g}$$

故转过的圈数为

$$N = \frac{\Delta\theta}{2\pi} = \frac{3R\omega_0^2}{16\pi\mu g}$$

§3.3 刚体定轴转动的动能和动能定理

在质点动力学中介绍过动能定理,而在刚体的定轴转动中显然是不能直接套用这个定理的,因此需要重新研究适合于刚体转动的动能定理。当然,类似于质点的动能定理由牛顿第二

定律导出,刚体定轴转动的动能定理可由刚体的定轴转动定律导出。

3.3.1 刚体定轴转动的动能

由于刚体由许多质点组成,是一种特殊的质点系,因此刚体的转动动能应等于各质点动能的总和。设刚体上某一质元 Δm_i,其到转轴的垂直距离为 r_i,当刚体以角速度 ω 绕转轴转动时,根据动能的定义,该质元的动能为

$$E_{ki} = \frac{1}{2}\Delta m_i v_i^2 = \frac{1}{2}\Delta m_i r_i^2 \omega^2 \tag{3-16}$$

则整个刚体做定轴转动时的总动能为

$$E_k = \sum_i E_{ki} = \sum_i \frac{1}{2}\Delta m_i r_i^2 \omega^2 = \frac{1}{2}\left(\sum_i \Delta m_i r_i^2\right)\omega^2 \tag{3-17}$$

考虑到转动惯量的定义式(3-10),式(3-17) 可写为

$$E_k = \frac{1}{2}J\omega^2 \tag{3-18}$$

式(3-18) 表明,**刚体绕定轴转动时的转动动能等于刚体的转动惯量与角速度的平方的乘积的一半**。与质点的平动动能$\frac{1}{2}mv^2$ 对比,二者形式上十分相似,其中转动惯量与质量相对应,角速度与线速度相对应。需要注意,由于转动惯量与轴的位置有关,因此转动动能也与轴的位置有关。

3.3.2 刚体定轴转动的动能定理

刚体定轴转动的功能推导

首先定义力矩的功的概念,然后从刚体定轴转动的转动定律出发,推导定轴转动的动能定理。

设一外力 $\boldsymbol{F}$(注:此处不考虑内力,因为刚体各质元间的内力功之和始终为零) 作用于绕定轴以角速度 ω 转动的刚体上,此时外力对刚体产生力矩 $\boldsymbol{M}$。设在力矩 $\boldsymbol{M}$ 的作用下,刚体转过一微小角位移 $d\theta$,容易证明,力矩对刚体所做的元功等于力矩和角位移的乘积,即

$$dW = Md\theta \tag{3-19}$$

若刚体在力矩 $\boldsymbol{M}$ 作用下,绕转轴由角位置 θ_1 转到角位置 θ_2,则在此过程中力矩对刚体所做的总功为

$$W = \int dW = \int_{\theta_1}^{\theta_2} Md\theta \tag{3-20}$$

式(3-20) 即为力矩的功的表达式,其中 M 为作用于刚体所有外力的合外力矩大小。

类似地,由功率的定义可以得到力矩的功率,即

$$P = \frac{dW}{dt}$$

当力矩 M 恒定时,由式(3-19),有

$$P = M\frac{d\theta}{dt} = M\omega \tag{3-21}$$

即**力矩的功率等于力矩和角速度的乘积**。当输出功率一定时,力矩与角速度成反比。

下面推导刚体定轴转动的动能定理。将式(3-11)写成如下形式：

$$M = J\beta = J\frac{d\omega}{dt} = J\frac{d\omega}{d\theta}\frac{d\theta}{dt} = J\omega\frac{d\omega}{d\theta}$$

令刚体在初角位置 $\theta = \theta_1$ 时 $\omega = \omega_1$，末角位置 $\theta = \theta_2$ 时 $\omega = \omega_2$，将上式分离变量并积分，有

$$W = \int_{\theta_1}^{\theta_2} M d\theta = \int_{\omega_1}^{\omega_2} J\omega d\omega = \frac{1}{2}J\omega_2^2 - \frac{1}{2}J\omega_1^2 \tag{3-22}$$

上式表明，**合外力矩对定轴转动的刚体所做的总功等于刚体转动动能的增量**，这就是**刚体定轴转动的动能定理**。可见，它与质点的动能定理极为相似。

在质点动力学中，介绍了动能定理之后，接着介绍了功能原理和机械能守恒定律；而在刚体运动学中，需要说明的是，如果刚体受到保守力的作用，也可以像质点一样引入势能的概念。在重力场中，刚体就具有一定的重力势能，其重力势能等于组成刚体的各个质元重力势能的总和。设刚体中任一质元质量为 Δm_i，离零势能面的高度为 h_i，则此质元在与地球组成的系统中的重力势能为 $\Delta m_i g h_i$。刚体的重力势能为

$$E_p = \sum_i \Delta m_i g h_i = g\sum_i \Delta m_i h_i$$

根据质心的定义，此刚体的质心的高度 h_C 为

$$h_C = \frac{\sum_i \Delta m_i h_i}{m}$$

所以

$$E_p = mgh_C \tag{3-23}$$

结果表明，刚体的重力势能和它的全部质量集中在质心时所具有的势能一样。

对于既有平动又有绕定轴转动的物体组成的系统来说，质点动力学中介绍的功能原理仍然成立。如果在运动过程中，只有保守内力做功，那么机械能守恒定律同样适用。需要注意的是，此时系统的动能应该同时包括系统内平动物体的平动动能和绕定轴转动物体的转动动能，而系统的势能也应该是平动物体和转动物体的势能之和。

例 3-6　如图 3-8 所示，一根质量为 m、长为 l 的均匀细棒(两端分别为 A、B)，可绕一水平的光滑转轴 O 在竖直平面内转动，O 轴到 A 端的距离为 $l/3$。现将棒由静止开始从水平位置绕 O 轴转动，求：(1) 棒在水平位置上刚起动时的角加速度；(2) 棒转到竖直位置时的角速度和角加速度。

解　先确定棒对 O 轴的转动惯量 J。应用平行轴定理，得

$$J = J_C + md^2 = \frac{1}{12}ml^2 + m\left(\frac{l}{2} - \frac{l}{3}\right)^2 = \frac{1}{9}ml^2$$

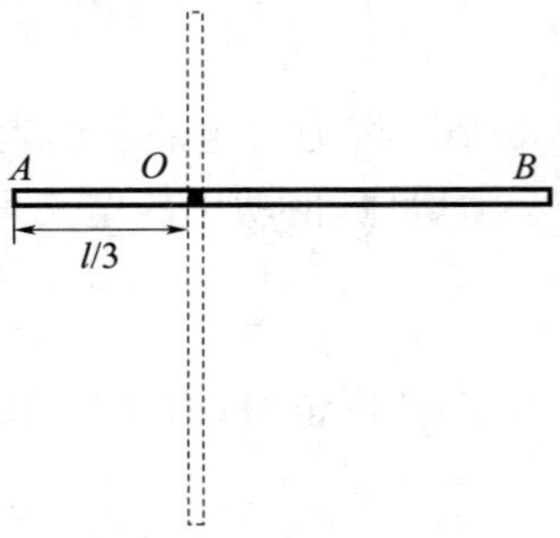

图 3-8　例 3-6 图

细棒所受的力有重力及支撑力，轴与棒之间无摩擦力，在棒的转动过程中，支撑力通过点 O，所以支撑力对轴的力矩为零。重力的力矩为变力矩，当棒的 B 端从水平位置转动角度为 θ 时，重力的力矩大小为 $mg\frac{l}{6}\cos\theta$。

(1) 当棒在水平位置上刚起动时，重力的力矩 $M = mg\frac{l}{6}$，

由转动定律得

$$\beta = \frac{M}{J} = \frac{mg\dfrac{l}{6}}{\dfrac{1}{9}ml^2} = \frac{3g}{2l}$$

(2) 根据力矩的功的概念，当棒转过一微小角位移时，重力矩所做的元功为

$$\mathrm{d}W = mg\frac{l}{6}\cos\theta\mathrm{d}\theta$$

在棒从水平位置转动到竖直位置的过程中，重力矩所做的总功为

$$W = \int \mathrm{d}W = \int_0^{\frac{\pi}{2}} mg\frac{l}{6}\cos\theta\mathrm{d}\theta = \frac{mgl}{6}$$

由题意知，棒在水平位置的角速度为零，设转动到竖直位置时角速度为 ω，则由刚体定轴转动的动能定理，有

$$\frac{mgl}{6} = \frac{1}{2}J\omega^2$$

于是，得

$$\omega = \sqrt{\frac{mgl}{3J}} = \sqrt{\frac{mgl}{3\times\dfrac{1}{9}ml^2}} = \sqrt{\frac{3g}{l}}$$

在竖直位置上，棒所受重力矩为零，故此时瞬时角加速度为零。

§3.4　刚体定轴转动的角动量定理和角动量守恒定律

第 2 章介绍了单个质点对固定点的角动量和角动量定理，本节讨论刚体这种特殊的质点系满足的角动量定理和角动量守恒定律。将刚体对固定点的角动量向选定的坐标轴投影，即可得到刚体对轴的角动量。同样地，刚体对某固定点的角动量定理在给定坐标轴上的分量式，即为刚体对轴的角动量定理。下面分别作具体讨论。

3.4.1　刚体对轴的角动量

对于绕定轴转动的刚体，其对转轴的角动量应为刚体上各质元对转轴的角动量之和。假设刚体绕 z 轴以角速度 ω 做定轴转动，设刚体上某质元 Δm_i，到转轴 z 轴的距离为 r_i，则根据式(2-45)，该质元对 z 轴的角动量大小为

$$L_{iz} = \Delta m_i r_i^2 \omega$$

方向沿 z 轴方向。由于刚体上所有质元都在各自转动平面内以相同角速度 ω 做圆周运动，且各质元对转轴 z 轴的角动量方向都相同，因此使用上式对刚体的所有质元求和，得

$$L_z = \sum_i L_{iz} = \sum_i \Delta m_i r_i^2 \omega = J\omega \tag{3-24}$$

即为整个刚体对转轴(z 轴)的角动量。可见,**刚体对轴的角动量的大小等于刚体对该轴的转动惯量与角速度的乘积,方向沿着该转轴并与角速度的方向相同。**

3.4.2 刚体定轴转动的角动量定理

对于定轴转动的刚体,转动惯量 J 为常数,由定轴转动的转动定律,有

$$M = J\beta = J\frac{\mathrm{d}\omega}{\mathrm{d}t} = \frac{\mathrm{d}(J\omega)}{\mathrm{d}t} = \frac{\mathrm{d}L_z}{\mathrm{d}t} \tag{3-25}$$

可知,**定轴转动的刚体所受的合外力矩等于刚体对该轴的角动量对时间的一阶导数**。设 t_1 时刻角动量为 L_1,角速度为 ω_1,t_2 时刻角动量为 L_2,角速度为 ω_2,将式(3-25)分离变量并积分,可得

$$\int_{t_1}^{t_2} M\mathrm{d}t = \int_{L_1}^{L_2} \mathrm{d}L_z = L_2 - L_1 = J\omega_2 - J\omega_1 \tag{3-26}$$

式(3-26)左边$\int_{t_1}^{t_2} M\mathrm{d}t$ 反映了刚体所受合外力矩对时间的积累效应,称为**冲量矩**。可见,**定轴转动的刚体所受合外力矩的冲量矩等于刚体对该轴的角动量的增量**,这就是**刚体定轴转动的角动量定理**。式(3-26)为刚体定轴转动角动量定理的积分形式,式(3-25)可看作其微分形式。

需要注意,式(3-26)假设了刚体的转动惯量为一常数,只有角速度发生变化;若刚体的转动惯量也发生了变化,如由 t_1 时刻的 J_1 变化到 t_2 时刻的 J_2,则式(3-26)变为

$$\int_{t_1}^{t_2} M\mathrm{d}t = J_2\omega_2 - J_1\omega_1 \tag{3-27}$$

因此,对于非刚体,角动量定理依然适用。

3.4.3 刚体对轴的角动量守恒定律

刚体对轴的角动量守恒定律

由刚体定轴转动的角动量定理,很容易得出刚体对轴的角动量守恒定律。式(3-26)中,若刚体所受的合外力矩 $M = 0$,则

$$L_z = J\omega = 常量 \tag{3-28}$$

可知,**若外力对刚体转轴的力矩之和为零,则刚体对该转轴的角动量守恒**(角动量的大小和方向保持不变),这就是**刚体定轴转动的角动量守恒定律**。需要注意,虽然角动量守恒定律是在刚体定轴转动条件下得到的,但它普遍适用于任何转动的情况,即便是非刚体也适用。

角动量守恒定律是自然界三大基本守恒定律之一,尽管它是由经典力学原理推证出来的,但其适用范围却远远超出了原有条件的限制,不仅适用于宏观、低速领域,而且通过相应的扩展和修正后,也可用于经典力学失效的微观、高速研究领域,是近代物理理论的基础,是更为普适的物理定律。

生产、生活和科技活动中的很多现象都可以用角动量守恒定律解释,现从以下几方面进行一些原理上的说明。

(1) 对于定轴转动的刚体,若转动过程中转动惯量保持不变,只要满足合外力矩为零,则刚体转动的角速度也将保持不变,即原来静止的仍将保持静止,原来做匀速转动的仍将保持匀速转动。飞机、火箭、轮船上用作定向装置的陀螺仪就是利用该原理工作的。

(2) 对于定轴转动的非刚性物体,由于各质元之间有相对位移,质元到转轴的距离不确定,因此转动惯量是变化的。此时在满足合外力矩为零的情况下,转动惯量与角速度的乘积保

持恒定不变，因此角速度与转动惯量成反比，即转动惯量增大时角速度就会减小，转动惯量减小时角速度就会增大，从而可以通过改变转动惯量来调节转动的角速度。如花样滑冰运动员、杂技演员、跳水运动员等在表演时都是应用了这一原理，通过改变自身的转动惯量来增大或减小身体绕轴转动的角速度，从而做出优美而漂亮的姿势。如图3-9所示，跳水运动员起跳后，在空中翻转，此时他把臂和腿都收缩到靠近身体质心的位置，以减小他对横贯腰部的转轴的转动惯量，从而增大其转动的角速度，这样他便可以在空中多旋转几周；当快到水面时，他会把身体打开，伸直臂和腿，以增大转动惯量，从而减小角速度，以便平稳竖直地进入水中。

空中走钢丝为什么要拿一根长杆？

图3-9　跳水表演

(3) 对于由相互关联的几个物体组成的物体组，若绕一条公共的固定轴转动，则由于系统内力总是成对出现，它们对轴合力矩的代数和为零，因此系统对该轴的总角动量同样守恒，即

$$\sum J_i\omega_i = 常量$$

例3-7　如图3-10所示，两个共轴的机车轮子A和B，转动惯量分别为J_A和J_B，最初A以角速度ω_A绕通过中心的垂直轴转动，B静止，待两轮啮合后一起以角速度ω_{AB}转动，求ω_{AB}的大小。

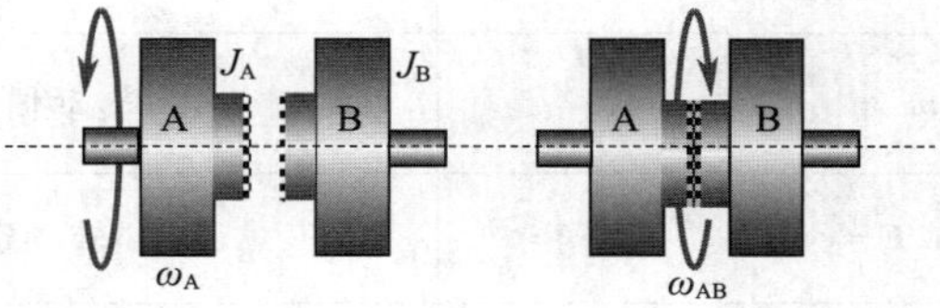

图3-10　例3-7图

解　以两个轮子作为一个系统，它们接触后虽然受力复杂，但是所受的力都属于系统的内力，整个系统所受的合外力矩为零，因此角动量守恒。由式(3-28)，有

$$J_A\omega_A = (J_A + J_B)\omega_{AB}$$

于是得

$$\omega_{AB} = \frac{J_A\omega_A}{J_A + J_B}$$

例3-8　如图3-11所示，一长为l、质量为m_2的匀质杆，竖直悬挂在一不计摩擦的铰链上，一质量为m_1的子弹以某一速度射入杆的末端并嵌入其中，之后与杆一起运动，它们转过的最大角度为30°，求子弹的初速度v_0。

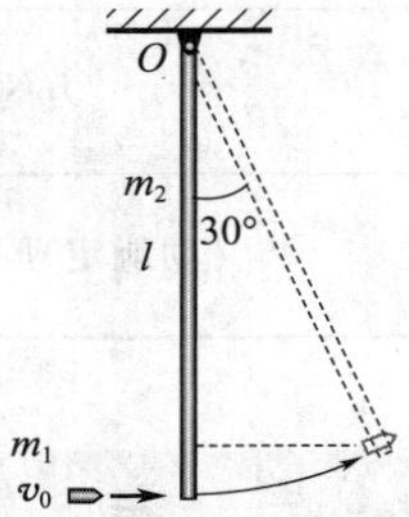

图3-11　例3-8图

解　考虑以子弹和杆组成的系统，在子弹以初速度v_0打入杆的瞬间，它们之间的作用力为内力，而系统的重力又通过转轴，因此系统所受合外力矩为零，角动量守恒；在子弹和杆一起做上摆运动的过程中，只有重力做功，故机械能守恒。

于是，由角动量守恒，有

$$m_1 v_0 l = J\omega$$

式中,J 为杆和子弹的转动惯量之和,即

$$J = \frac{1}{3}m_2 l^2 + m_1 l^2$$

在上摆运动的过程中,由机械能守恒,有

$$\frac{1}{2}J\omega^2 = m_1 gl(1 - \cos 30^\circ) + \frac{1}{2}m_2 gl(1 - \cos 30^\circ)$$

将上面三式联立求解,得

$$v_0 = \frac{1}{m_1}\sqrt{\frac{gl}{6}(2 - \sqrt{3})(m_2 + 2m_1)(m_2 + 3m_1)}$$

刚体和质点运动定理的比较

为了便于读者系统地理解刚体的定轴转动,表 3-2 列出了质点平动和刚体定轴转动的一些重要公式,以进行对照。

表 3-2　质点平动和刚体定轴转动的一些重要公式

质点平动	刚体定轴转动
速度 $\boldsymbol{v} = \frac{\mathrm{d}\boldsymbol{r}}{\mathrm{d}t}$	角速度 $\omega = \frac{\mathrm{d}\theta}{\mathrm{d}t}$
加速度 $\boldsymbol{a} = \frac{\mathrm{d}\boldsymbol{v}}{\mathrm{d}t} = \frac{\mathrm{d}^2\boldsymbol{r}}{\mathrm{d}t^2}$	角加速度 $\alpha = \frac{\mathrm{d}\omega}{\mathrm{d}t} = \frac{\mathrm{d}^2\theta}{\mathrm{d}t^2}$
质量 m	转动惯量 $J = \int r^2 \mathrm{d}m$
牛顿第二定律 $\boldsymbol{F} = m\boldsymbol{a}$	转动定律 $\boldsymbol{M} = J\boldsymbol{\alpha}$
动量 $m\boldsymbol{v}$	角动量 $J\boldsymbol{\omega}$
动量定理 $\boldsymbol{F} = \frac{\mathrm{d}(m\boldsymbol{v})}{\mathrm{d}t}$	角动量定理 $\boldsymbol{M} = \frac{\mathrm{d}(J\boldsymbol{\omega})}{\mathrm{d}t}$
动量守恒定律 $\sum_i m_i \boldsymbol{v}_i =$ 恒量	角动量守恒定律 $\sum J_i \omega_i =$ 恒量
动能 $E_\mathrm{k} = \frac{1}{2}mv^2$	转动动能 $E_\mathrm{k} = \frac{1}{2}J\omega^2$
力的功 $W = \int \boldsymbol{F} \cdot \mathrm{d}\boldsymbol{r}$	力矩的功 $W = \int M\mathrm{d}\theta$
动能定理 $W = \frac{1}{2}mv^2 - \frac{1}{2}mv_0^2$	转动动能定理 $W = \frac{1}{2}J\omega^2 - \frac{1}{2}J\omega_0^2$

思　考　题

1. 一个系统的动量守恒,其角动量也一定守恒吗? 如果其角动量守恒,其动量也一定守恒吗? 为什么?

2. 如果一个刚体所受的合外力为零，其合外力矩也一定为零吗？而如果刚体所受合外力矩为零，其合外力也一定为零吗？为什么？

3. 试分析人做什么姿势和对什么样的轴，转动惯量最小或最大？

4. 将一个生鸡蛋和一个熟鸡蛋放在桌上，使它们旋转，如何判断它们的生熟？用的是什么原理？

5. 杂技演员表演走钢丝时一定要拿一根较重的长直棍，为什么？这根棍起什么作用？

6. 试分析下列系统角动量是否守恒，并说明理由。

(1) 秋千；

(2) 翻筋斗的杂技演员；

(3) 地面上匀速滚动的车轮；

(4) 圆锥摆；

(5) 边缘飞出碎屑的砂轮。

7. 直升机的尾翼起什么作用？

8. 玩旋转木马时，坐哪个位置速度快？

9. 常见的机车飞轮形状分布是怎样的？为什么这样设计？

10. 花样滑冰运动员开始旋转时，会先把一条腿和两臂伸开，并用脚蹬冰使自己转动，随后收拢腿和臂，此时其转速就会明显加快。试分析该过程涉及的物理原理。

习　题　3

一、选择题

1. 关于刚体对轴的转动惯量，下列说法中正确的是(　　)。

A. 只取决于刚体的质量，与质量的空间分布和轴的位置无关

B. 取决于刚体的质量和质量的空间分布，与轴的位置无关

C. 取决于刚体的质量、质量的空间分布和轴的位置

D. 只取决于轴的位置，与刚体的质量和质量的空间分布无关

2. 有两个半径相同、质量相等的细圆环 A 和 B，A 环的质量分布均匀，B 环的质量分布不均匀，它们对通过环心并与环面垂直的轴的转动惯量分别为 J_A 和 J_B，则(　　)。

A. $J_A > J_B$　　B. $J_A < J_B$

C. $J_A = J_B$　　D. 不能确定 J_A、J_B 哪个大

3. 均匀细棒(两端分别为 O、A)可绕通过其一端 O 而与棒垂直的水平固定光滑轴转动，如图 3-12 所示。现使棒从水平位置由静止开始自由下落，在棒摆动到竖直位置的过程中，(　　)。

A. 角速度从小到大，角加速度从大到小

B. 角速度从小到大，角加速度从小到大

C. 角速度从大到小，角加速度从大到小

D. 角速度从大到小，角加速度从小到大

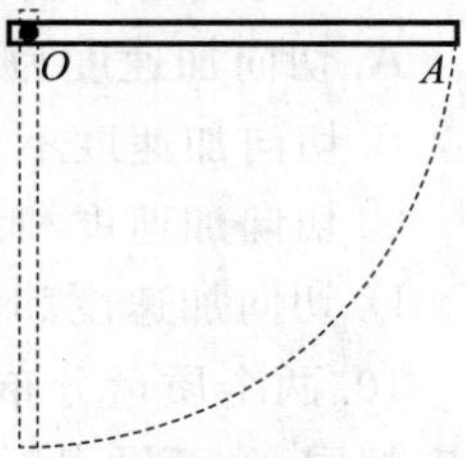

图 3-12　选择题 3 图

4. 刚体角动量守恒的充分必要条件是(　　)。

A. 刚体不受外力矩的作用　　B. 刚体所受合外力矩为零

C. 刚体所受的合外力和合外力矩均为零　　D. 刚体的转动惯量和角速度均保持不变

5. 花样滑冰运动员绕通过自身的竖直轴旋转,开始时两臂伸开,转动惯量为 J,角速度为 ω;然后将两臂合拢,此时转动惯量变为$\frac{2}{3}J$,则角速度将变为(　　)。

A. $\frac{2}{3}\omega$　　B. $\sqrt{\frac{2}{3}}\omega$　　C. $\frac{3}{2}\omega$　　D. $\sqrt{\frac{3}{2}}\omega$

6. 现有两个力作用在一个有固定轴的刚体上,则

(1) 这两个力都平行于轴作用时,它们对轴的合力矩一定是零;

(2) 这两个力都垂直于轴作用时,它们对轴的合力矩可能是零;

(3) 这两个力的合力为零时,它们对轴的合力矩也一定是零;

(4) 这两个力对轴的合力矩为零时,它们的合力也一定是零。

在上述说法中,(　　)。

A. 只有(1) 是正确的　　B. (1)、(2) 正确,(3)、(4) 错误

C. (1)、(2)、(3) 正确,(4) 错误　　D. (1)、(2)、(3)、(4) 都正确

7. 一轻绳绕在有水平轴的定滑轮上,滑轮的转动惯量为 J,绳下端挂一物体。物体所受重力为 $\boldsymbol{P}$,滑轮的角加速度为 α。若将物体去掉,以与 $\boldsymbol{P}$ 大小相等的力直接向下拉绳子,滑轮的角加速度 α 将(　　)。

A. 不变　　B. 变小

C. 变大　　D. 如何变化无法判断

8. 如图 3-13 所示,一圆盘正绕垂直于盘面的水平光滑固定轴 O 转动,若射来两个质量相同、速度大小相同但方向相反,并在一条直线上的子弹,子弹射入圆盘并且留在盘内,则子弹射入后的瞬间,圆盘的角速度 ω(　　)。

A. 增大　　B. 不变

C. 减小　　D. 不能确定

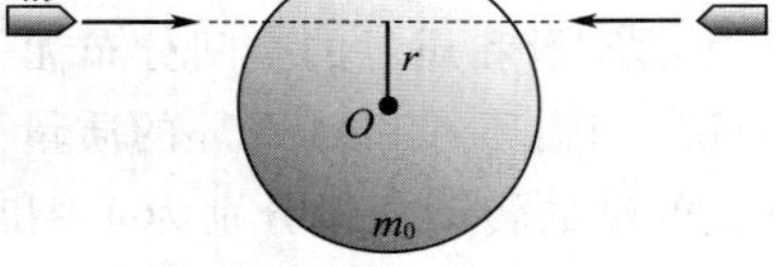

图 3-13　选择题 8 图

9. 飞轮绕定轴做匀速转动时,飞轮边缘上任意一点的(　　)。

A. 切向加速度为零,法向加速度不为零

B. 切向加速度不为零,法向加速度为零

C. 切向加速度和法向加速度均为零

D. 切向加速度和法向加速度均不为零

10. 两个质量分布均匀的圆盘A和B的密度分别为 ρ_A 和 ρ_B,若 $\rho_A > \rho_B$,但两圆盘的质量和厚度相同,设两圆盘对通过盘心垂直于盘面的轴的转动惯量分别为 J_A 和 J_B,则(　　)。

A. $J_A > J_B$　　B. $J_A < J_B$

C. $J_A = J_B$　　D. 不能确定 J_A、J_B 哪个大

11. 地球的质量为 m，太阳的质量为 m_0，地心与太阳中心的距离为 R，引力常量为 G，地球绕太阳转动的角动量的大小为（　　）。

A. $m\sqrt{Gm_0R}$　　B. $\sqrt{\frac{Gmm_0}{R}}$　　C. $mm_0\sqrt{\frac{G}{R}}$　　D. $\sqrt{\frac{Gmm_0}{2R}}$

12. 冰上芭蕾舞运动员以一只脚为轴旋转时将两臂收拢，此时（　　）。

A. 转动惯量减小　　B. 转动动能不变　　C. 转动角速度减小　　D. 角动量增大

13. 有一滑冰者，开始自转时其角速度为 ω_0，转动惯量为 J_0，当他将手臂收回时，其转动惯量减少为 $\frac{1}{3}J_0$，则它的角速度将变为（　　）。

A. $\frac{1}{3}\omega_0$　　B. $\frac{1}{\sqrt{3}}\omega_0$　　C. $3\omega_0$　　D. ω_0

14. 光滑的水平面上有长为 $2l$、质量为 m 的匀质细杆，可绕过其中点 O 且垂直于桌面的竖直固定轴自由转动，转动惯量为 $\frac{1}{3}ml^2$。起初杆静止，有一质量为 m 的小球沿桌面正对着杆的一端，在垂直于杆长的方向上，以速率 v 运动，如图 3-14 所示。当小球与杆端发生碰撞后，与杆粘在一起随杆转动，则这一系统碰撞后转动的角速度为（　　）。

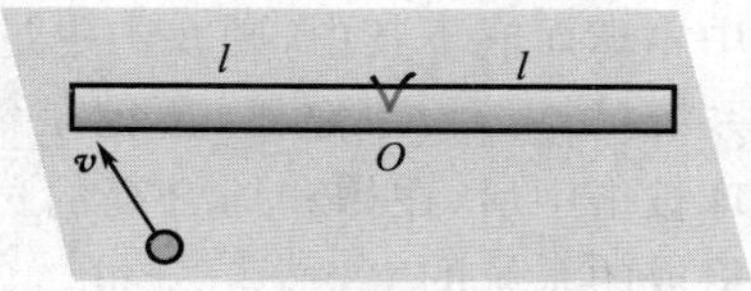

图 3-14　选择题 14 图

A. $\frac{lv}{12}$　　B. $\frac{2v}{3l}$　　C. $\frac{3v}{4l}$　　D. $\frac{3v}{l}$

15. 一人两手各拿一个哑铃，两臂平伸自身绕右足尖旋转，转动惯量为 J，角速度为 ω。若此人突然将两臂收回，则转动惯量变为 $\frac{1}{3}J$。忽略摩擦力，此人收臂后的动能与收臂前的动能之比为（　　）。

A. 1∶9　　B. 1∶3　　C. 9∶1　　D. 3∶1

16. 如图 3-15 所示，一质量为 m_0 的木块静止在光滑水平面上，质量为 m_0 的子弹射入木块后又穿出来。子弹在射入和穿出的过程中，（　　）。

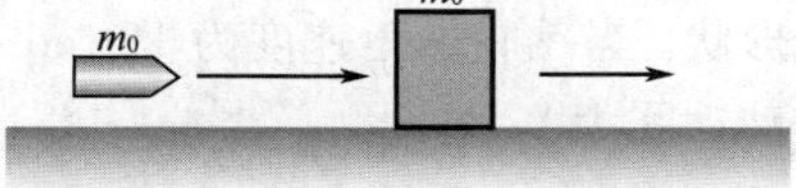

图 3-15　选择题 16 图

A. 子弹的动量守恒

B. 子弹和木块系统的动量守恒，机械能不守恒

C. 子弹的角动量守恒

D. 子弹的机械能守恒

二、填空题

1. 一飞轮以角速度 ω_0 绕轴旋转，飞轮对轴的转动惯量为 J_1；另一静止飞轮突然被同轴地啮合到转动的飞轮上，该飞轮对轴的转动惯量为前者的 2 倍，则啮合后整个系统的角速度 $\omega =$ ________。

2. 如图 3-16 所示，一长为 L 的轻质细杆，两端分别固定质量为 m 和

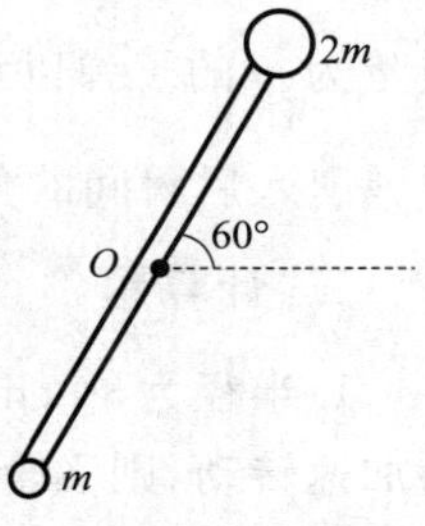

图 3-16　填空题 2 图

$2m$ 的小球,此系统在竖直平面内可绕过中点 O 且与杆垂直的水平光滑轴(O 轴) 转动。开始时杆与水平成 $60°$,处于静止状态。无初转速地释放后,杆与球这一刚体系统绕 O 轴转动,则系统绕 O 轴的转动惯量 $J=$ ________。释放后,当杆转到水平位置时,刚体受到的合外力矩 $M=$ ________;角加速度 $\alpha=$ ________ 。

3. 一做定轴转动的物体,对转轴的转动惯量 $J=3.0\ \mathrm{kg\cdot m^2}$,角速度 $\omega_0=6.0\ \mathrm{rad\cdot s^{-1}}$。现对物体加一恒定的制动力矩 $M=-12\ \mathrm{N\cdot m}$,当物体的角速度减小到 $\omega=2.0\ \mathrm{rad\cdot s^{-1}}$ 时,物体已转过了角度 $\Delta\theta=$ ________。

4. 3 个质量均为 m 的质点,位于边长为 a 的等边三角形的 3 个顶点上。此系统对通过三角形中心并垂直于三角形平面的轴的转动惯量 $J_0=$ ________,对通过三角形中心且平行于其一边的轴的转动惯量为 $J_A=$ ________,对通过三角形中心和一个顶点的轴的转动惯量为 $J_B=$ ________。

5. 如图 3-17 所示,一匀质木球固结在一细棒下端,且可绕水平光滑固定轴 O 转动,现有一子弹沿着与水平面成一角度的方向击中木球而嵌于其中,则在击中过程中,由木球、子弹、细棒组成的系统的________守恒,原因是________________。木球被击中后,在棒和球升高的过程中,由木球、子弹、细棒、地球组成的系统的________守恒。

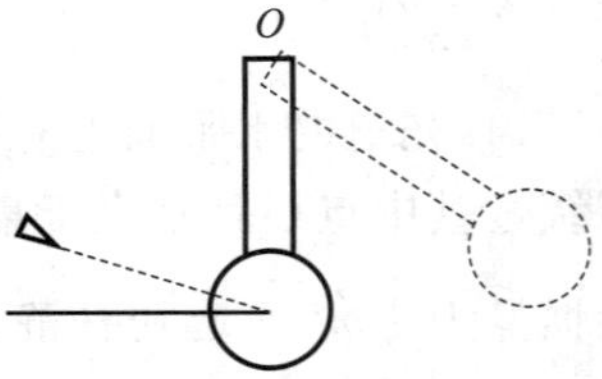

图 3-17　填空题 5 图

6. 一水平的匀质圆盘,可绕通过盘心的竖直光滑固定轴自由转动。圆盘质量为 m_0,半径为 R,对轴的转动惯量 $J=\frac{1}{2}m_0R^2$。当圆盘以角速度 ω_0 转动时,有一质量为 m 的子弹沿圆盘的直径方向射入圆盘,且嵌在盘的边缘上。子弹射入后,圆盘的角速度 $\omega=$ ________。

7. 如图 3-18 所示,一匀质杆质量为 m、长为 l,其对通过一端并与其成 θ 角的轴的转动惯量为________ 。

8. 有一力 $\boldsymbol{F}=(3\boldsymbol{i}+5\boldsymbol{j})\mathrm{N}$,其作用点的径矢为 $\boldsymbol{r}=(4\boldsymbol{i}-3\boldsymbol{j})\mathrm{m}$,则该力对坐标原点的力矩为________ 。

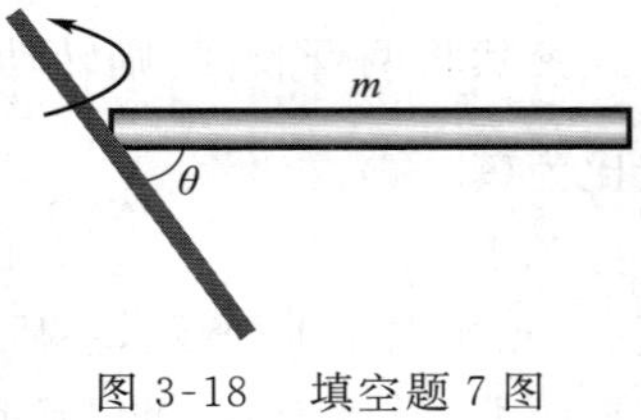

图 3-18　填空题 7 图

9. 质量为 32 kg、半径为 0.25 m 的均质飞轮,其外观为圆盘形状。当飞轮做角速度为 $12\ \mathrm{rad\cdot s^{-1}}$ 的匀速率转动时,它的转动动能为________ 。

10. 长为 l、质量为 m_0 的匀质杆可绕通过杆一端 O 的水平光滑固定轴转动,转动惯量为$\frac{1}{3}m_0l^2$,开始时杆竖直下垂,如图 3-19 所示。现有一质量为 m 的子弹以水平速度 $\boldsymbol{v}_0$ 射入杆上 A 点,并嵌在杆中,$OA=\frac{2l}{3}$,则子弹射入后瞬间的角速度 $\omega=$ ________ 。

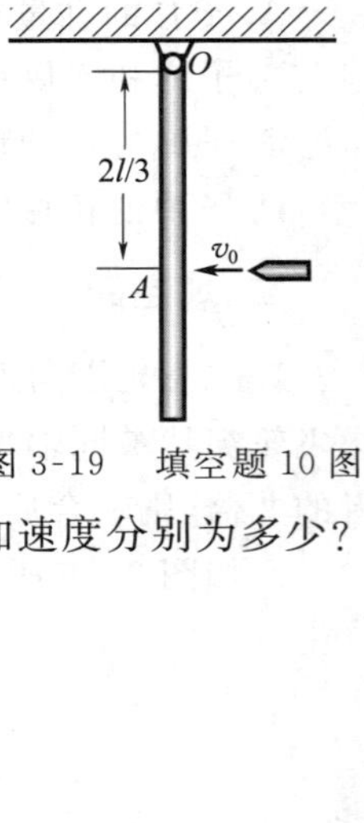

图 3-19　填空题 10 图

三、计算题

1. 半径为 30 cm 的飞轮,从静止开始以 $0.5\ \mathrm{rad\cdot s^{-2}}$ 的角加速度做匀角加速转动,则飞轮边缘上一点在飞轮转过 $240°$ 时的切向加速度和法向加速度分别为多少?

2. 质量 $m=1.1\ \mathrm{kg}$ 的匀质圆盘，可以绕通过其中心且垂直盘面的水平光滑固定轴转动，对轴的转动惯量 $J=\frac{1}{2}mr^2$（r 为盘的半径）。圆盘边缘绕有绳子，绳子下端挂一质量 $m_1=1.0\ \mathrm{kg}$ 的物体，如图 3-20 所示。起初在圆盘上加一恒力矩使物体以速率 $v_0=0.6\ \mathrm{m\cdot s^{-1}}$ 匀速上升，若撤去所加力矩，经历多少时间圆盘开始做反方向转动。

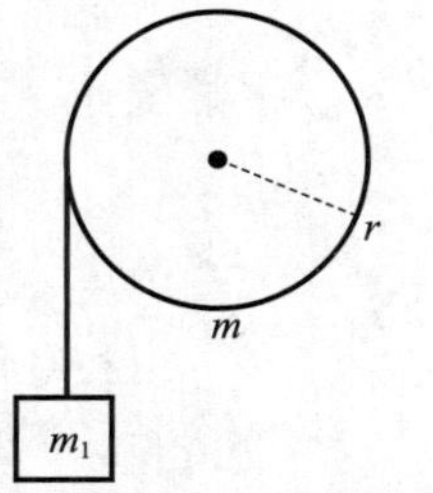

图 3-20　计算题 2 图

3. 有一半径为 R 的水平圆转台，可绕通过其中心的竖直固定光滑轴转动，转动惯量为 J，开始时转台以匀角速度 ω_0 转动。此时有一质量为 m 的人站在转台中心，随后人沿半径向外跑去，当人到达转台边缘时，转台的角速度为多少？

4. 如图 3-21 所示，一匀质细杆质量为 m，长为 l，可绕过一端 O 的水平轴自由转动，杆于水平位置由静止开始摆下释放。求：

(1) 初始时刻的角加速度；

(2) 杆转过 θ 角时的角速度。

5. 一质量为 m、半径为 R 的自行车轮，假定质量均匀分布在轮缘上，可绕轴自由转动。另一质量为 m_0 的子弹以速度 $\boldsymbol{v}_0$ 射入轮缘，如图 3-22 所示。

(1) 开始时轮是静止的，在质点打入后的角速度为何值？

(2) 用 m、m_0 和 θ 表示系统（包括轮和质点）最后动能和初始动能之比。

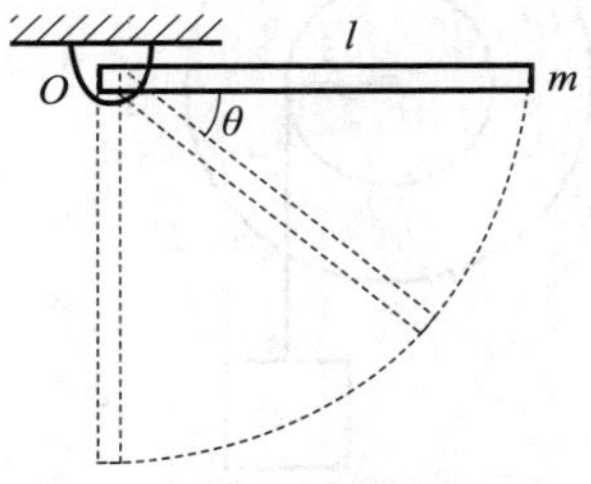

图 3-21　计算题 4 图

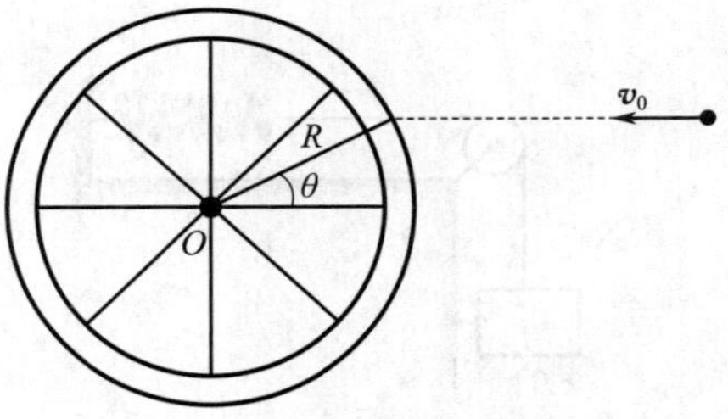

图 3-22　计算题 5 图

6. 质量分别为 m 和 $2m$、半径分别为 r 和 $2r$ 的两个均匀圆盘同轴地粘在一起，它们可以绕通过盘心且垂直于盘面的水平光滑固定轴转动，对转轴的转动惯量为 $\frac{9}{2}mr^2$。两个圆盘边缘都绕有绳子，绳子下端都挂有一质量为 m 的重物，如图 3-23 所示。求盘的角加速度的大小。

7. 如图 3-24 所示，一根质量为 m、长度为 l 的均匀细棒（两端分别为 A、B）和一质量为 m 的小球牢固地连接在一起，棒可绕通过其 A 端的水平轴在竖直平面内自由摆动，现将棒由水平位置静止释放，求：

(1) 棒绕 A 端的水平轴的转动惯量；

(2) 当棒下摆至 θ 角时，棒的角速度。

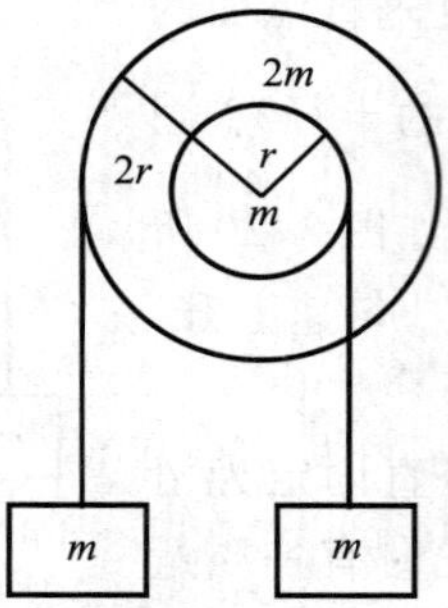

图 3-23 计算题 6 图

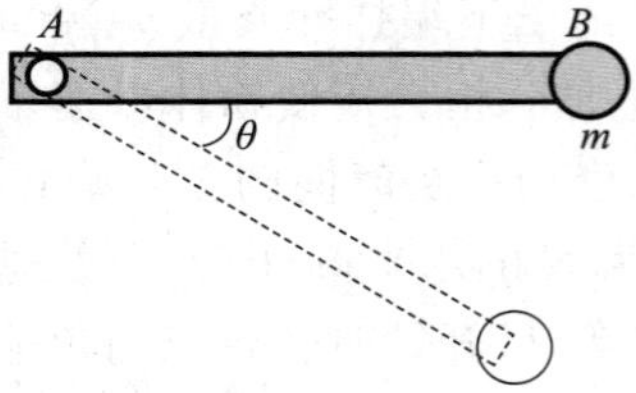

图 3-24 计算题 7 图

8. 弹簧、定滑轮和物体的连接如图 3-25 所示，弹簧的刚度系数为 $2.0\ \mathrm{N\cdot m^{-1}}$；定滑轮的转动惯量为 $0.5\ \mathrm{kg\cdot m^2}$，半径为 0.30 m。当质量为 6.0 kg 的物体落下 0.40 m 时，它的速率为多大？(假设开始时物体静止而弹簧无伸长)

9. 一质量为 m 的物体悬于一条轻绳的一端，绳另一端绕在一轮轴的轴上，如图 3-26 所示。轴水平且垂直于轮轴面，其半径为 r，整个装置架在光滑的固定轴承之上。当物体从静止释放后，在时间 t 内下降了一段距离 s。试求整个轮轴的转动惯量。(用 m、r、t、s 表示)

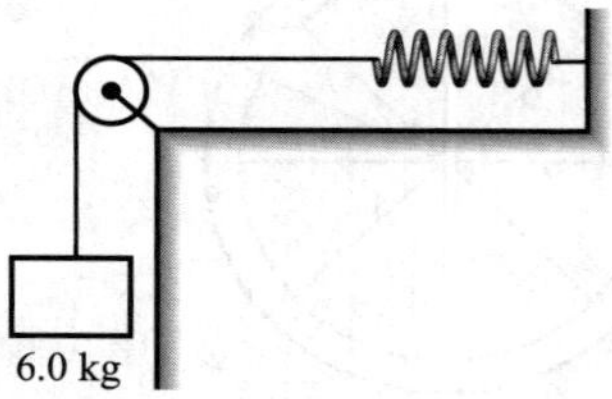

图 3-25 计算题 8 图

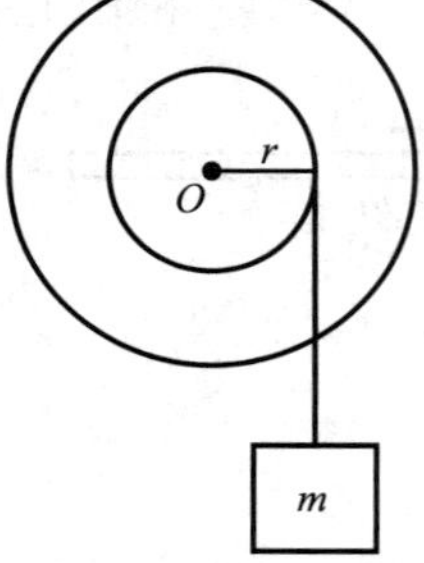

图 3-26 计算题 9 图

10. 一均质细杆，长 $L = 1$ m，可绕通过一端的水平光滑轴 O 在铅垂面内自由转动，如图 3-27 所示。开始时细杆处于铅垂位置，现有一子弹沿水平方向以大小 $v = 10$ m/s 的速度射入细杆。设入射点到点 O 的距离为 $\frac{3}{4}L$，子弹的质量为细杆质量的 $\frac{1}{9}$。试求：

(1) 子弹和细杆开始共同运动的角速度；

(2) 子弹和细杆共同摆动能到达的最大角度。

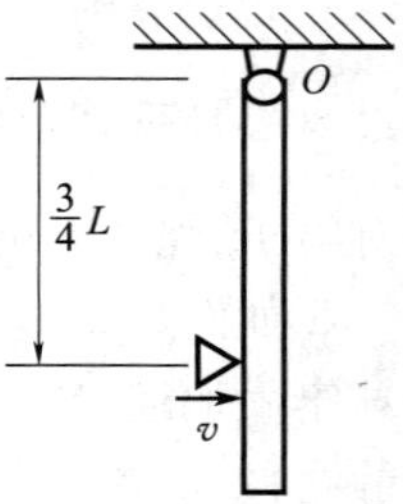

图 3-27 计算题 10 图

习题解答

第4章

狭义相对论

前面介绍了以牛顿运动定律为基础的经典力学，经典力学曾作为科学真理兴盛了两个多世纪，在解决宏观物体在惯性参考系中的低速运动问题方面取得了巨大的成功。但进入20世纪后，随着物理学研究领域的深入和扩展，人们发现在高速领域和微观领域，经典力学不再适用，需要对经典力学进行根本性的变革。

爱因斯坦的相对论力学就是对高速运动的物体建立的新力学，相对论的时空理论替代了牛顿的经典时空理论，把人们带进了一个崭新的时空境界。

相对论是20世纪物理学重大的成就之一，是科学史上最优美的篇章。相对论，特别是狭义相对论，经过多方面的实验证实，已成为现代物理学的主要理论基础。狭义相对论对经典物理和量子理论的进一步发展具有极其重要的作用，对基本粒子理论的探索和对宇宙奥秘的研究更是不可缺少。

本章首先阐述狭义相对论的基本原理和洛伦兹变换，然后讨论狭义相对论时空观，并通过一些典型例子加深对狭义相对论时空观的理解。最后介绍相对论动力学基本理论，揭示质量与能量的内在联系。

§ 4.1　力学相对性原理　伽利略变换　经典力学时空观

4.1.1　经典力学的相对性原理　伽利略变换

前面讲过,牛顿运动定律不是对一切参考系都成立,只是对惯性系才成立。相对于一个惯性系做匀速直线运动的参考系也是惯性系,所以惯性系不只有一个,而是有无穷多个。那么,这许许多多惯性系之间有没有什么“区别”呢?有没有哪一个更“特殊”呢?如果有,能不能把它找出来呢?

伽利略

牛顿认为有一个“绝对静止”的参考系(简称“绝对参考系”)。但是,通过简单的运算就会清楚,在相对它做匀速直线运动的参考系(其他惯性系)中牛顿运动定律依旧成立,力学实验表现出来的规律性也是一样的。所以,即使有“绝对参考系”,也无法(通过力学实验)找出它,或者测出另一个惯性系相对于它运动的速度。

关于这一点,早在 1632 年,伽利略就通过仔细观察封闭的船舱里的力学现象得出了结论。他发现,只要船的运动是等速的,一切现象观察不出丝毫的改变,也不能够根据任何现象来判断船究竟是在运动还是静止。当人在地板上跳跃的时候,人所通过的距离和在一条静止的船上跳跃时所通过的距离完全相同,也就是说,虽然当跳在空中时,脚下的地板是在向着与跳跃相反的方向奔驰着,但向船尾跳时并不比向船头跳时跳得更远些;当抛一个东西给其他人时,如果接东西的人在船头而抛东西的人在船尾时,抛东西的人所费的力并不比两人站在相反的位置时所费的力更大;从挂在天花板下的装着水的水杯里滴下的水滴,将竖直地落在地板上,虽然当水滴尚在空中时,船在向前走,但没有任何一滴水偏向船尾方面滴落。后来,人们从这一类的观察和实验中归纳出经典力学的相对性原理(或伽利略相对原理):**一切彼此相对做匀速直线运动的惯性系,对于描述运动的力学规律来说是完全等价的;或者说,在一个惯性系内部所做的任何力学实验都不能确定这一惯性系本身是在静止状态还是在做匀速直线运动**。由此可知,在所有惯性系中,力学定律具有相同的形式。伽利略提出了与力学相对性原理相应的伽利略变换,下面简单介绍一下伽利略变换。

设想两个做相对匀速运动的惯性系(参考系),如图 4-1 所示,各以直角坐标系 $K(O,x,y,z)$ 和 $K'(O',x',y',z')$ 表示,二者的坐标轴分别相互平行,而且 x 轴和 x' 轴重合在一起。K' 系相对于 K 系沿 x 轴方向以速度 $\boldsymbol{u}=u\boldsymbol{i}$ 运动。

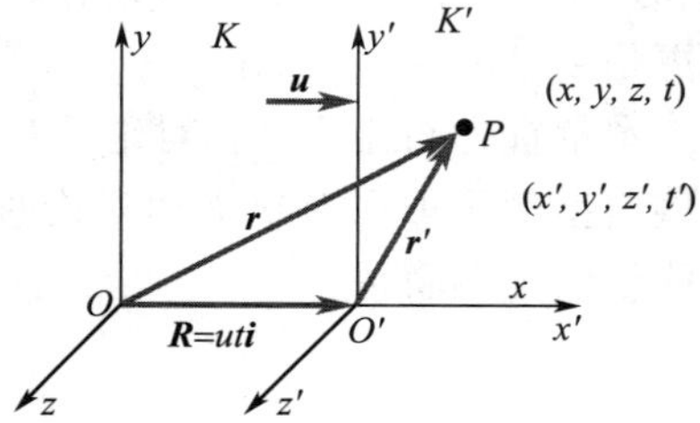

图 4-1　伽利略变换

设想在 K' 系和 K 系中,当坐标原点重合时,两个坐标系内的时钟校准为零,即 $x=x'=0$ 时,$t=t'=0$。

由于时间度量的绝对性,K' 系和 K 系将给出数值相等的时刻,即

$$t' = t \tag{4-1}$$

则同一点 P 在 K' 系和 K 系中的坐标 (x',y',z',t') 和 (x,y,z,t) 有如下的关系：

$$\begin{cases} x' = x - ut \\ y' = y \\ z' = z \end{cases} \tag{4-2}$$

式(4-1) 和式(4-2) 为**伽利略坐标变换公式**，它是经典力学时空观的数学表述。

将式(4-2) 对时间求导，可得到点 P 在 K 系、K' 系中的运动速度的变换关系：

$$\begin{cases} v'_x = v_x - u \\ v'_y = v_y \\ v'_z = v_z \end{cases} \tag{4-3}$$

由此得到速度变换公式

$$v' = v - u \tag{4-4}$$

将式(4-4) 对时间求导，可得到加速度的变换关系：

$$a' = a \qquad (a'_x = a_x, a'_y = a_y, a'_z = a_z)$$

上式表明，在 K 惯性系和 K' 系中，点 P 的加速度是相同的。

经典力学认为力和质量与参考系的选择无关，因此，在两个相互做匀速直线运动的惯性系中，牛顿运动定律的形式相同，故有

$$F = ma, \quad F' = m'a'$$

可见，牛顿运动定律的形式与参考系无关。也就是说，牛顿运动定律在伽利略变换下形式不变。

其他力学规律(包括动量守恒定律、机械能守恒定律等) 都是以牛顿运动定律为基础的，因此，对于所有的惯性系，经典力学规律在伽利略变换下形式不变，这就是**力学相对性原理**。力学相对性原理是在实验的基础上由伽利略于 1632 年在《关于托勒密和哥白尼两大世界体系的对话》一书中提出来的。伽利略变换以绝对时空为基本前提，而力学相对性原理却没有绝对时空这一前提，这就是二者的区别所在，故不能把它们完全等同起来。

4.1.2　经典力学的时空观

对时间和空间究竟要怎么理解呢？牛顿在他的《自然哲学的数学原理》中写道："绝对的、纯粹的、数学的时间，就其本性来说，均匀地流失，而与任何外在的情况无关"和"绝对空间，就其本性来说，与任何外在情况无关，始终保持着相似和不变"。他把时间比作独立的不断均匀流动着的水流，把空间比作盛有宇宙万物的一个无形无限且永不运动的静止框架。按照这种观点，时间和空间是彼此独立于物质与物质运动之外的互不相关的某种绝对的东西，绝对空间是真正绝对静止的。因此，在牛顿的经典力学体系中，惯性参考系是由绝对时间和绝对空间决定的。

就时代而言，产生这种时空观的原因是当时人类的实践活动只能接触到低速运动的情况，而在低速的情况下，人类的经验正是如此。然而，实践证明，这种绝对时空观把时空和物质运动割裂开来，把时间和空间看成分别独立、互不关联，是形而上学的，必然被爱因斯坦的相对论时空观代替和包含。

§4.2 狭义相对论基本原理　洛伦兹变换

在牛顿对力学规律进行深入研究之后,人们对其他物理现象,如对光和电磁现象也进行了深入的研究,并且已经形成了完整的电磁理论 —— 麦克斯韦电磁场理论,并预言,光是一种电磁波。

在把牛顿有关力学的相对性原理应用于电磁现象时,人们发现,在伽利略变换下,电磁现象的基本规律(主要是麦克斯韦电磁场方程组)在不同的惯性系中,并不具有相同的形式。

伽利略变换与电磁现象的矛盾,促使人们思考这样的问题:是伽利略变换是正确的,而电磁现象的基本规律本身不符合牛顿相对性原理,还是已经发现的电磁现象的基本规律是符合相对性原理的,而伽利略变换需要修改呢?

4.2.1 相对论实验基础　迈克耳孙-莫雷实验

在促使爱因斯坦提出相对性原理的过程中,当时有关光速的测量起到了特别重要的作用。19 世纪末,人们对"光"这一特殊的电磁波在真空中的传播速度进行了多种实验的测量,其中最著名的是迈克耳孙-莫雷实验。迈克耳孙和莫雷想测量光在不同的惯性系中运动速度的差异,以便确定地球相对于"以太"("以太"是当时被认为充满在宇宙空间中能传播电磁波的物质)的运动速度。结果是失败的,即在地球上测量,光沿各个方向传播的速率是一样的。

迈克耳孙-莫雷实验如图 4-2 所示。如果认为光相对于"以太"的传播速度为 c,另一个参考系(地球),相对于"以太"的运动速度为 u。这样,按照伽利略变换,光由 P 向 A(沿着地球转动方向)并再由 A 向 P(逆着地球转动方向)传播,所用的时间为

$$t_{PAP}=\frac{L_1}{c-u}+\frac{L_1}{c+u}=\frac{2cL_1}{c^2-u^2}=\frac{2L_1}{c\left(1-\frac{u^2}{c^2}\right)}$$

而垂直于地球转动方向的光,其运动速度为 $v_\perp=\sqrt{c^2-u^2}$,光从 P 到 B 再到 P 所用时间为

$$t_{PBP}=\frac{2L_2}{\sqrt{c^2-u^2}}=\frac{2L_2}{c\sqrt{1-\frac{u^2}{c^2}}}$$

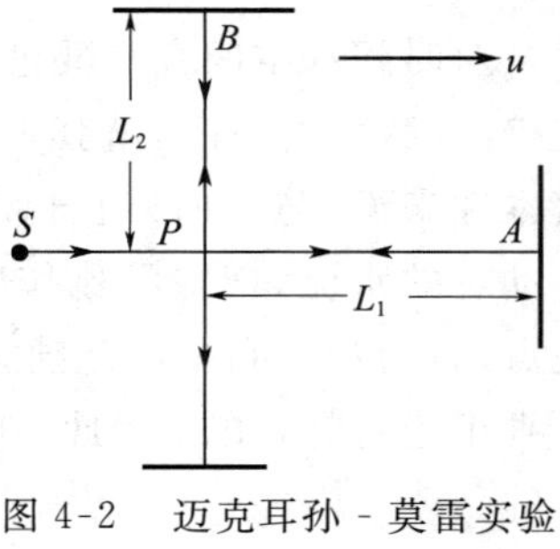

图 4-2　迈克耳孙-莫雷实验

两束光返回点 P 时的时间差为

$$\Delta t=t_{PBP}-t_{PAP}=\frac{2L_2}{c\sqrt{1-\frac{u^2}{c^2}}}-\frac{2L_1}{c\left(1-\frac{u^2}{c^2}\right)}$$

$$=\frac{2}{c}\left(\frac{L_2}{\sqrt{1-\frac{u^2}{c^2}}}-\frac{L_1}{1-\frac{u^2}{c^2}}\right)$$

如果干涉仪转动 90°,则时间间隔变成

$$\Delta t' = t'_{PBP} - t'_{PAP} = \frac{2L_2}{c\left(1-\frac{u^2}{c^2}\right)} - \frac{2L_1}{c\sqrt{1-\frac{u^2}{c^2}}} = \frac{2}{c}\left(\frac{L_2}{1-\frac{u^2}{c^2}} - \frac{L_1}{\sqrt{1-\frac{u^2}{c^2}}}\right)$$

干涉仪转动 90° 引起时间差的变化为

$$\Delta t - \Delta t' = \frac{2}{c}\left(\frac{L_2}{\sqrt{1-\frac{u^2}{c^2}}} - \frac{L_1}{1-\frac{u^2}{c^2}}\right) - \frac{2}{c}\left(\frac{L_2}{1-\frac{u^2}{c^2}} - \frac{L_1}{\sqrt{1-\frac{u^2}{c^2}}}\right) \approx \frac{L_1+L_2}{c}\frac{u^2}{c^2}$$

由干涉理论，时间差的变化引起的移动条纹数为

$$\Delta N = \frac{c(\Delta t - \Delta t')}{\lambda} = \frac{L_1+L_2}{\lambda}\frac{u^2}{c^2}$$

对于 $L_1 + L_2 = 22\ \mathrm{m}$，$u = 3\times 10^4\ \mathrm{m\cdot s^{-1}}$，$\lambda = 589.3\ \mathrm{nm}$，移动条纹数为

$$\Delta N = 0.40$$

但实验值为

$$\Delta N \approx 0$$

从 1881 年到 1887 年，迈克耳孙和莫雷在不同地理条件、不同季节条件下，进行了多次精心的实验，却始终看不到干涉条纹的移动。一直到 1930 年，共有 11 位科学家得到了 13 项准确的实验记录，但结果都是零。1958 年，塞达罗姆和汤斯等人用微波进行了“以太风”实验，在精度上比迈克耳孙 - 莫雷实验提高了 50 倍，结果还是零。

迈克耳孙 - 莫雷实验的零结果，引起物理学界广泛而激烈的争论。许多科学家提出不同的假说来解释实验结果，但很少有人怀疑伽利略变换的正确性，因此他们都失败了。当时英国物理学家开尔文把这一“悬案”说成在物理学晴朗天空边际的“一朵乌云”，这也预示着一个新的理论即将产生。

4.2.2　狭义相对论的基本原理

1895 年，爱因斯坦提出一个有趣的“追光”问题：设想能以光速 c 运动追随一束光线，究竟会看到什么现象呢？如果能看到在空间振荡着而停滞不前的电磁场，则麦克斯韦方程组就要失效；如果仍看到光以速度 c 前进，则显然又与伽利略速度变换式相抵触。爱因斯坦以超人的智慧和对事物的高度洞察力选择了光速不变而放弃了伽利略速度变换式，同时他还相信自然界应具有内在的统一性，描述自然界的物理定律也应该具有统一性。他认为伽利略相对性原理不仅适用于力学定律，也适用于包括光学在内的一切物理定律。爱因斯坦经过了 10 年的深思熟虑，于 1905 年在他的论文《论动体的电动力学》中提出了以下两个原理作为基本假设，并从它们出发建立了完整的狭义相对论理论。

爱因斯坦

(1) 相对性原理。

物理规律(包括力学规律) 在一切惯性参考系中都具有相同的形式，即对物理规律来说，一切惯性系都是平等的。不存在任何一个特殊的惯性系，如绝对静止的惯性系，即在一切惯性系中物理定律形式相同。

这就是著名的**爱因斯坦相对性原理**。力学现象和其他物理现象都遵守爱因斯坦相对性原理。爱因斯坦相对性原理是牛顿相对性原理的推广。这样就可以预料到，在任何一个惯性系

内,不仅力学实验,其他任何实验都不能用来确定该参考系的运动速度,故从整个物理学中排除了绝对运动或绝对静止的概念。

(2) 光速不变原理。

爱因斯坦在论文中还提出:在任何惯性系中,光在真空中的速率都相等,即真空中光的速率与光源的运动状态无关。这就是**光速不变原理**。

事实上,爱因斯坦提出光速不变原理时,并不完全根据迈克耳孙 - 莫雷的实验结果。电磁场理论给出真空中电磁波的传播速度为

$$c = \frac{1}{\sqrt{\varepsilon_0 \mu_0}} = 299\ 792\ 458\ \mathrm{m \cdot s^{-1}}$$

由于 ε_0 和 μ_0 都是物理常数,都不依赖于参考系,因此真空中的光速也不依赖于参考系。

如果把“真空中光的速率”看作一个物理规律,那么根据爱因斯坦相对性原理,在任何惯性系中,光速都应该是一样的。

光速与参考系无关这一点是与人们的预计相反的,日常经验总是使人们确信伽利略变换是正确的。但要知道,日常遇到的物体运动的速率比起光速是非常小的,炮弹飞出炮口的速率只有$10^3\ \mathrm{m \cdot s^{-1}}$,人造卫星的发射速率也才$10^4\ \mathrm{m \cdot s^{-1}}$,都不及光速的万分之一,因此不应该轻率地认为在低速情况下适用的规律在高速的情况下也一定适用。

爱因斯坦的两个基本原理是彼此相容的,因为光速在真空中是一个常量,是麦克斯韦方程组的直接推论,说明了电磁运动规律要求光在真空中的速度为常量成立,等于要求在两个相互做匀速直线运动的惯性系中都有相同的形式。这就要将力学相对性原理推广到电磁学、光学中去,从而组成现在的包括一切物理规律的相对性原理。然而伽利略变换不能使一切物理规律具有不变性,因而需要假定光速不变原理成立来推出新的时空变换 —— 洛伦兹变换。

4.2.3 洛伦兹变换

伽利略坐标变换公式与爱因斯坦狭义相对论的两个基本原理相矛盾,因此必须寻找一种新的变换。

设两个做相对匀速运动的惯性系(参考系),如图 4-3 所示,以直角坐标系 $S(O,x,y,z)$ 和 $S'(O',x',y',z')$ 表示,两者的坐标轴分别相互平行,而且 x 轴和 x' 轴重合在一起。S' 系相对于 S 系沿 x 轴方向以速度 $\boldsymbol{u}$ 运动,S 系和 S' 系的原点 O 和 O' 在 $t = t' = 0$ 时重合。若有一个事件发生在点 P,从 S 坐标系测得点 P 的空间坐标是(x,y,z),时间是 t;而从 S' 坐标系测得点 P 的空间坐标是(x',y',z'),时间是 t'。那么,在 S' 系和 S 系中同一事件的两组时空坐标(x',y',z',t')与(x,y,z,t)之间的**洛伦兹变换关系**为

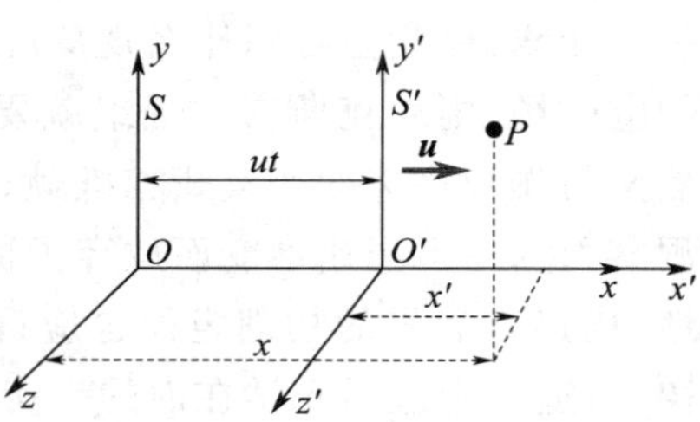

图 4-3 洛伦兹变换

$$\begin{cases} x' = \gamma(x - ut) \\ y' = y \\ z' = z \\ t' = \gamma\left(t - \dfrac{u}{c^2}x\right) \end{cases}$$

伽利略变换和洛伦兹变换

式中，$\gamma = \dfrac{1}{\sqrt{1-\beta^2}}$，$\beta = \dfrac{u}{c}$；$c$ 为光速。相应地，其逆变换为

$$\begin{cases} x = \gamma(x' + ut') \\ y = y' \\ z = z' \\ t = \gamma\left(t' + \dfrac{u}{c^2}x'\right) \end{cases}$$

以上各式称为**洛伦兹坐标变换公式**，简称**洛伦兹变换**。洛伦兹变换实际上是爱因斯坦狭义相对论在具体坐标系中的数学表述，洛伦兹变换可以由爱因斯坦相对性原理和光速不变原理推导出来。因此，狭义相对论的两个基本原理与洛伦兹变换是等价的。

当 $u \ll c$ 时，$\gamma \to 1$。这时，洛伦兹变换可以近似由伽利略变换来代替，即在 $u \ll c$ 时，洛伦兹变换式转化为伽利略变换式。因此，伽利略变换仅仅是洛伦兹变换在低速下的近似。人们在日常生活中所见到的物体的运动速度都是远远小于光速的，几乎不可能看出伽利略变换与实践的矛盾。

在洛伦兹变换中，时间坐标包含空间坐标，空间坐标包含时间坐标。这充分表现了时间和空间不再是绝对的、无关的，而是相互联系的。这就是四维时空的概念。

爱因斯坦狭义相对论的表述很简单，但它所得出的结论是惊人的，将彻底改变人类的时空概念。

4.2.4 洛伦兹速度变换式

利用洛伦兹坐标变换公式可以得到洛伦兹速度变换式，以替代伽利略速度变换式。如图 4-3 所示，设两个惯性参考系 S 和 S'，且 S' 系相对于 S 系沿 x 轴方向以速度 $\boldsymbol{u}$ 运动。从 S 系来看，点 P 的速度为 $\boldsymbol{v}(v_x, v_y, v_z)$；从 S' 系来看，点 P 的速度为 $\boldsymbol{v}(v'_x, v'_y, v'_z)$。它们的速度分量分别为

$$v_x = \frac{dx}{dt}, \quad v_y = \frac{dy}{dt}, \quad v_z = \frac{dz}{dt}$$

$$v'_x = \frac{dx'}{dt'}, \quad v'_y = \frac{dy'}{dt'}, \quad v'_z = \frac{dz'}{dt'}$$

对洛伦兹变换公式取微分后再除以 dt'，得

$$\begin{cases} v'_x = \dfrac{v_x - u}{1 - \dfrac{u}{c^2}v_x} \\ v'_y = \dfrac{v_y}{\gamma\left(1 - \dfrac{u}{c^2}v_x\right)} \\ v'_z = \dfrac{v_z}{\gamma\left(1 - \dfrac{u}{c^2}v_x\right)} \end{cases} \tag{4-5}$$

式(4-5) 称为**洛伦兹速度变换式**，同样地，还可以得到式(4-5) 的逆变换式

$$\begin{cases} v_x = \dfrac{v'_x + u}{1 + \dfrac{u}{c^2} v'_x} \\ v_y = \dfrac{v'_y}{\gamma\left(1 + \dfrac{u}{c^2} v'_x\right)} \\ v_z = \dfrac{v'_z}{\gamma\left(1 + \dfrac{u}{c^2} v'_x\right)} \end{cases}$$

通过速度变换可知，在任何惯性系中物体的运动速度都不可能超过光速。当 $u \ll c$ 且 $v_x \ll c$ 时，$\gamma \to 1$，则 $v'_x = v_x - u$，$v'_y = v_y$，$v'_z = v_z$。这就是伽利略速度变换式。这再次表明，伽利略变换是洛伦兹变换在低速情况下的特殊情况。

例 4-1 在地面上测到有两艘飞船 A、B 分别以 $-0.9c$ 和 $+0.9c$ 的速度向相反方向飞行，如图 4-4 所示。求飞船 B 相对于飞船 A 的速度。

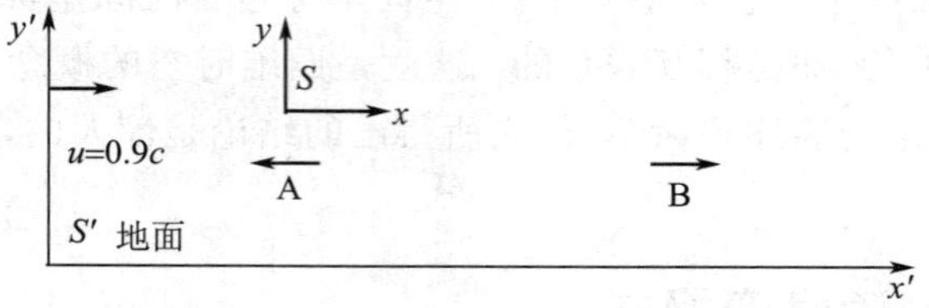

图 4-4　例 4-1 图

解　如图 4-4 所示，设 S 系是速度为 $-0.9c$ 的飞船 A 在其中静止的参考系，地面对此参考系以速度 $0.9c$ 运动。设地面为参考系 S' 系，则 S' 系相对 S 系的运动速度为 $u = 0.9c$。飞船 A 在 S 系中运动速度为 $v_A = 0$，在 S' 系中运动速度为 $v'_A = -0.9c$。飞船 B 在 S' 系中运动速度为 $v'_B = +0.9c$，在 S 系中运动速度 v_B 正是所求的飞船 B 相对于飞船 A 运动的速度。

由洛伦兹速度变换式，得

$$v_B = \frac{v'_B + u}{1 + \dfrac{u}{c^2} v'_B} = \frac{0.9c + 0.9c}{1 + \dfrac{0.9c}{c^2} \times 0.9c} = 0.994c$$

这与伽利略变换($v_B = v'_B + u = 1.8c$)给出的结果不同。洛伦兹变换给出的结果 $v_B = 0.994c < c$，即一艘飞船测得另一艘飞船的速度不可能大于光速。但相对于地面来说，两艘飞船的相对速度确实是 $1.8c$。由此表明，对伽利略变换而言，运动物体没有极限速度，而洛伦兹变换指出，光速是运动物体的极限速度。

§4.3　狭义相对论的时空观

经典力学认为，在一个惯性系的不同地点同时发生的两件事，相对于另一个与之做相对运动的惯性系,也是同时发生的。而相对论指出,同时性问题是相对的,不是绝对的。在一个惯性系中同时发生的两件事,在另一个惯性系中不一定同时发生。在牛顿时空观中时间和空间的测量是独立的、绝对的,与参考系无关;而在相对论中时间和空间的测量是相互联系的、相对的,与参考系有关。下面先讨论同时的相对性,它是狭义相对论时空观的基础,然后再讨论长度收缩效应和时间延缓效应。

4.3.1　同时的相对性

牛顿时空观认为同时的概念是绝对的,与观测者所处的参考系无关;狭义相对论则指出不能给同时以任何绝对的意义。**在某一惯性系中同时发生的两个事件,在相对于此惯性系运动的另一惯性系中测量,并不是同时发生的**,这就是同时的**相对性**。

设 S' 系相对于 S 系沿 x 轴方向以速度 $\boldsymbol{u}=u\boldsymbol{i}$ 运动。如果在 S' 系中不同地点同时发生两个事件 $A(x'_1,t'_1=t')$ 和 $B(x'_2,t'_2=t')$,即 $(x'_1\neq x'_2,t'_1=t'_2=t')$。那么,在 S 系中,这两个事件是否还会同时发生?

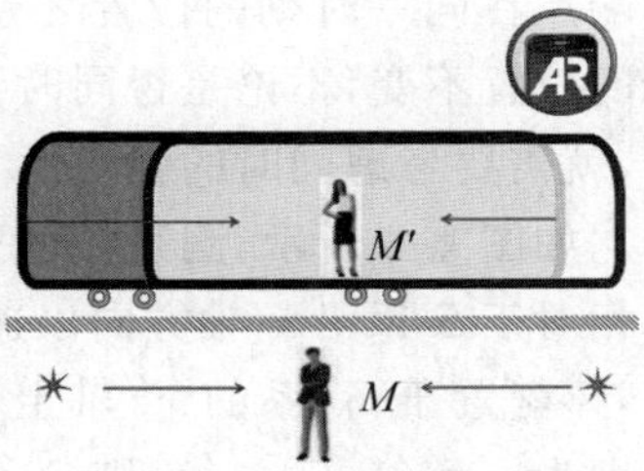

同时的相对性

由洛伦兹变换,得

$$t_1=\gamma\left(t'_1+\frac{u}{c^2}x'_1\right)=\gamma\left(t'+\frac{u}{c^2}x'_1\right)$$

$$t_2=\gamma\left(t'_2+\frac{u}{c^2}x'_2\right)=\gamma\left(t'+\frac{u}{c^2}x'_2\right)$$

显然,$t_1\neq t_2$,即在 S 系中,这两个事件不是同时发生的。

同样地,如果在 S 系中不同地点同时发生两个事件 $A(x_1,t_1=t)$ 和 $B(x_2,t_2=t)$,即 $x_1\neq x_2,t_1=t_2=t$,那么由洛伦兹变换,得

$$t'_1=\gamma\left(t_1-\frac{u}{c^2}x_1\right)=\gamma\left(t-\frac{u}{c^2}x_1\right),\quad t'_2=\gamma\left(t_2-\frac{u}{c^2}x_2\right)=\gamma\left(t-\frac{u}{c^2}x_2\right)$$

显然,$t'_1\neq t'_2$,即在 S' 系中,这两个事件也不是同时发生的。

可见,在一个惯性系中同时发生的两个事件,在另一个与其相对运动的惯性系中,就不一定是同时发生的。由此可以得出结论:同时是相对的。

其实,同时的相对性是光速不变原理的必然结果。图 4-5 所示为理想闪光实验,在 S' 系中 x' 轴上的 A'、B' 两点各放置一个接收器,每个接收器旁各有一个静止于 S' 系的时钟,在 $A'B'$ 的中点 M' 处有一个闪光光源。

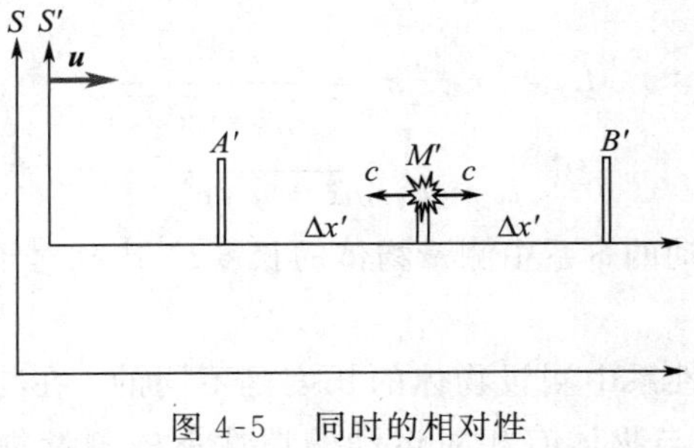

图 4-5　同时的相对性

现假设光源发出一个闪光,由于 $M'A'=M'B'$,而向各个方向的光速相同,所以闪光必将同时传到两个接收器。或者说,光到达 A' 和到达 B' 这两个事件,在 S' 系中是同时发生的。

在 S 系中测量又如何呢？在光从 M' 发出到达 A' 这段时间内，A' 已经迎着光线走了一段距离；而在光从 M' 发出到达 B' 这段时间内，B' 已经背离光线走了一段距离。因为在 S 系中测量，光速还是一样的，而光从 M' 发出到达 A' 所走的距离比光从 M' 发出到达 B' 所走的距离要短，因此，闪光必定先到达 A'，后到达 B'。或者说，光到达 A' 和到达 B' 这两个事件，在 S 系中不是同时发生的。

因此，说两个事件是否“同时”只有相对意义，与所选择的惯性系有关。在 S 系不同地点同时发生的两个事件，S' 系认为不是同时发生的；只有 S 系同一地点同时发生的两个事件，S' 系才认为同时发生。

4.3.2 长度是相对的 —— 长度收缩效应

长度的测量是与同时的概念密切相关的。在某一惯性系中测量棒的长度，就是要测量其两端点在同一时刻的位置之差。此观点在测量静止的棒的长度时并不明显重要，因为棒的两端的位置不变，不论是否同时记录两端的位置，结果总是一样的。但在测量运动的棒的长度时，就需要考虑同时的相对性了。

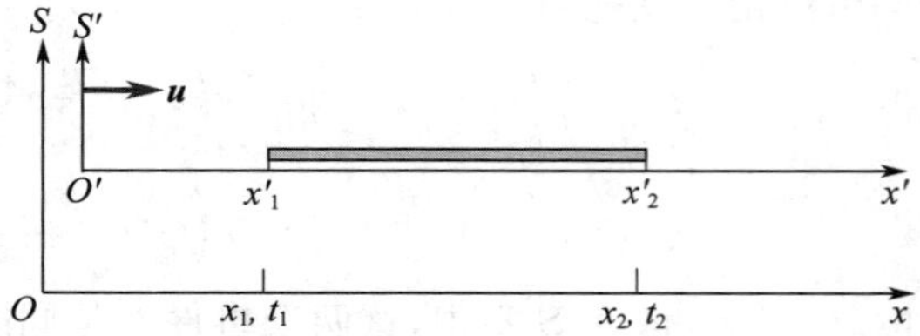

图 4-6 运动长度的测量

如图 4-6 所示，测量棒的长度，仍取 S 系和相对于 S 系沿 x 轴方向以速度 $\boldsymbol{u}$ 运动的 S' 系，棒静置于 S' 系的 x' 轴上，其两端的坐标分别为 x_1'、x_2'($x_2'>x_1'$)，则 S' 系的观察者测得棒的长度为

$$L_0 = x_2' - x_1'$$

这是相对于静止的观察者测得棒的长度，称为**固有长度**或原长。由于棒随 S' 系相对于 S 系运动，S 系的观察者要测棒的长度必须在 S 系的同一时刻 t 测出此棒两端的坐标 x_1、x_2，则 S 系的观察者测得棒的长度为

$$L = x_2 - x_1$$

该长度称为**运动长度**。由于同时是相对的，因此，长度的测量也必定是相对的，即在不同的参考系中，测量同一物体的长度的数值肯定不一样。

由洛伦兹变换得到

$$x_1' = \frac{x_1 - ut}{\sqrt{1-u^2/c^2}}, \quad x_2' = \frac{x_2 - ut}{\sqrt{1-u^2/c^2}}$$

则

$$L_0 = x_2' - x_1' = \frac{x_2 - x_1}{\sqrt{1-u^2/c^2}}$$

即

$$L = L_0\sqrt{1-u^2/c^2}$$

可见，在相对于物体运动的 S 系中测量物体的长度 L，比相对于物体静止的 S' 系中测量物体的长度 L_0 要短。

综上所述，在不同的惯性系中测量物体的长度是不同的。在与物体静止的惯性系中测量物体的长度(原长)最长；在与物体有相对运动的惯性系中测量物体的长度总要比原长短一些。这种效应称为**长度收缩效应**，也称为尺缩效应，它说明了空间的相对性。

以上讨论的是在平行于运动方向上的长度的相对性，那么在垂直于运动方向上是否有此效应呢？实践表明，长度收缩效应只发生在物体相对于惯性系观察者运动的方向上，在与运动垂直的方向上没有长度收缩效应，即垂直于相对运动方向的长度测量与运动无关。

长度收缩与同时的相对性有关，是不同惯性系之间进行时间测量的结果。长度收缩也是一种相对效应。S' 系中测量静止于 S 系的物体的长度要短于 S 系测量的该物体的长度；同样地，S 系中测量静止于 S' 系的物体的长度要短于 S' 系测量的该物体的长度。

当 $u \ll c$ 时，$\sqrt{1-u^2/c^2}\approx 1$，$L\approx L_0$。这表明，在低速运动的情况下，物体的长度在各个参考系中测得的结果都是一样的，即空间的测量与参考系无关，这就是牛顿的绝对空间概念。可见，牛顿的绝对空间概念是爱因斯坦相对空间概念在参考系的相对运动速度很低时的近似。因此可以说明，长度收缩不符合日常经验，是因为物体的运动都比光速慢得多。

例 4-2　长度为 5 m 的飞船，以 $u=9\times10^3\ \text{m}\cdot\text{s}^{-1}$ 的速度相对地面匀速飞行。从地面测量，飞船的长度为多少？

解　在与飞船一起运动的坐标系中测量飞船的长度，即原长为

$$L_0 = 5\ \text{m}$$

因此，在地面上测量飞船的长度为

$$L = L_0\sqrt{1-\frac{u^2}{c^2}} = 5\times\sqrt{1-\left(\frac{9\times10^3}{3\times10^8}\right)^2}\ \text{m}\approx 4.999\ 999\ 998\ \text{m}$$

该结果与原长 5 m 的差别是很难测量的。

例 4-3　两个惯性系 S 和 S' 中的观察者以 $0.6c$（c 表示真空中光速）的相对速度互相接近。如果 S 系观察者测得两者的初始距离是 20 m，则 S' 系观察者测得两者经过多长时间后相遇。

解　设 S 系观察者静止，S' 系观察者以 $0.6c$ 向 S 系观察者运动，则有

$$L_0 = 20\ \text{m}(S\ \text{系观察者测得}),\quad L = L_0\sqrt{1-\frac{u^2}{c^2}}(S'\ \text{系观察者测得})$$

所以 $L = 20\sqrt{1-\dfrac{0.6^2c^2}{c^2}} = 16\ \text{m}$，　$\Delta t' = \dfrac{L}{u} = \dfrac{16}{0.6c} = 8.89\times10^{-8}\ \text{s}$

4.3.3　时间间隔是相对的——时间延缓效应

下面讨论在某一惯性系中同一地点相继发生的两个事件的时间间隔，在其他惯性参考系中的观察者观测时的情况。在相对观察者静止的惯性系中，同一地点先后发生的两个事件的时间间隔称为**固有时间**（原时），一般用 $\Delta t'$ 表示。在另一相对观察者运动的惯性系中观测的这两个事件的时间间隔，称为**观测时间**（测时），一般用 Δt 表示。

时间延缓和长度收缩

设两个事件在 S' 系中发生在同一地点，即有 $A(x',t_1')$、$B(x',t_2')$，那么，在 S 系中，这两个事件发生在 $A(x_1,t_1)$、$B(x_2,t_2)$。也就是说，事件发生在 S' 系是静止的。由洛伦兹变换，得到

$$\Delta t = t_2 - t_1 = \gamma\left(t_2' + \frac{u}{c^2}x'\right) - \gamma\left(t_1' + \frac{u}{c^2}x'\right) = \gamma(t_2' - t_1') = \gamma\Delta t' = \frac{\Delta t'}{\sqrt{1-u^2/c^2}}$$

$$\Delta t = \gamma\Delta t' > \Delta t'$$

可见,观测时间 Δt 总是大于固有时间。也就是说,S 系的观察者认为,S' 系的时钟变慢了。由于 S 系的观察者认为 S' 系的时钟相对于 S 系是运动的,所以运动的时钟变慢。这种效应称为**时间延缓效应**。时间延缓效应是一种时空性质,而不是钟的结构发生变化。

时间延缓是相对的。S 系的观察者认为 S' 系的时钟(包括物理、化学、生物过程)节奏变慢。同时,S' 系的观察者认为 S 系的时钟(包括物理、化学、生物过程)节奏变慢。

时间延缓效应还可表述为,在不同惯性系中,测量给定的两个事件,时间间隔以原时最短。

在不同的惯性系中测量两个事件发生的时间间隔是不同的,时间的测量依赖于惯性系,时间的测量是相对的。当 $u \ll c$ 时,$\sqrt{1-u^2/c^2} \approx 1$,而 $\Delta t' \approx \Delta t$。这表明,在低速运动的情况下,两个事件之间的时间间隔在各个参考系中测得的结果都是一样的,即时间的测量与参考系无关。这就是牛顿的绝对时间概念。可见,牛顿的绝对时间概念是爱因斯坦相对时间概念在参考系的相对运动速度很低时的近似。

时间延缓效应在日常生活中无法显示,在相对论刚提出的时候,许多人对此产生怀疑,不能接受这种新的时空观,于是提出许多问题企图推翻狭义相对论的结论,最经典的是"孪生子佯谬"效应。后来在高能物理的高速领域中,时间延缓效应被无数实验证明,例如1971年,在高速宇宙飞船中原子钟变慢的实验,高速飞行的 μ 子的衰变寿命要比静止时的衰变寿命长。这些实验也同样证实了长度收缩效应,可见,狭义相对论接受住了检验并逐步完善和健全,同时对人类远距离宇宙航行作出了不可替代的贡献。

孪生子佯谬

例 4-4　飞船以 32 400 $\mathrm{km \cdot h^{-1}}$ 的速率相对地面飞行。飞船上的钟走了 5 s,则用地面上的钟测量经过了几秒?

解　定义事件原时 $\Delta t' = 5$ s,则地面上测得的时间为

$$\Delta t = \frac{\Delta t'}{\sqrt{1-u^2/c^2}} = \frac{5}{\sqrt{1-\left(\frac{9\times10^3}{3\times10^8}\right)^2}}\ \mathrm{s} = 5.000\ 000\ 002\ \mathrm{s}$$

因此在低速情况下,时间延缓效应很难被发现。

例 4-5　带正电的 π^+ 介子是一种不稳定的粒子(衰变为 μ 子与中微子)。其静止时平均寿命为 $\tau_0 = 2.5\times10^{-8}$ s。用高能加速器把 π^+ 介子加速到 $u = 0.99c$,求 π^+ 介子平均一生最长行程。(实验室测得 π^+ 衰变前通过的平均距离为 52 m)

解　将平均寿命与速率相乘,得到

$$l = \tau_0 u = 2.5\times10^{-8}\times0.99\times3\times10^8\ \mathrm{m} = 7.4\ \mathrm{m}$$

这与实验结果明显不符。如果考虑到相对论时间延缓效应,$\tau_0 = 2.5\times10^{-8}$ s 是 π^+ 介子静止时平均寿命,为固有时间,那么当 π^+ 介子运动时,在实验室测得的平均寿命应该是

$$\Delta t = \frac{\Delta t'}{\sqrt{1-u^2/c^2}} = \frac{2.5\times10^{-8}}{\sqrt{1-(0.99)^2}}\ \mathrm{s} = 1.8\times10^{-7}\ \mathrm{s}$$

在实验室测得它通过的平均距离应该是

$$l = u\Delta t = 0.99 \times 3 \times 10^8 \times 1.8 \times 10^{-7}\ \mathrm{m} = 53\ \mathrm{m}$$

这与实验结果符合得很好。

例 4-5 是符合相对论的一个高能粒子实验。实际上，近代高能粒子实验每天都在考验着相对论，而相对论也都经受住了这种考验。

§4.4　相对论动力学基础

前面讨论了狭义相对论的运动学效应，本节将介绍狭义相对论的动力学基础。狭义相对论指出物理规律在所有惯性系中具有相同的数学表达式，或者说物理规律的数学表达式从一个惯性系经过洛伦兹变换到另一惯性系其形式不变。经典力学中的牛顿第二定律在伽利略变换下其形式不变，但不具有洛伦兹变换的不变性，因而不满足狭义相对论的相对性原理。另外，按照牛顿第二定律，如果质量为 m 的质点受到一个与其速度方向相同的恒力 $\boldsymbol{F}$ 的作用，即使 $|\boldsymbol{F}|$ 不是很大，只要作用时间足够长，质点的速度也会超过真空中的光速 c，这与狭义相对论中物体运动速度不能超过光速的结论不符。

因此，建立狭义相对论质点动力学基本方程和其他基本规律，使其具有洛伦兹不变性是必须的。同时，要求相对论动力学公式在低速情况下可还原为经典力学中相应的公式。

4.4.1　相对论质量和动量

经典的动量守恒定律在伽利略变换下形式不变，即在一切惯性系中具有相同的形式。在相对论中，仍可将动量定义为质量与速度的乘积，但此时速度不服从伽利略变换而服从洛伦兹变换。如果质量仍像经典力学中那样与速度无关，在洛伦兹变换下，动量守恒就不可能在一切惯性系中成立。

力学中的 3 个基本量是时间、长度、质量。时间和长度是与惯性系有关的相对量，因此可认为，质量也是一个相对量。为使动量守恒定律在相对论中仍然成立，即在洛伦兹变换下形式保持不变，那么必须放弃质量与速度无关的概念。

如图 4-7 所示，设在 S' 系中有一质量为 M 的物体，原来静止于坐标原点 O'，在某一时刻物体分裂为完全相同的两块 A 和 B，分别沿 x' 轴的负向和正向运动。根据动量守恒定律，这两块物体的速率应该相等，都以 u 表示，则在 S' 系中的速度表示为

$$\boldsymbol{v}'_{\mathrm{A}} = -u\boldsymbol{i}', \boldsymbol{v}'_{\mathrm{B}} = u\boldsymbol{i}'$$

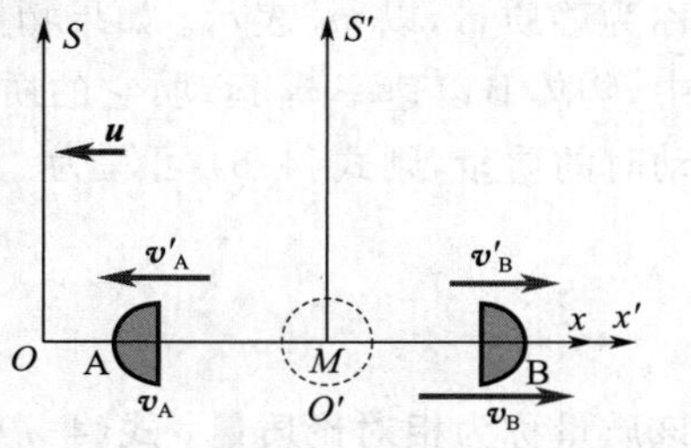

图 4-7　质速关系推导图

设另一参考系 S，以速率 u 沿 $-\boldsymbol{i}'$ 方向运动。相对于 S 参考系，A 是静止的，B 是运动的。由相对论速度变换公式，得到它们在 S 系中的速度为

$$\boldsymbol{v}_{\mathrm{A}} = \boldsymbol{0}, \boldsymbol{v}_{\mathrm{B}} = \frac{v'_{\mathrm{B}} + u}{1 + \frac{u}{c^2} v'_{\mathrm{B}}} \boldsymbol{i} = \frac{2u}{1 + \frac{u^2}{c^2}} \boldsymbol{i}$$

在 S 系中,物体在分裂前的速度,即点 O' 的速度为 $\boldsymbol{v} = u\boldsymbol{i}$,设其质量为 M,则物体在分裂前的动量为 $M\boldsymbol{v} = Mu\boldsymbol{i}$;物体在分裂后,尽管分裂的两块完全一样,但它们的运动速度不同,因而其质量有可能不同。以 m_{A} 和 m_{B} 分别表示二者的质量(在 S 系中),则物体在分裂后的总动量为 $m_{\mathrm{A}} \boldsymbol{v}_{\mathrm{A}} + m_{\mathrm{B}} \boldsymbol{v}_{\mathrm{B}} = m_{\mathrm{B}} \boldsymbol{v}_{\mathrm{B}}$。由于动量守恒定律在相对论情形下也同样适用,因此根据动量守恒,有

$$Mu\boldsymbol{i} = m_{\mathrm{B}} v_{\mathrm{B}} \boldsymbol{i}$$

假定在 S 系中,物体分裂前、后质量也是守恒的,即

$$M = m_{\mathrm{A}} + m_{\mathrm{B}}$$

则有 $(m_{\mathrm{A}} + m_{\mathrm{B}})u = m_{\mathrm{B}} \dfrac{2u}{1 + u^2/c^2}$,即

$$m_{\mathrm{B}} = m_{\mathrm{A}} \frac{1 + u^2/c^2}{1 - u^2/c^2}$$

另外,在速度变换式中,由有关 u 的一元二次方程,得

$$u = \frac{c^2}{v_{\mathrm{B}}} \left(1 - \sqrt{1 - {v_{\mathrm{B}}}^2/c^2}\right)$$

进而可得

$$m_{\mathrm{B}} = m_{\mathrm{A}} \frac{1 + \left[\frac{c^2}{v_{\mathrm{B}}}\left(1 - \sqrt{1 - \frac{v_{\mathrm{B}}^2}{c^2}}\right)\right]^2 / c^2}{1 - \left[\frac{c^2}{v_{\mathrm{B}}}\left(1 - \sqrt{1 - \frac{v_{\mathrm{B}}^2}{c^2}}\right)\right]^2 / c^2} = m_{\mathrm{A}} \frac{2 \frac{c^2}{v_{\mathrm{B}}^2}\left(1 - \sqrt{1 - \frac{v_{\mathrm{B}}^2}{c^2}}\right)}{2 \frac{c^2}{v_{\mathrm{B}}^2}\left(1 - \sqrt{1 - \frac{v_{\mathrm{B}}^2}{c^2}} + \frac{v_{\mathrm{B}}^2}{c^2}\right)}$$

$$= m_{\mathrm{A}} \frac{1 - \sqrt{1 - \frac{v_{\mathrm{B}}^2}{c^2}}}{-1 + \sqrt{1 - \frac{v_{\mathrm{B}}^2}{c^2}} + \frac{v_{\mathrm{B}}^2}{c^2}} = m_{\mathrm{A}} \frac{\left(1 - \sqrt{1 - \frac{v_{\mathrm{B}}^2}{c^2}}\right)}{\left(1 - \sqrt{1 - \frac{v_{\mathrm{B}}^2}{c^2}}\right)\sqrt{1 - \frac{v_{\mathrm{B}}^2}{c^2}}}$$

$$m_{\mathrm{B}} = \frac{m_{\mathrm{A}}}{\sqrt{1 - \frac{v_{\mathrm{B}}^2}{c^2}}} \tag{4-6}$$

式(4-6)说明,在 S 系中测量,m_{A} 和 m_{B} 有了差别。由于在 S 系中,物体 A 是静止的,它的质量称为静质量,以 m_0 表示。如果物体 B 静止,其质量也是 m_0,因为这两块是完全相同的。在 S 系中,物体 B 以速率 v_{B} 运动,它的质量不等于 m_0,以 v 代替 v_{B},以 m 代替 m_{B} 表示物块以速率 v 运动时的质量,则式(4-6)可写为

$$m = \frac{m_0}{\sqrt{1 - \frac{v^2}{c^2}}} \tag{4-7}$$

该质量称为**相对论质量**。式(4-7)给出了一个物体的相对论质量和它的速率的关系,简称**质速关系**。由于运动的相对性,同一质点相对于不同的参考系有不同的速率时,在这些参考系中测得的该粒子的质量也是不同的,质量随运动速度的增大而增大。当 $v \to c$ 时,如果 $m_0 \neq 0$,$m \to \infty$,因此质点运动速度的上限值是 c,如图 4-8 所示。静止质量是粒子相对于参考系静止

时的质量，是一个常量。

当 $v \ll c$ 时，$m \approx m_0$，这时可以认为物体的质量与速率无关，等于其静止质量。这就是经典力学讨论的情况，经典力学的结论是相对论力学在速度非常小时的近似。

当 $v > c$ 时，m 将成为虚数而无实际意义。在真空中，光速是一切物体运动速度的极限。

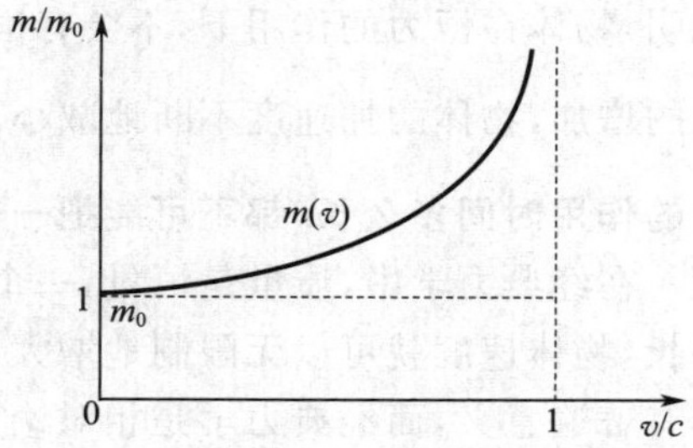

图 4-8　质量与速度的关系

有一些粒子，例如光子，具有质量，但总是以 c 运动。在 m 有限的情况下，只可能是 $m_0 = 0$。也就是说，以光速运动的粒子其静止质量为零。

在微观粒子的实验中，粒子的速率会接近光速，质量随速度的变化就不能忽略。电子被加速后运动质量和静止质量的比值如表 4－1 所示。相对论质速关系已经被大量实验事实所证实，尤其在高能物理实验中，也已经被人们普遍接受，成为狭义相对论的一个基本公式。

表 4-1　电子被加速后运动质量和静止质量的比值

电子能量 /MeV	v/c	m/m_0
5	0.995	9.8
25	0.999 8	49
2.8×10^3	0.999 999 98	5 490

根据质速关系，可得狭义相对论中的动量表达式为

$$p = mv = \frac{m_0 v}{\sqrt{1 - v^2/c^2}}$$

相对论动量也是一个相对量。可以证明，该动量可以使动量守恒定律在洛伦兹变换下保持不变，即动量守恒定律满足爱因斯坦相对性原理。

相对论动量不像经典力学中那样与速度成正比关系。在普遍情况下，动量的数值大于 $m_0 v$，只有当物体的速度 $v \ll c$ 时，相对论动量表达式才退化为经典力学中动量的定义式。

4.4.2　相对论动力学的基本方程

因为质量随着速度的增大而增大，在狭义相对论中，牛顿第二定律不再取 $\boldsymbol{F} = m\boldsymbol{a}$ 的形式，而必须按动量的定义，写成如下形式：

$$\boldsymbol{F} = \frac{\mathrm{d}\boldsymbol{p}}{\mathrm{d}t} = \frac{\mathrm{d}}{\mathrm{d}t}(m\boldsymbol{v}) = \frac{\mathrm{d}}{\mathrm{d}t}\left(\frac{m_0 \boldsymbol{v}}{\sqrt{1 - v^2/c^2}}\right) \tag{4-8}$$

式中，$\boldsymbol{F}$、$\boldsymbol{p}$、t 都是在同一惯性系中的观测值。式(4-8) 表明，物体所受的合外力等于物体动量对时间的变化率。这就是**相对论动力学方程**。

式(4-8) 对洛伦兹变换具有不变性。当 $v \ll c$ 时，回归成牛顿第二定律的形式。需要说明的是，经过洛伦兹变换后，质量和速度都发生了变化，因而力在不同惯性系中也是不相同的。

由式

$$\boldsymbol{F} = \frac{\mathrm{d}\boldsymbol{p}}{\mathrm{d}t} = \frac{\mathrm{d}}{\mathrm{d}t}(m\boldsymbol{v}) = m\frac{\mathrm{d}\boldsymbol{v}}{\mathrm{d}t} + \frac{\mathrm{d}m}{\mathrm{d}t}\boldsymbol{v}$$

说明,物体在恒力的作用下,不会有恒定的加速度,且加速度方向与力 $\boldsymbol{F}$ 方向不一致。随着速度的增加,物体的加速度不断地减小。当 $v\to c$ 时,$m\to\infty$,则 $\frac{\mathrm{d}v}{\mathrm{d}t}\to 0$,这说明**无论用多大的力,力的作用时间多么长,都不可能把一个物体从静止加速到等于或大于光速**。

在经典力学中,质量是恒量,一个物体在恒力作用下,加速度是恒量,只要力的作用时间足够长,物体速度就可以无限制地增大。相对论力学与经典力学的本质差异,就在于相对论力学具有普遍意义,而经典力学是相对论力学在低速下的近似。

4.4.3　相对论能量

上面详细讨论了相对论情形下粒子高速运动时,其所受外力与产生的加速度不再遵循简单的正比关系,不仅在数值上力不再等于质量与加速度之积,而且力和加速度的方向也不再重合。这对研究高速粒子的运动提供了很大的帮助。但是,对于描述粒子的运动而言,只知道粒子某一时刻的运动速度是不够的,粒子的能量对粒子的运动同样是非常重要的。因此,下面来讨论在相对论情形下的粒子能量。

1. 相对论动能

在相对论中,仍然定义粒子的动能为,在力 $\boldsymbol{F}$ 使粒子的速度由 0 增加到 v 的过程中,力 $\boldsymbol{F}$ 对粒子所做的功,即

$$E_{\mathrm{k}}=\int_0^v \boldsymbol{F}\cdot\mathrm{d}\boldsymbol{r}=\int_0^v \frac{\mathrm{d}(m\boldsymbol{v})}{\mathrm{d}t}\cdot\mathrm{d}\boldsymbol{r}=\int_0^v \boldsymbol{v}\cdot\mathrm{d}(m\boldsymbol{v})$$

由于 $\boldsymbol{v}\cdot\mathrm{d}(m\boldsymbol{v})=m\boldsymbol{v}\cdot\mathrm{d}\boldsymbol{v}+\boldsymbol{v}\cdot\boldsymbol{v}\mathrm{d}m=mv\mathrm{d}v+v^2\mathrm{d}m$,而

$$\mathrm{d}m=\mathrm{d}\left(\frac{m_0}{\sqrt{1-\frac{v^2}{c^2}}}\right)=\frac{m_0 v\mathrm{d}v}{c^2\left(1-\frac{v^2}{c^2}\right)^{3/2}}$$

则

$$mv\mathrm{d}v=(c^2-v^2)\mathrm{d}m$$

$$\boldsymbol{v}\cdot\mathrm{d}(m\boldsymbol{v})=mv\mathrm{d}v+v^2\mathrm{d}m=(c^2-v^2)\mathrm{d}m+v^2\mathrm{d}m=c^2\mathrm{d}m$$

因此,动能为

$$E_{\mathrm{k}}=\int_{m_0}^{m} c^2\mathrm{d}m=mc^2-m_0c^2$$

这就是**狭义相对论动能公式**,其中 m 为相对论质量。它表示粒子的动能等于由于运动而引起的质量增加量与光速的平方的乘积。

从形式上看,相对论的动能表达式与经典力学质点动能表达式完全不同,但当 $v\ll c$ 时,由于

$$\frac{1}{\sqrt{1-v^2/c^2}}=1+\frac{1}{2}\frac{v^2}{c^2}+\frac{3}{8}\frac{v^4}{c^4}+\cdots$$

则可将动能公式化为

$$E_{\mathrm{k}}=\frac{m_0c^2}{\sqrt{1-v^2/c^2}}-m_0c^2=\frac{1}{2}m_0v^2+\frac{3}{8}m_0\frac{v^4}{c^2}+\cdots$$

$$E_{\mathrm{k}}=\frac{m_0c^2}{\sqrt{1-v^2/c^2}}-m_0c^2\approx\frac{1}{2}m_0v^2$$

可以发现又回到了经典力学的动能公式。再将动能公式变化为

$$v^2 = c^2\left[1-\left(1+\frac{E_k}{m_0 c^2}\right)^{-2}\right]$$

此式表明，当粒子的动能 E_k 增大时，它的速率也逐渐增大。但无论 E_k 增到多大，速率 v 都不能无限增大，存在一极限值 c。再一次看到，粒子存在着一个极限速率，即光在真空中的速率。

2. 质能关系

在相对论动能公式 $E_k = mc^2 - m_0 c^2$ 中，等号右边两项都具有能量的量纲，其中 $m_0 c^2$ 表示粒子静止时具有的能量，称为**静能**。mc^2 表示粒子以速率 v 运动时所具有的能量，这个能量是在相对论意义上的总能量，以 E 表示此相对论能量，则

质能关系式

$$E = mc^2$$

这就是著名的**爱因斯坦质能方程**。它揭示了质量和能量这两个物质基本属性之间的内在联系，即一定的质量相应地联系着一定的能量，即使处于静止状态的物体也具有能量 $E_0 = m_0 c^2$。

爱因斯坦质能方程表明，粒子吸收或放出能量时，必然伴随着质量的增加或减少。它揭示了能量和质量之间的联系和相互对应关系，质量不再只是惯性、引力的量度，还是粒子总能量的量度。在经典力学中，质量和能量是两个完全相互独立的物理量，所谓的质量守恒也只涉及粒子的静质量，它与能量守恒是两条完全相互独立的自然规律。而在相对论中，质量和能量不再是完全独立的物理量了，质量守恒定律和能量守恒定律也被完全统一起来。

日常生活中，系统能量的变化不难看到，但其相应的质量变化却很微小，例如，1 kg 水由 0 ℃ 加热到 100 ℃ 时所增加的能量为

$$\Delta E = 4.18 \times 10^3 \times 100 \text{ J} = 4.18 \times 10^5 \text{ J}$$

而质量只增加了

$$\Delta m = \frac{\Delta E}{c^2} = \frac{4.18 \times 10^5}{(3 \times 10^8)^2} \text{ kg} = 4.6 \times 10^{-12} \text{ kg}$$

但是，在核反应的实验中却完全验证了质能关系。

静能是物体静止时内部一切能量（包括分子运动动能、分子相互作用的势能、分子内部各原子的动能和相互作用势能，以及原子内部、原子核内部、质子、中子内部等能量）的总和。静能指出物质的每一部分静止时其内部仍然存在着运动。当物体或粒子内部结构发生变化时，静能就会发生变化。在粒子的碰撞、不稳定粒子的衰变以及粒子的湮灭或产生等各种高能物理过程中，都证明了静能的存在。例如，静质量为 m_π 的中性 π^0 介子被原子核吸收后，原子核的能量将从能级 E_1 跃迁到能级 E_2。实验表明，这两个能级的能量差 $\Delta E = E_2 - E_1$ 是一定的，并正好等于 π^0 介子静能 $m_\pi c^2$。

无论在重核裂变反应还是在轻核聚变反应中，都伴随着巨大能量的释放。实验表明，一个氘核（重氢的核）由一个中子和一个质子组成，氘核的静质量小于组成它的质子和中子的静质量之和，其质量的减少量 Δm_0 称为**质量亏损**，质量亏损所对应的能量为 $\Delta E = \Delta m_0 c^2$，此能量是巨大的。原子弹（核裂变反应）和氢弹（核聚变反应）爆炸时的巨大能量，是原子核结构发生变化时静能减少释放的能量，减少的静能以动能的形式释放出来。

爱因斯坦质能方程为人类利用核能奠定了理论基础，是狭义相对论非常重要的贡献之一。对于日益严重的能源短缺现象，核能的应用显得尤为重要。现在已经实现了核裂变的和平利

用，而人工控制核聚变的实现指日可待。

4.4.4 相对论动量与能量的关系

将相对论能量公式 $E = mc^2$ 与动量公式 $p = mv$ 相比较，得到

$$v = \frac{c^2}{E}p$$

将 v 值代入能量公式 $E = mc^2 = \dfrac{m_0 c^2}{\sqrt{1 - v^2/c^2}}$，整理后，得

$$E^2 = m_0{}^2 c^4 + p^2 c^2 = E_0^2 + p^2 c^2$$

这就是**相对论动量能量关系式**。

对动能为 E_k 的粒子，用 $E = E_k + m_0 c^2$ 代入上式，得

$$E_k^2 + 2E_k m_0 c^2 = p^2 c^2$$

对于光子，由于其静质量 $m_0 = 0$，所以

$$E = pc$$

如果光子的频率为 v，能量 $E = hv$，则光子质量为

$$m = \frac{E}{c^2} = \frac{hv}{c^2}$$

动量为

$$p = \frac{E}{c} = \frac{hv}{c} = \frac{h}{\lambda}$$

式中，h 为普朗克常量。当 $v \ll c$ 时，粒子的动能 E_k 要比其静能 $E_0 = m_0 c^2$ 小很多，则

$$E_k = \frac{p^2}{2m_0}$$

又回到了经典力学的动能表达式。

例 4-6 两个静止质量都为 m_0 的粒子，相对地面分别以 $0.8c$ 和 $0.6c$ 的速度在一直线上做同方向运动，碰撞后形成一个复合粒子，求复合粒子相对于地面的运动速度及静止质量。

解 设复合粒子质量为 M，速度为 v。碰撞过程中动量守恒，即

$$\frac{m_0}{\sqrt{1-0.8^2}} \times 0.8c + \frac{m_0}{\sqrt{1-0.6^2}} \times 0.6c = Mv$$

由能量(质量)守恒，得

$$\frac{m_0 c^2}{\sqrt{1-0.8^2}} + \frac{m_0 c^2}{\sqrt{1-0.6^2}} = Mc^2$$

解得

$$M = \frac{35}{12}m_0, \quad v = \frac{5}{7}c$$

复合粒子的静止质量为

$$M_0 = M\sqrt{1 - \frac{v^2}{c^2}} = \frac{5\sqrt{6}}{6}m_0$$

例 4-7 设某微观粒子的静质量为 m_0，其它的总能量是静止能量的 K 倍。求粒子的运动速度的大小和动能。

解 总能量 $E = mc^2$，静止能量 $E_0 = m_0c^2$。依题意可知

$$E = mc^2 = KE_0 = Km_0c^2, \quad m = Km_0$$

$$\frac{m_0}{\sqrt{1 - v^2/c^2}} = Km_0, \quad v = \frac{c}{K}\sqrt{K^2 - 1}$$

动能为

$$E_k = E - E_0 = Km_0c^2 - m_0c^2 = (K-1)m_0c^2$$

例 4-8 在一种热核反应 ${}_1^2\mathrm{H} + {}_1^3\mathrm{H} \longrightarrow {}_2^4\mathrm{He} + {}_0^1\mathrm{n}$ 中，各种粒子的静止质量分别是

氘核(${}_1^2\mathrm{H}$)：$m_D = 3.343\,7 \times 10^{-27}$ kg

氚核(${}_1^3\mathrm{H}$)：$m_T = 5.004\,9 \times 10^{-27}$ kg

氦核(${}_2^4\mathrm{He}$)：$m_{He} = 6.642\,5 \times 10^{-27}$ kg

中子(${}_0^1\mathrm{n}$)：$m_n = 1.675\,0 \times 10^{-27}$ kg

求这一热核反应释放的能量。

解 反应前、后静止质量亏损为

$$\Delta m_0 = (m_D + m_T) - (m_{He} + m_n) = 0.031\,1 \times 10^{-27}\ \mathrm{kg}$$

释放的能量为

$$\Delta E = \Delta m_0 c^2 = 0.031\,1 \times 10^{-27} \times (3 \times 10^8)^2\ \mathrm{J} = 2.799 \times 10^{-12}\ \mathrm{J}$$

1 kg 这种核燃料释放的热量为

$$Q_1 = \frac{\Delta E}{m_D + m_T} = 3.35 \times 10^{14}\ \mathrm{J \cdot kg^{-1}}$$

而 1 kg 优质煤燃烧释放的热量为

$$Q_2 = 2.93 \times 10^7\ \mathrm{J \cdot kg^{-1}}$$

有

$$Q_1/Q_2 = 1.15 \times 10^7$$

即热核反应释放的能量约是同质量优质煤燃烧的 10^7 倍。

思考题

1. 经典力学相对性原理和爱因斯坦相对论原理有什么不同？

2. 关于狭义相对论的时空观，在一惯性系中不同地点发生的两个事件，满足什么条件才可以找到另一惯性系使它们成为在同一地点发生的事件？

3. 两飞船 A、B 均沿静止参考系的 x 轴方向运动，速度分别为 v_1 和 v_2。由飞船 A 向飞船 B 发射一束光，相对于飞船 A 的速度为 c，则该光束相对于飞船 B 的速度为多少？

4. 一列行进中的火车前、后两处遭雷击，车上的人看来是同时发生的，地面上的人看来是否同时？何处雷击在先？

5. 一米尺相对于观察者以 $u = 0.6c$ 的速率平行于尺的长度方向运动，观察者测得米尺的

长为多少？米尺通过观察者所花的时间是多少？

6. 经典力学中的变质量问题(如火箭问题）和相对论中的质量变化问题有何不同？

7. 什么叫质量亏损？它和原子能的释放有何关系？

习　题　4

一、选择题

1. 在下列说法中(　　)。

(1) 所有惯性系对物理基本规律都是等价的；

(2) 在任何惯性系中，光在真空中沿任何方向的传播速度相同；

(3) 在真空中，光的速度与光的频率、光源的运动状态无关。

A. 只有(1)、(2) 正确　　B. 只有(1)、(3) 正确

C. 只有(2)、(3) 正确　　D. 都正确

2. 关于同时性，下列说法中正确的是(　　)。

A. 在一惯性系中同时发生的两个事件，在另一惯性系中一定不同时发生

B. 在一惯性系不同地点同时发生的两个事件，在另一惯性系中一定同时发生

C. 在一惯性系同一地点同时发生的两个事件，在另一惯性系中一定同时发生

D. 在一惯性系不同地点不同时发生的两个事件，在另一惯性系中一定不同时发生

3. 下列选项中不是相对论的内容的是(　　)。

A. 伽利略相对性原理

B. “尺缩效应”

C. “动钟变慢”

D. 质量不变是因为它是物体的固有属性，与运动状态无关

4. 在狭义相对论中，下列说法中正确的是(　　)。

(1) 一切运动物体相对于观察者的速度都不能大于真空中的光速；

(2) 质量、长度、时间的测量结果都是随物体与观察者的相对运动状态而改变的；

(3) 在一惯性系中发生于同一时刻、不同地点的两个事件在其他一切惯性系中也是同时发生的；

(4) 惯性系中的观察者观察一个相对于他做匀速运动的时钟时，会看到这个时钟比与他相对静止的相同时钟走得慢些。

A. (1)、(3)、(4)　　B. (1)、(2)、(4)

C. (1)、(2)、(3)　　D. (2)、(3)、(4)

5. 宇宙飞船相对于地面以速度 $\boldsymbol{v}$ 做匀速直线飞行，某一时刻飞船头部的宇航员向飞船尾部发出一个无信号，经过 Δt(飞船上的钟）时间后，被尾部的接收器接收到，则由此可知飞船的固有长度为(　　)。

A. $c\Delta t$　　B. $v\Delta t$

C. $c\Delta t\sqrt{1-(v/c)^2}$　　D. $\dfrac{c\Delta t}{\sqrt{1-(v/c)^2}}$

6. 在某地发生两件事，静止于该地的甲测得时间间隔为 4 s，若相对于甲做匀速直线运动的乙测得时间间隔为 5 s，则乙相对于甲的运动速度是（　　）。（c 表示真空中的光速）

A. $\frac{4}{5}c$　　B. $\frac{3}{5}c$　　C. $\frac{1}{5}c$　　D. $\frac{2}{5}c$

7. 若从一惯性系中测得一宇宙飞船的长度为其固有长度的一半，则该宇宙飞船相对该惯性系的速度为（　　）。

A. $\frac{1}{2}c$　　B. $\frac{\sqrt{3}}{2}c$　　C. $\frac{\sqrt{3}}{3}c$　　D. $\frac{3}{4}c$

8. 设某微观粒子的总能量是它静能的 n 倍，则其运动速度的大小为（　　）。（c 表示真空中的光速）

A. $\dfrac{c}{n-1}$　　B. $\dfrac{c}{n}\sqrt{1-n^2}$

C. $\dfrac{c}{n}\sqrt{n^2-1}$　　D. $\dfrac{c}{n+1}\sqrt{n(n+2)}$

二、填空题

1. 某人测得一静止棒长为 L，质量为 m，此棒的线密度为 $\rho=\dfrac{m}{L}$，假定此棒以速度 v 沿棒长方向运动，则此人测得棒的线密度 $\rho'=$ ________，若棒在垂直于棒长方向上运动，测得它的线密度 $\rho''=$ ________。

2. 狭义相对论的两条基本原理中，相对性原理是指________________；光速不变原理是指________________。

3. 狭义相对论认为，时间和空间的测量值都是________________，它们与观察者的________________密切相关。

4. 静质量 $m_0=3\times10^{-20}$ kg 的粒子，静止时平均寿命为 $\tau_0=2.4\times10^{-4}$ s，若它以速率 $v=0.8c$ 运动，则：(1) 它衰变前在空中飞行的平均距离为________；(2) 它运动时的质量 $m=$ ________，动能 $E_k=$ ________，动量 $p=$ ________。

5. 一电子以 $0.99c$ 的速率运动，则电子的总能量为________，电子的经典力学的动能与相对论动能之比为________（电子静质量为 9.11×10^{-31} kg）。

三、计算题

1. 观察者甲和乙分别静止于两个惯性系 S 和 S' 中，甲测得在同一地点发生的两个事件的时间间隔为 4 s，而乙测得这两个事件的时间间隔为 5 s，求：(1) S' 系相对于 S 系的运动速度；(2) 乙测得这两个事件发生的地点的距离。

2. 宇航员要到离地球为 5 光年的星球去旅行，如果宇航员希望把该路程缩短为 3 光年，则他所乘的飞船相对于地球的速度应是多少？

3. 地球上的观察者发现一艘以速率 $0.6c$ 向东航行的宇宙飞船将在 5 s 后与一个以 $0.8c$ 速率向西飞行的彗星相撞，问：(1) 飞船上的人看到彗星以多大速率向他们接近？(2) 从飞船上的钟表看，再经过多长时间二者相撞？

4. 设有一飞船以 $0.8c$ 的速度在地球上空飞行。如果这时从飞船上沿飞行方向抛出一物体,该物体相对于飞船的速度为 $0.9c$,则从地面上的人看来该物体速度多大?

5. 粒子速度为多大时其动量等于非相对论动量的两倍?又在什么速度下动能等于它的静止能量?

6. 一个质子的静质量为 $m_p = 1.672\,65 \times 10^{-27}$ kg,一个中子的静质量为 $m_n = 1.674\,95 \times 10^{-27}$ kg,一个质子和一个中子结合成的氘核的静质量为 $m_D = 3.343\,65 \times 10^{-27}$ kg。求结合过程中放出的能量(此能量称为氘核的结合能)是氘核静能量的百分之几?

7. 把一个电子从静止加速到 $0.1c$,需对它做多少功?如果将电子从 $0.8c$ 加速到 $0.9c$,又需对它做多少功?(已知电子的静质量为 9.11×10^{-11} kg)

8. 火箭静质量为 100 t,速度为第二宇宙速度,即 $11.2\ \text{km} \cdot \text{s}^{-1}$。试计算火箭因运动而增加的质量。

9. 太阳的辐射能来源于内部一系列的核反应,其中之一是氢核(^1_1H)和氘核(^2_1H)聚变为氦核(^3_2He),同时放出 γ 光子,反应方程为

$$^1_1\text{H} + ^2_1\text{H} \longrightarrow ^3_2\text{He} + \gamma$$

已知氢核、氘核和氦核的质量依次为 1.007 825 u,2.014 102 u 和 3.016 029 u(u 为原子质量单位,$1\ \text{u} = 1.66 \times 10^{-27}$ kg)。试估算 γ 光子的能量。

10. 已知 μ 子的静止能量为 105.7 MeV,平均寿命为 2.2×10^{-8} s。试求动能为 150 MeV 的 μ 子的速度 $\boldsymbol{v}$ 与平均寿命 τ。

习题解答

第 5 章 机械振动

振动是一种普遍的物体运动形式。**机械振动，是指物体在某固定位置附近所做的周期性往复运动**，如活塞的往复运动、树叶在空气中的抖动、琴弦的振动、心脏的跳动等。物体在受到打击后出现摇摆、颠簸或发声时必有振动，而任何一个具有质量和弹性的系统在其运动状态发生突变时都会发生振动。

广义地说，任何一个物理量在某一量值附近随时间做周期性变化都可以称为振动。例如，交流电路中的电流、电压，振荡电路中的电场强度和磁场强度等均随时间做周期性的变化，因此都可以称为振动。这种振动虽然和机械振动有本质的不同，但它们都具有相同的数学特征和运动规律。所以，振动是学习声学、地震学、建筑学、机械制造、电学、光学、无线电学等必需的基础知识。

在不同的振动现象中，**简谐振动**是振动中最基本、最简单的振动形式，任何一个复杂的振动都可以看成若干个或无限多个简谐振动的合成。本章主要研究简谐振动的规律，讨论简谐振动的合成，并简要介绍阻尼振动、受迫振动和共振现象。

§5.1　简谐振动的动力学特征

物体偏离平衡位置的位移 x（或角位移 θ）随时间 t 按余弦（或正弦）规律变化，那么这种运动称为简谐振动（运动）。简谐振动的数学公式可以表示为

$$x = A\cos(\omega t + \varphi_0) \tag{5-1}$$

式(5-1)表示做简谐振动的物体的位移随时间变化的关系,称为简谐振动的运动学方程。

研究表明,做简谐振动的物体(或系统),尽管描述它们偏离平衡位移的物理量可以千差万别,但描述其动力学特征的运动微分方程却完全相同。下面讨论几种典型的简谐振动,并导出其动力学方程。

5.1.1　弹簧振子

简谐振动的特征

将轻弹簧(质量可忽略不计)一端固定,另一端与质量为 m 的物体(可视为质点)相连,若在该系统振动过程中弹簧的形变较小(满足胡克定律),则这样的系统称为**弹簧振子**,该物体可称为振子。弹簧振子是一个理想模型。

如图5-1所示,弹簧振子在水平光滑支撑面上振动,当弹簧处于自然状态(弹簧既未伸长也未压缩的状态)时,振子所在的位置为稳定平衡位置,并作为坐标原点。振子偏离平衡位置的位移为 x 时,根据胡克定律,受到的弹力作用为

$$F = -kx \tag{5-2}$$

式中,k 为弹簧的刚度系数,负号表示弹力的方向与振子的位移方向相反,即振子在运动过程中受到的弹力总是指向平衡位置,且弹力的大小与振子偏离平衡位置的位移成正比,这种力就称为**线性回复力**。

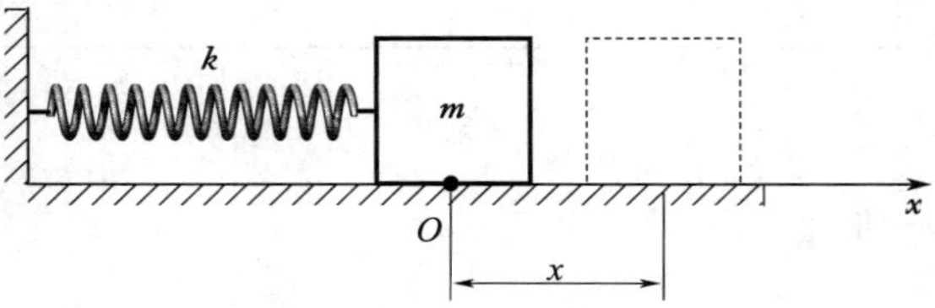

图5-1　弹簧振子

由牛顿第二定律,得

$$-kx = m\frac{d^2x}{dt^2}$$

令

$$\omega^2 = \frac{k}{m} \tag{5-3}$$

则有

$$\frac{d^2x}{dt^2} + \omega^2 x = 0 \tag{5-4}$$

式(5-4)就是描述弹簧振子做**简谐振动的动力学方程**(运动微分方程),而式(5-1)就是式(5-4)的解。由此给出简谐振动的普遍定义:若力学系统的动力学方程满足式(5-4)的形式,且其中 ω 仅由振动系统本身的性质决定,则该系统的运动即为简谐振动,该系统又可称为**谐振子系统**。

5.1.2　单摆　复摆

1. 单摆

一端固定且不可伸长的细绳(摆线)与可视为质点的物体(摆球)相连,当在竖直平面内做小角度($\theta \leqslant 5°$)摆动时,该系统称为单摆。单摆也是一个理想模型,如图5-2所示。

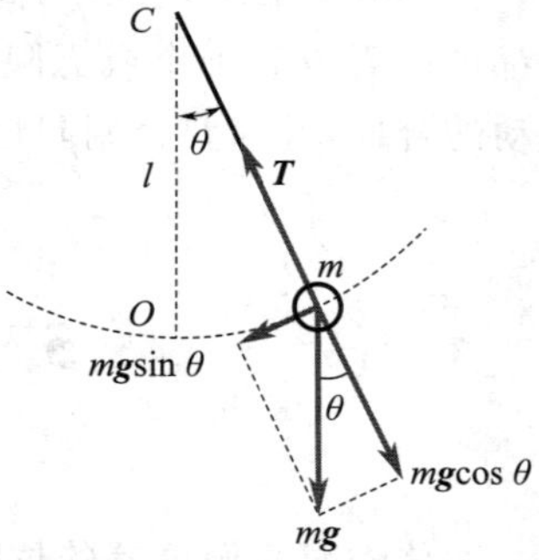

图5-2　单摆

摆线一端固定在 C 点,以摆球为研究对象,单摆的运动可看作绕过 C 点的水平轴转动。摆球在竖直方向(CO 位置)时处于

平衡位置(作用在摆球上的合外力为零),当摆线偏离竖直方向 θ 角时(此处 θ 又称角位移),摆球受到重力 $m\boldsymbol{g}$ 与摆线拉力 $\boldsymbol{T}$ 的合力,对过 C 点水平轴的合力矩为

$$M=-mgl\sin\theta \tag{5-5}$$

式中,负号表示力矩的方向总是与角位移的方向相反,θ 值用弧度表示,在 $\theta\leqslant 5^\circ$ 时,则有 $\sin\theta=\theta-\frac{\theta^3}{3!}+\frac{\theta^5}{5!}-\cdots$,略去高阶无穷小,式(5-5)可近似简化为

$$M=-mgl\theta \tag{5-6}$$

此时的回复力的力矩与角位移成正比且反向,而力矩 M 与角位移 θ 的关系,如同弹簧振子中回复力 F 与位移 x 的关系。

若不计阻力,根据转动定律 $M=J\frac{\mathrm{d}^2\theta}{\mathrm{d}t^2}$,以及摆球对 C 轴的转动惯量 $J=ml^2$,可写出单摆的动力学方程为

$$-mgl\theta=ml^2\frac{\mathrm{d}^2\theta}{\mathrm{d}t^2}$$

令

$$\omega^2=\frac{g}{l} \tag{5-7}$$

则有

$$\frac{\mathrm{d}^2\theta}{\mathrm{d}t^2}+\omega^2\theta=0 \tag{5-8}$$

式(5-8)与式(5-4)类似,即单摆的小角度摆动是简谐振动,其简谐振动的表达式为 $\theta=\theta_m\cos(\omega t+\varphi_0)$。

2. 复摆

如图5-3所示,质量为 m 的任意形状的刚体,被支持在无摩擦的水平轴 O 上,将它拉开一个微小的角度后释放,物体将绕 O 轴做微小的自由摆动,这样的装置称为**复摆**。复摆的质心 C 在铅直位置时为平衡位置,以质心 C 至轴心 O 的距离 h 为摆长。复摆在某时刻受到的重力矩为

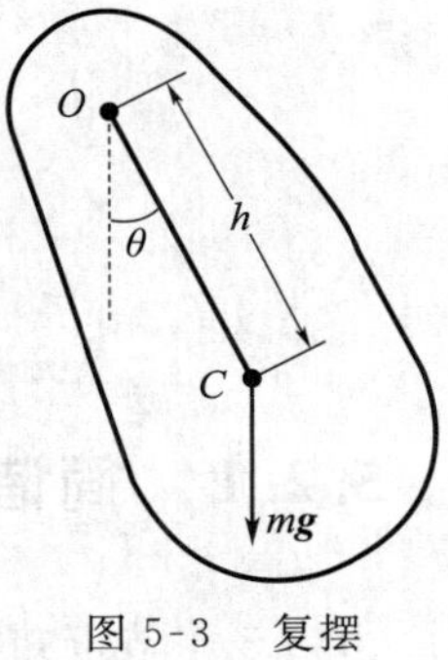

图5-3　复摆

$$M=-mgh\sin\theta$$

当 $\theta\leqslant 5^\circ$ 时,重力矩 $M=-mgh\theta$,若不计阻力,由转动定律得,复摆的动力学方程为

$$-mgh\theta=J\frac{\mathrm{d}^2\theta}{\mathrm{d}t^2}$$

令

$$\omega^2=\frac{mgh}{J} \tag{5-9}$$

则有

$$\frac{\mathrm{d}^2\theta}{\mathrm{d}t^2}+\omega^2\theta=0 \tag{5-10}$$

式中,J 为刚体对过点 O 水平轴的转动惯量。式(5-10)与式(5-4)类似,故复摆在摆角很小时的摆动也是简谐振动。

由上述讨论可知,单摆或复摆在小角度($\theta\leqslant 5^\circ$)摆动的情况下,经过近似处理,其运动方程与弹簧振子的运动方程具有完全相同的数学形式,即式(5-4)、式(5-8)、式(5-10)。研究表明,**任何一个物理量(如长度、角度、电流、电压以及化学反应中某种化学组分的浓度等)的变化规律凡满足式(5-4),且常量 ω 仅决定于系统本身的性质,则该物理量做简谐振动。**

例 5-1 一质量为 m 的物体悬挂于轻弹簧下端,不计空气阻力,试证其在平衡位置附近的振动是简谐振动。

证 如图 5-4 所示,以平衡位置 A 为坐标原点,向下为 x 轴正向,设某一瞬时物体的坐标为 x,则物体在振动过程中的运动方程为

$$m\frac{\mathrm{d}^2x}{\mathrm{d}t^2}=-k(x+l)+mg$$

式中,l 是弹簧挂上物体后的静伸长量,因为 $mg=-kl$,所以上式可写为

$$m\frac{\mathrm{d}^2x}{\mathrm{d}t^2}=-kx$$

即

$$\frac{\mathrm{d}^2x}{\mathrm{d}t^2}+\omega^2x=0$$

式中,$\omega^2=\dfrac{k}{m}$,于是该系统做简谐振动。

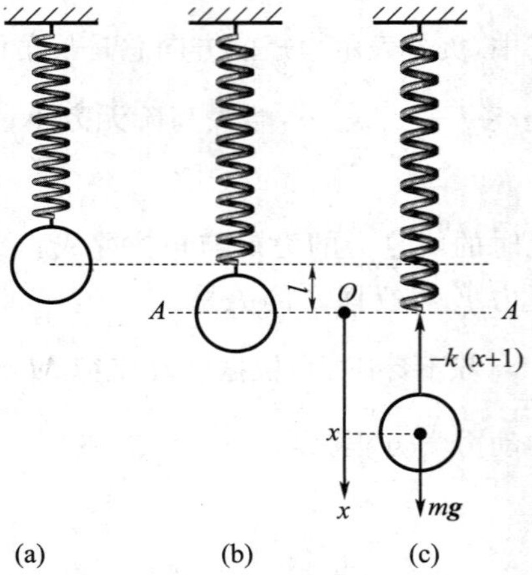

图 5-4 例 5-1 图

例 5-1 说明:若一个谐振子系统受到一个恒力(以使系统中不出现非线性因素为限)作用,只要将其坐标原点移至恒力作用下新的平衡位置,则该系统仍是一个与原系统动力学特征相同的谐振子系统。此时的回复力 $F=-k(x+l)+mg$ 称为准弹性力。

§ 5.2 简谐振动的运动学

5.2.1 简谐振动的运动学方程

由 § 5.1 节可知,简谐振动的动力学方程为 $\dfrac{\mathrm{d}^2x}{\mathrm{d}t^2}+\omega^2x=0$,其解为

$$x=A\cos(\omega t+\varphi_0) \tag{5-11}$$

式(5-11) 称为**简谐振动的运动学方程**,也称简谐振动的振动方程,其中 A 和 φ_0 是由初始条件确定的两个积分常数。

由于

$$\cos(\omega t+\varphi_0)=\sin\left(\omega t+\varphi_0+\frac{\pi}{2}\right)$$

令

$$\varphi'=\varphi_0+\frac{\pi}{2}$$

式(5-11) 可写成

$$x=A\sin(\omega t+\varphi')$$

可见简谐振动的运动规律也可用正弦函数表示。本书对机械振动的运动规律统一用余弦函数表示。

将式(5-11)对时间 t 求一阶、二阶导数，可分别得到简谐振动物体的速度方程和加速度方程，即

$$v = -\omega A\sin(\omega t + \varphi_0),\quad a = -\omega^2 A\cos(\omega t + \varphi_0)$$

式中，$\omega A = v_m$ 为速度最大值；$\omega^2 A = a_m$ 为加速度的最大值。由此可见，速度、加速度也随时间做周期性的变化。图 5-5 所示为 $\varphi_0 = 0$ 时，质点做简谐振动时的 x-t、v-t、a-t 曲线。

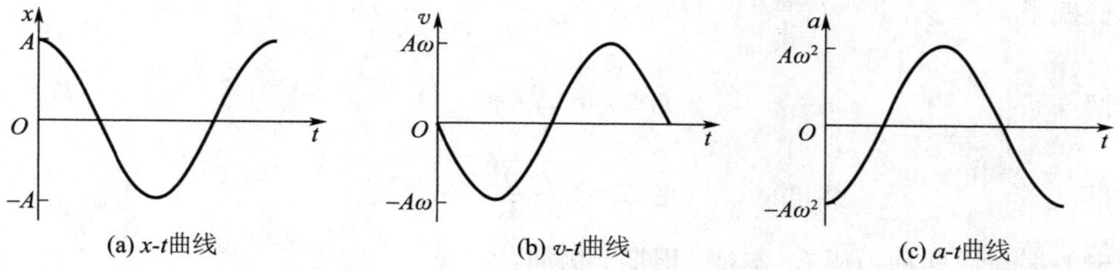

图 5-5　$\varphi_0 = 0$ 时，质点做简谐振动时的 x-t、v-t、a-t 曲线

5.2.2　简振振动中的三个基本物理量

1. 振幅 A

振幅是描述物体振动强弱的物理量，是物体偏离平衡位置的最大位移（或角位移）的绝对值，常用 A 表示。

A 由初始条件决定，由简谐振动的运动学方程和速度方程

$$\begin{cases} x = A\cos(\omega t + \varphi_0) \\ v = -\omega A\sin(\omega t + \varphi_0) \end{cases} \tag{5-12}$$

将初始条件 $t = 0, x = x_0, v = v_0$ 代入，得

$$\begin{cases} x_0 = A\cos\varphi_0 \\ v_0 = -\omega A\sin\varphi_0 \end{cases} \tag{5-13}$$

取式(5-13)中两式的平方和，即求出振幅

$$A = \sqrt{x_0^2 + \left(\frac{v_0}{\omega}\right)^2} \tag{5-14}$$

2. 周期、频率、圆频率

完成一次全振动所需的时间称为简谐振动的**周期**，通常用 T 表示。由周期函数的性质，得

$$A\cos(\omega t + \varphi_0) = A\cos[\omega(t + T) + \varphi_0] = A\cos(\omega t + \varphi_0 + 2\pi)$$

由此可知

$$T = \frac{2\pi}{\omega} \tag{5-15}$$

和周期密切相关的另一物理量是**频率**，即单位时间内系统所完成的全振动的次数，通常用 f 表示

$$f = \frac{1}{T} = \frac{\omega}{2\pi} \tag{5-16}$$

在国际单位制中，f 的单位是 Hz(赫兹)。

由式(5-16)，有

$$\omega = \frac{2\pi}{T} = 2\pi f \tag{5-17}$$

式中,ω **为描述振动进行快慢程度的物理量,表示系统在** 2π **秒内完成的全振动的次数,称为圆频率(又称角频率)**,ω 的单位是 $rad \cdot s^{-1}$(弧度每秒)。

简谐振动的圆频率 ω 是由系统的力学性质决定的,故又称为固有(本征)圆频率。例如:

弹簧振子 $$\omega = \sqrt{\frac{k}{m}}$$

单摆 $$\omega = \sqrt{\frac{g}{l}}$$

复摆 $$\omega = \sqrt{\frac{mgh}{J}}$$

由此确定的振动周期称为固有(本征)周期。例如:

弹簧振子 $$T = 2\pi\sqrt{\frac{m}{k}} \tag{5-18}$$

单摆 $$T = 2\pi\sqrt{\frac{l}{g}} \tag{5-19}$$

复摆 $$T = 2\pi\sqrt{\frac{J}{mgh}} \tag{5-20}$$

3. 相位和初相位

简谐振动的振幅确定了振动的范围,频率或周期则描绘了振动的快慢,但仅有 A 和 ω 并不能确定振动系统任意时刻的运动状态,只有在 φ_0 也同时确定时,系统的振动状态才能完全确定,把确定系统任意时刻振动状态的物理量

$$\varphi = \omega t + \varphi_0 \tag{5-21}$$

称为简谐振动的**相位**(或称**周相**),即相位是描述系统在 t 时刻振动状态的物理量。

例如,由式(5-12)可知:

(1) 当相位 $\omega t + \varphi_0 = \pi/2$ 时,有 $x = 0, v = -\omega A$,系统此时的振动状态是振子处于平衡位置并以速率 ωA 向 x 轴负向运动;

(2) 当相位 $\omega t + \varphi_0 = 3\pi/2$ 时,有 $x = 0, v = \omega A$,系统此时的振动状态是振子处于平衡位置并以速率 ωA 向 x 轴正向运动。

可见,在不同时刻,振动相位不同,系统的振动状态就不相同。反之,系统中一个确定的振动状态必与一个确定的振动相位对应。例如,若某时刻系统的位移为 $x = A/2$,而速度 $v > 0$(向 x 轴正向最大位移处移动),则由式(5-12)可知,与此运动状态对应的振动相位为 $\varphi = -\pi/3$(或 $5\pi/3$)。

两个振动的相位之差 $\Delta\varphi = \varphi_2 - \varphi_1$,称为**相位差**。若相位差 $\Delta\varphi = 2k\pi(k = 0,1,2,\cdots)$,则称两个振动的相位相同(或同相),如果两个振动的振幅和频率也相同,则表明此时它们的振动状态相同;

若相位差 $\Delta\varphi = (2k+1)\pi(k = 0,1,2,\cdots)$,则称两个振动的相位相反(或反相),表明它们的运动状态相反;

若 $\Delta\varphi > 0$,则称 φ_2 超前于 φ_1,或称 φ_1 滞后于 φ_2。总之,相位差的不同,反映了两个振动不

同程度的参差错落。

相位可以充分地反映简谐振动的周期性。简谐振动在一个周期内所经历的运动状态每时每刻都不相同，从相位来理解，这相当于相位经历了从 0 到 2π 的变化过程。因此，对于一个以某个振幅和频率振动的系统，若它们的运动状态相同，则它们所对应的相位差必定为 2π 或 2π 的整数倍。

$t=0$ 时的相位称为**初相位**。由式(5-13) 可得

$$\tan\varphi_0=-\frac{v_0}{\omega x_0} \tag{5-22}$$

可见，初相位也是由初始条件确定的。

若已知振子的初始振动状态，则可直接由式(5-12) 分析得出其初相位。例如，若 $t=0$，$x_0=-A/2$，而 $v<0$，由式(5-12) 可知，与此振动状态对应的初相位为 $\varphi_0=2\pi/3$。

5.2.3　简谐振动的旋转矢量表示法

旋转矢量法

为了直观地领会简谐振动的运动规律，下面介绍简谐振动的几何描述方法 —— **旋转矢量表示法**。

如图 5-6 所示，作长度等于振幅的矢量 $\boldsymbol{A}$，令其以角速度 ω(其数值等于简谐振动的角频率) 绕点 O 沿逆时针方向旋转，这个矢量 $\boldsymbol{A}$ 就称为**旋转矢量**，矢量 $\boldsymbol{A}$ 的端点在 x 轴上的投影到点 O 的距离，刚好可以描述一个在 x 轴方向上进行的简谐振动。在这种描述方法中：

(1) 振幅为矢量 $\boldsymbol{A}$ 的长度；

(2) 零时刻矢量 $\boldsymbol{A}$ 与 x 轴正向之间的夹角为初相位 φ_0；

(3) 角频率 ω 为矢量 $\boldsymbol{A}$ 做逆时针旋转时的角速度；

(4) t 时刻矢量 $\boldsymbol{A}$ 与 x 轴正向之间的夹角为相位 $\omega t+\varphi_0$。

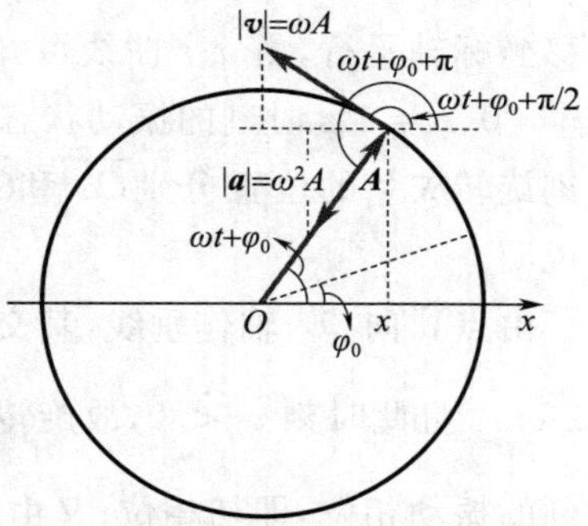

图 5-6　旋转矢量表示法

显然，旋转矢量 $\boldsymbol{A}$ 在任一时刻 x 轴上的投影 $x=A\cos(\omega t+\varphi_0)$ 描述了一个简谐振动，A 的端点沿圆周运动，速度大小等于 ωA，其方向与 x 轴的夹角等于 $(\omega t+\varphi_0+\pi/2)$，在 t 时刻 x 轴上的投影为 $\omega A\cos(\omega t+\varphi_0+\pi/2)=-\omega A\sin(\omega t+\varphi_0)$，这就是简谐振动的速度方程；$\boldsymbol{A}$ 的端点做圆周运动的加速度大小为 $a_n=\omega^2 A$，它与 x 轴的夹角为 $(\omega t+\varphi_0+\pi)$，所以加速度在 x 轴上的投影为

$$\omega^2 A\cos(\omega t+\varphi_0+\pi)=-\omega^2 A\sin(\omega t+\varphi_0)=-\omega^2 x$$

以上讨论表明简谐振动速度的相位比位移超前 $\pi/2$，加速度的相位比速度超前 $\pi/2$，比位移超前 π。

例 5-2　已知一简谐振动的 x-t 曲线如图 5-7 所示，试写出其振动方程。

解　**方法一**：设简谐振动的振动方程为 $x=A\cos(\omega t+\varphi_0)$。

已知 $A=4\ \text{cm}$，从图 5-7 中可知，$t=0\ \text{s}$ 时，$x_0=-2\ \text{cm}$，且 $v_0=\dfrac{\mathrm{d}x}{\mathrm{d}t}<0$，代入振动方程，有

$$-2 = 4\cos\varphi_0$$

故 $\varphi_0 = \pm\frac{2}{3}\pi$，又由 $v_0 = -\omega A\sin\varphi_0 < 0$，得 $\sin\varphi_0 > 0$，因此只能取 $\varphi_0 = \frac{2}{3}\pi$。

再从图中分析，$t = 1$ s时，$x = 2$ cm，$v_0 > 0$，代入振动方程，有

$$2 = 4\cos(\omega + \varphi_0) = 4\cos\left(\omega + \frac{2}{3}\pi\right)$$

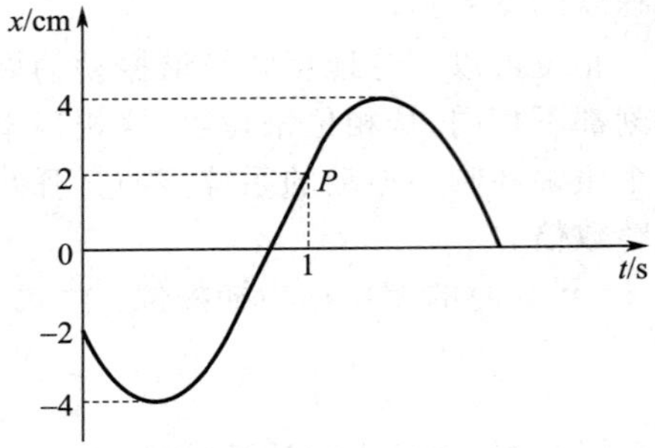

图 5-7　例 5-2 图

即
$$\cos\left(\omega + \frac{2}{3}\pi\right) = \frac{1}{2}$$

所以 $\omega + \frac{2}{3}\pi = \frac{5}{3}\pi$ 或 $\frac{7}{3}\pi$ $\left(\text{应注意这里不能取} \pm\frac{\pi}{3}\right)$。

由于要同时满足 $v = -\omega A\sin\left(\omega + \frac{2}{3}\pi\right) > 0$，即 $\sin\left(\omega + \frac{2}{3}\pi\right) < 0$，故应取 $\omega + \frac{2}{3}\pi = \frac{5}{3}\pi$，即 $\omega = \pi$，所以振动方程为 $x = 4\cos\left(\pi t + \frac{2}{3}\pi\right)$ cm。

方法二：用旋转矢量表示法求简谐振动的 φ_0 和 ω。

如图 5-8 所示，在 x-t 曲线的左侧作 x 轴与位移坐标轴平行，由 x-t 曲线可知，a、b 两点对应于 $t = 0$、$t = 1$ s 时刻的振动状态，可确定这两个时刻旋转矢量的位置分别 $\overrightarrow{Oa}$ 和 $\overrightarrow{Ob}$，下面进行详细说明。

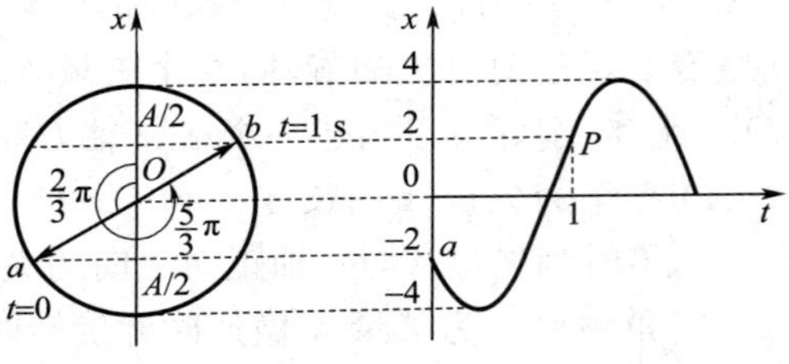

图 5-8　旋转矢量表示法求简谐振动的 φ_0 和 ω

由点 a 向 Ox 轴作垂线，其交点就是 $t = 0$ 时刻旋转矢量端点的投影点。已知该处 $x_0 = -2$ cm，且此时刻 $v_0 < 0$，故旋转矢量应在 x 轴左侧，它与 x 轴正向的夹角 $\varphi_0 = \frac{2}{3}\pi$，就是 $t = 0$ 时刻的振动相位，即初相位；又由 x-t 曲线中点 b 向 x 轴作垂线，其交点 P 就是 $t = 1$ s 时刻旋转矢量端点的投影点，已知该处 $x = 2$ cm，且此时刻 $v > 0$，故旋转矢量应在 x 轴的右侧，它与 x 轴的夹角 $\varphi = \frac{5}{3}\pi$ 就是 $t = 1$ s 时刻的振动相位，即 $\omega + \frac{2}{3}\pi = \frac{5}{3}\pi$，解得 $\omega = \pi$。

例 5-3　一弹簧振子沿 x 轴做简谐振动，振幅为 0.4 m，周期为 2 s，当 $t = 0$ 时，振子位移为 0.2 m，且向 x 轴方向运动。求简谐振动的振动方程，并画出 $t = 0$ 时的旋转矢量图。

解　设此简谐振动的振动方程为

$$x = A\cos(\omega t + \varphi_0)$$

则其速度为
$$v = \frac{dx}{dt} = -\omega A\sin(\omega t + \varphi_0)$$

将 $A = 0.4$ m，$\omega = \frac{2\pi}{T} = \pi$ 和 $t = 0$ 时，$x_0 = 0.2$ m，代入 $x = A\cos(\omega t + \varphi_0)$，得

$$\varphi_0 = \pm \frac{\pi}{3}$$

再由 $t = 0$ 时，$v_0 < 0$ 的条件，得 $v_0 = -0.4\pi \sin \varphi_0 < 0$，所以 $\varphi_0 = \frac{\pi}{3}$。

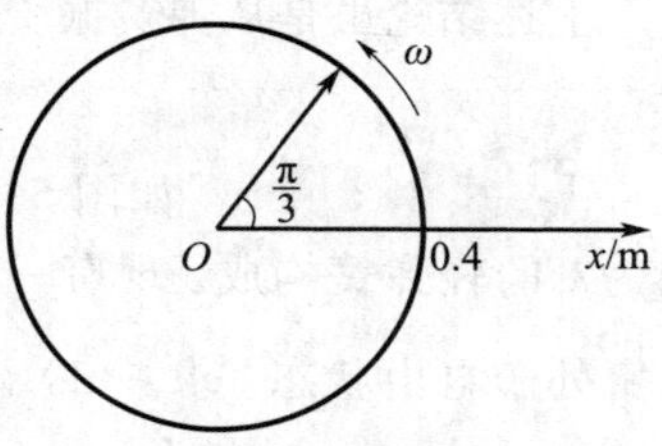

图 5-9　$t = 0$ 时的旋转矢量图

于是，此简谐振动的振动方程为 $x = 0.4\cos(\pi t + \frac{\pi}{3})\text{m}$。

$t = 0$ 时的旋转矢量图如图 5-9 所示。

---

§5.3　简谐振动的能量

简谐振动的能量

下面以弹簧振子为例说明简谐振动的能量。

设振子质量为 m，弹簧振子的运动学方程为 $x = A\cos(\omega t + \varphi_0)$，其振动速度为

$$v = -\omega A \sin(\omega t + \varphi_0)$$

于是振子所具有的振动动能和振动势能分别为

$$E_k = \frac{1}{2}mv^2 = \frac{1}{2}m\omega^2 A^2 \sin^2(\omega t + \varphi_0) = \frac{1}{2}kA^2 \sin^2(\omega t + \varphi_0) \tag{5-23}$$

$$E_p = \frac{1}{2}kx^2 = \frac{1}{2}kA^2 \cos^2(\omega t + \varphi_0) \tag{5-24}$$

这说明弹簧振子的动能和势能是按余弦函数或正弦函数的平方随时间变化的。图 5-10 表示初相位 $\varphi_0 = 0$ 时，谐振子的动能、势能和总能量随时间变化的曲线。显然，动能最大时，势能最小；动能最小时，势能最大。简谐振动的过程正是动能和势能相互转换的过程。

将式(5-23) 和式(5-24) 相加，得**简谐振动的总能量**为

$$E = \frac{1}{2}kA^2 = \frac{1}{2}m\omega^2 A^2 = \frac{1}{2}mv_m^2 \tag{5-25}$$

即简谐振动系统在振动过程中机械能守恒。从力学观点看，这是因为做简谐振动的系统都是孤立的保守系统。此外，式(5-25) 还说明简谐振动的能量正比于振幅的平方和系统固有圆频率的平方。

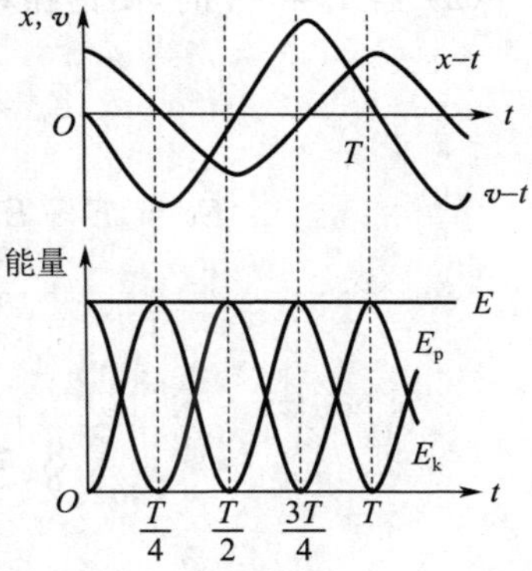

图 5-10　简谐振子的动能、势能和总能量随时间变化的曲线

动能和势能在一个周期内的平均值为

$$\overline{E}_k = \frac{1}{T}\int_0^T E_k(t)\,\mathrm{d}t = \frac{1}{T}\int_0^T \frac{1}{2}kA^2 \sin^2(\omega t + \varphi_0)\,\mathrm{d}t = \frac{1}{4}kA^2$$

同理，有

$$\overline{E}_p = \frac{1}{4}kA^2$$

即

$$\overline{E}_k = \overline{E}_p = \frac{1}{4}kA^2 = \frac{1}{2}E \tag{5-26}$$

可见，**动能和势能在一个周期内的平均值相等，且均等于总能量的一半**。

上述结论虽是从弹簧振子这一特例推出的,但具有普遍意义,适用于任何一个谐振子系统。

例 5-4　如图 5-11 所示,光滑水平面上的弹簧振子由质量为 M 的木块和刚度系数为 k 的轻弹簧构成。现有一个质量为 m、速度为 u_0 的子弹射入静止的木块后陷入其中,此时弹簧处于自由状态。求:(1) 该谐振子的振动方程;(2) 子弹和木块在 $x=\dfrac{A}{2}$ 处时系统的动能和势能。

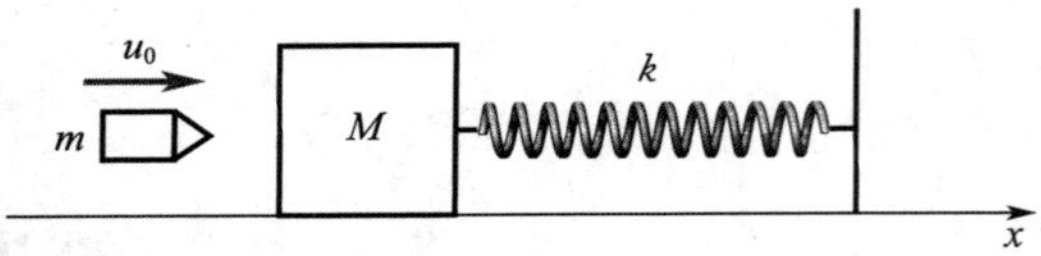

图 5-11　例 5-4 图

解　(1) 子弹射入木块过程中,水平方向动量守恒。设子弹陷入木块后二者的共同速度为 v_0,则有

$$mu_0=(m+M)v_0,\quad v_0=\frac{m}{m+M}u_0$$

取弹簧处于自由状态时,木块的平衡位置为坐标原点,水平向右为 x 轴正方向,并取木块和子弹一起开始向右运动的时刻为计时起点。因此初始条件为 $x_0=0, v_0=v_0>0$,而子弹射入木块后简谐振动系统的圆频率为

$$\omega=\sqrt{\frac{k}{m+M}}$$

设简谐振动系统的振动方程为 $x=A\cos(\omega t+\varphi_0)$,将初始条件代入,得

$$0=A\cos\varphi_0,\quad V_0=-\omega A\sin\varphi_0>0$$

联立求出

$$\varphi_0=\frac{3}{2}\pi$$

$$A=-\frac{V_0}{\omega\sin\varphi_0}=\frac{mu_0}{\sqrt{k(m+M)}}$$

所以简谐振子的振动方程为

$$x=A\cos(\omega t+\varphi_0)=\frac{mu_0}{\sqrt{k(m+M)}}\cos\left(\sqrt{\frac{k}{m+M}}t+\frac{3}{2}\pi\right)$$

(2) 当 $x=\dfrac{A}{2}$ 时,简谐振动系统的势能和动能分别为

$$E_p=\frac{1}{2}kx^2=\frac{1}{2}k\left(\frac{A}{2}\right)^2=\frac{m^2u_0^2}{8(m+M)}$$

$$E_k=E-E_p=\frac{1}{2}kA^2-\frac{1}{8}kA^2=\frac{3}{8}kA^2=\frac{3m^2u_0^2}{8(m+M)}$$

§ 5.4　简谐振动的合成

简谐振动的合成

在实际问题中,常遇到一个质点同时参与两个或更多个振动的情况。例如,当两个声波同时传到空间某一点时,该点处的空气质点就同时参与两个振动,该点合振动的位移等于各个分振动位移的矢量和。一般的振动合成问题都比较复杂,下面仅讨论几种简单情况。

5.4.1　两个同方向、同频率的简谐振动的合成

设质点同时参与两个同方向、同频率的简谐振动

$$x_1 = A_1\cos(\omega t + \varphi_{10}),\quad x_2 = A_2\cos(\omega t + \varphi_{20})$$

由于两个分振动在同一方向上进行，故质点的合位移等于两个位移的代数和，即

$$x = x_1 + x_2 = A_1\cos(\omega t + \varphi_{10}) + A_2\cos(\omega t + \varphi_{20}) \tag{5-27}$$

利用三角函数的和差化积公式，式(5-27)可化为

$$x = A\cos(\omega t + \varphi_0)$$

式中，合振幅 A 和初相位 φ_0 值分别为

$$A = \sqrt{A_1^2 + A_2^2 + 2A_1A_2\cos(\varphi_{20} - \varphi_{10})} \tag{5-28}$$

$$\tan\varphi_0 = \frac{A_1\sin\varphi_{10} + A_2\sin\varphi_{20}}{A_1\cos\varphi_{10} + A_2\cos\varphi_{20}} \tag{5-29}$$

这说明**同方向、同频率的简谐振动合成后仍为简谐振动**，合振动的振幅、相位由两个分振动的振幅 A_1、A_2 以及初相位 φ_{10}、φ_{20} 决定。以上分析结果，对于多个简谐振动的合成问题同样也是适用的。

利用旋转矢量表示法讨论上述问题更为简洁直观。如图 5-12 所示，取坐标轴 Ox，画出两个分振动的旋转矢量 $\boldsymbol{A}_1$ 和 $\boldsymbol{A}_2$，它们与 x 轴的夹角分别为 φ_{10} 和 φ_{20}，并以相同角速度 ω 沿逆时针方向旋转。因为两个分矢量 $\boldsymbol{A}_1$、$\boldsymbol{A}_2$ 的夹角恒定不变，所以合矢量 $\boldsymbol{A}$ 的模保持不变，而且同样以角速度 ω 旋转。图中矢量 $\boldsymbol{A}$ 即 $t=0$ 时的合成振动矢量，任一时刻合振动的位移等于该时刻矢量 $\boldsymbol{A}$ 在 x 轴上的投影，即 $x = A\cos(\omega t + \varphi_0)$。

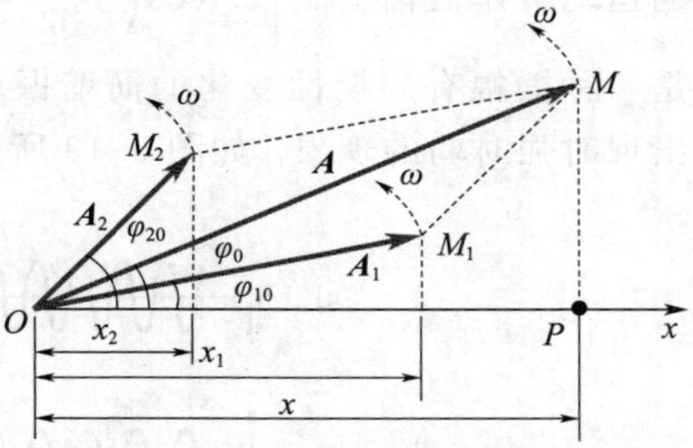

图 5-12　旋转矢量表示法求同一直线简谐振动的合成

可见，合振动是振幅为 A、初相位为 φ_0 的简谐振动，其圆频率与两个分振动的相同。利用图中几何关系，可求得合振动的振幅 A、初相位 φ_0 分别为式(5-28)、式(5-29)。

现进一步讨论合振动的振幅与两个分振动相位差之间的关系。由式(5-28)可知：

(1) 相位差 $\varphi_{20} - \varphi_{10} = \pm 2k\pi(k = 0,1,2,\cdots)$ 时，

$$A = \sqrt{A_1^2 + A_2^2 + 2A_1A_2} = A_1 + A_2 \tag{5-30}$$

即两个分振动相位相同时，合振幅等于两个分振动振幅之和，合振幅最大，称为振动加强。

(2) 相位差 $\varphi_{20} - \varphi_{10} = \pm(2k+1)\pi\ (k = 0,1,2,\cdots)$ 时，

$$A = \sqrt{A_1^2 + A_2^2 - 2A_1A_2} = |A_1 - A_2| \tag{5-31}$$

即两个分振动相位相反时，合振幅等于两个分振动的振幅之差的绝对值，合振幅最小，称为振动减弱。

如果 $A_1 = A_2$，则 $A = 0$，即振动合成的结果使质点处于静止状态。

一般情况下，合振动的振幅在最大值和最小值之间，两个分振动既不同相亦非反相，即合振幅在 $A_1 + A_2$ 与 $|A_1 - A_2|$ 之间。以上结果说明，两个振动的相位差对合振动起着重要的作用。同方向、同频率的简谐振动的合成原理，经常在声波、光波及电磁波的干涉和衍射现象中得到应用。

5.4.2 两个同方向、不同频率的简谐振动的合成

设质点同时参与两个同方向、频率分别为ω_1和ω_2($\omega_1<\omega_2$)的简谐振动。为突出频率不同引起的效果,设两个分振动的振幅相同,且初相位均等于φ_0,即

$$x_1=A\cos(\omega_1 t+\varphi_0),\quad x_2=A\cos(\omega_2 t+\varphi_0)$$

合振动的位移为

$$x=x_1+x_2=A\cos(\omega_1 t+\varphi_0)+A\cos(\omega_2 t+\varphi_0)$$

利用三角函数和差化积公式,可求得

$$x=2A\cos\left(\frac{\omega_2-\omega_1}{2}t\right)\cos\left(\frac{\omega_2+\omega_1}{2}t+\varphi_0\right) \tag{5-32}$$

由式(5-32)可知,合振动不是简谐振动,没有明显的周期性。但若两个分振动的频率能够满足$\omega_2+\omega_1\gg|\omega_2-\omega_1|$,则合振动表现出明显的周期性。这时,式(5-32)中第一项因子$2A\cos\left(\frac{\omega_2-\omega_1}{2}t\right)$的周期要比第二项因子$\cos\left(\frac{\omega_2+\omega_1}{2}t+\varphi_0\right)$的周期长得多,可将式(5-32)表示的运动看作振幅按照$\left|2A\cos\left(\frac{\omega_2-\omega_1}{2}t\right)\right|$缓慢变化,而圆频率等于$\frac{\omega_2+\omega_1}{2}$的"准简谐振动",这是一种振幅有周期性变化的简谐振动。由于该振动的振幅是周期性缓慢变化的,因此振动会出现时强时弱的现象。如图5-13所示,这种振幅时大时小的现象称为拍。

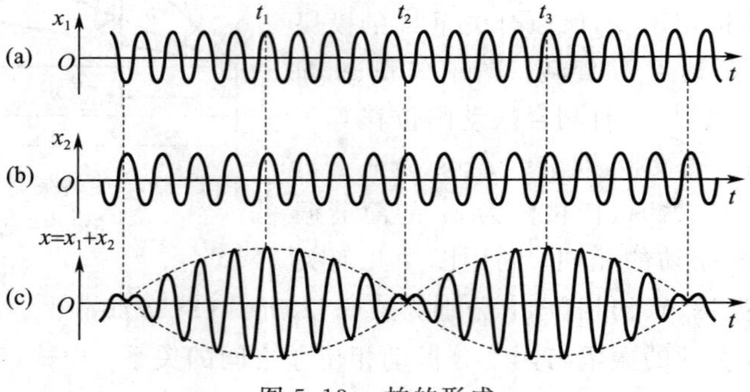

图 5-13 拍的形成

合振幅每变化一个周期称为一拍,单位时间内拍出现的次数(合振幅变化的频率)称为拍频。由于振幅只能取正值,而余弦函数的绝对值以π为周期,因而振幅变化周期可由$\left|\frac{\omega_2-\omega_1}{2}\right|=\pi$决定,即拍的圆频率应为调制频率的2倍:

$$\omega_{拍}=|\omega_2-\omega_1|$$

于是拍频为

$$\nu_{拍}=\frac{\omega_{拍}}{2\pi}=\left|\frac{\omega_2}{2\pi}-\frac{\omega_1}{2\pi}\right|=|\nu_2-\nu_1| \tag{5-33}$$

这就是说,**振幅变化的频率就是拍频,拍频等于两个分振动频率之差。**

拍现象也可以从简谐振动的旋转矢量图中得到解释。例如,在图5-12中,设A_2比A_1转得快,可以观察到A_2在周而复始地追赶A_1,当A_2追上A_1时,合振动振幅最大;当A_2与A_1方向相反时,合振动振幅最小。由于单位时间内A_2比A_1多转$\nu_2-\nu_1$圈,因此就形成了合振动振幅

时而增大、时而减小的拍的现象，拍频等于 $\nu_2 - \nu_1$。

拍现象在科学技术上有重要的应用。例如，取两个频率相近的音叉，取其中一个上涂少许石蜡，使它的频率有很小的降低，分别敲击这两个音叉，可以听到的音强是均匀的；如果同时敲击这两个频率相近的音叉，就可听到时强时弱的"嗡、嗡 ……"的拍音。人耳能区分的拍音低于每秒 7 次，利用拍现象还可以校正乐器、测定振动频率和制造拍振荡器等。再例如，管弦乐中的双簧管就是利用两个簧片振动频率的微小差别产生颤动的拍音的原理制造的，调节乐器时，可通过将乐器发出的声音和标准音叉出现的拍音消失来校准乐器；测量振动频率时，如果已知一个振动的频率，使它与一个频率相近未知的振动叠加，通过测量合成振动的拍频，就可以求出未知振动的频率。拍现象也常常用于汽车速度监视、地面卫星跟踪等，此外，在各种电子测量仪器中，也常用到拍的现象。

*5.4.3　两个相互垂直的同频率的简谐振动的合成

当一个质点同时参与两个不同方向的简谐振动时，质点的位移是这两个振动的位移的矢量和。在一般情况下，质点将在平面上**做曲线运动**，质点轨迹的各种形状由两个振动的频率、振幅和相位差等决定。下面主要讨论两个相互垂直的同频率的简谐振动的合成情况。

设质点同时参与两个相互垂直的简谐振动，一个沿 x 轴方向，另一个沿 y 轴方向，以质点的平衡位置为坐标原点，两个振动方程分别为

$$x = A_1\cos(\omega t + \varphi_{10}),\ y = A_2\cos(\omega t + \varphi_{20})$$

在任何时刻 t，质点的位置是 (x,y)，当 t 改变时，(x,y) 也改变。所以这两个方程就是含参变量 t 的质点的运动方程，消去时间参数 t，便得到质点合振动的轨迹方程：

$$\frac{x^2}{A_1^2} + \frac{y^2}{A_2^2} - 2\frac{xy}{A_1A_2}\cos(\varphi_{20} - \varphi_{10}) = \sin^2(\varphi_{20} - \varphi_{10}) \tag{5-34}$$

由式(5-34)可知，质点合振动的轨迹一般为椭圆，如图 5-14 所示，因为质点在两个相互垂直方向上的位移 x 和 y 只在一定范围内变化，所以椭圆轨道不会超出以 $2A_1$ 和 $2A_2$ 为长和宽的矩形范围。当两个分振动的振幅 A_1、A_2 给定时，椭圆的其他性质(长、短轴及方位)由两个分振动的相位差 $\varphi_{20} - \varphi_{10}$ 决定。下面讨论几种特殊情况。

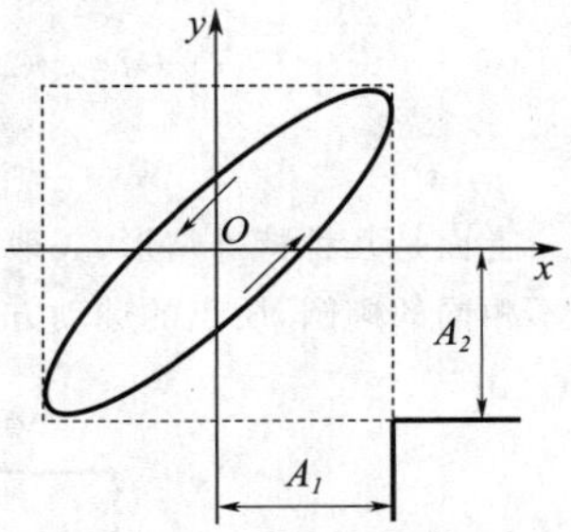

图 5-14　两个互相垂直简谐振动的合成

(1) $\varphi_{20} - \varphi_{10} = 0$，即两个分振动相位相同，此时式(5-34)变为

$$\left(\frac{x}{A_1} - \frac{y}{A_2}\right)^2 = 0$$

即

$$y = \frac{A_2}{A_1}x$$

合振动的轨迹为通过原点且在第一、第三象限内的直线，其斜率为两个分振动的振幅之比 $\frac{A_2}{A_1}$，如图 5-15(a) 所示，在任一时刻 t，质点离开平衡位置的位移(合振动的位移)为

$$S = \sqrt{x^2 + y^2} = \sqrt{A_1^2 + A_2^2}\cos(\omega t + \varphi)$$

上式表明，这种情况下合振动也是简谐振动，且与原来两个分振动的频率相同，但振幅为 $\sqrt{A_1^2 + A_2^2}$。

(2) $\varphi_{20} - \varphi_{10} = \pi$，即两个分振动相位相反，当其中一个分振动达到正向最大时，另一个达到负向最大，此时式(5-34)变为

$$\left(\frac{x}{A_1} + \frac{y}{A_2}\right)^2 = 0$$

即

$$y = -\frac{A_2}{A_1}x$$

合振动的轨迹为通过原点且在第二、第四象限内的直线,但直线的斜率为$\left(-\frac{A_2}{A_1}\right)$。质点将在此直线上做振幅为$\sqrt{A_1^2+A_2^2}$、圆频率为$\omega$的简谐振动,如图5-15(b)所示。

(3)$\varphi_{20}-\varphi_{10}=\frac{\pi}{2}$,即$y$轴方向上的分振动比$x$轴方向上的分振动超前$\frac{\pi}{2}$,此时式(5-34)变为

$$\frac{x^2}{A_1^2}+\frac{y^2}{A_2^2}=1$$

合振动的轨迹为以x轴和y轴为轴线的椭圆,如图5-15(c)所示,两个半轴长分别为A_1和A_2,此时两个分振动方程分别为

$$x=A_1\cos(\omega t+\varphi_{10}),\quad y=A_2\cos\left(\omega t+\varphi_{10}+\frac{\pi}{2}\right)$$

当某一瞬时$\omega t+\varphi_{10}=0$时,$x=A_1$,$y=0$,质点在图5-15(c)中点P处;下一瞬间,有$\omega t+\varphi_{10}>0$,因而此时x将略小于A_1,同时此瞬间的$\left(\omega t+\varphi_{10}+\frac{\pi}{2}\right)$略大于$\frac{\pi}{2}$,故$y<0$,质点将处于第四象限,因此可判定质点沿椭圆的运动方向是顺时针的。

(4)$\varphi_{20}-\varphi_{10}=\frac{3\pi}{2}$,即$x$轴方向上的分振动比$y$轴方向上的分振动超前$\frac{\pi}{2}$,与(3)类似,分析可知,合振动的轨迹仍为以$x$轴和$y$轴为轴线的椭圆,如图5-15(d)所示,但质点的运动方向与(3)不同,沿椭圆的运动方向是逆时针的。

在(3)和(4)中,若两个分振动的振幅相同,即$A_1=A_2$,则合振动的轨迹为一圆周。

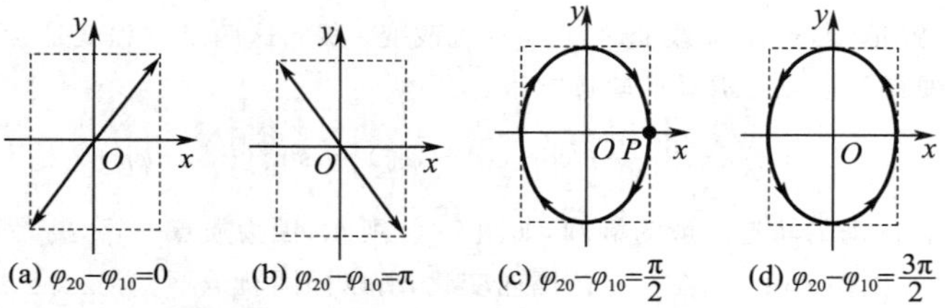

图5-15 几个不同相位差的垂直振动的合成轨迹

上面是几种特殊情形,一般情况下,若两个分振动的相位差取其他数值,则合振动的轨迹将为形状与方位各不相同的椭圆,质点的运动方向则可能为顺时针或逆时针,如图5-16所示。

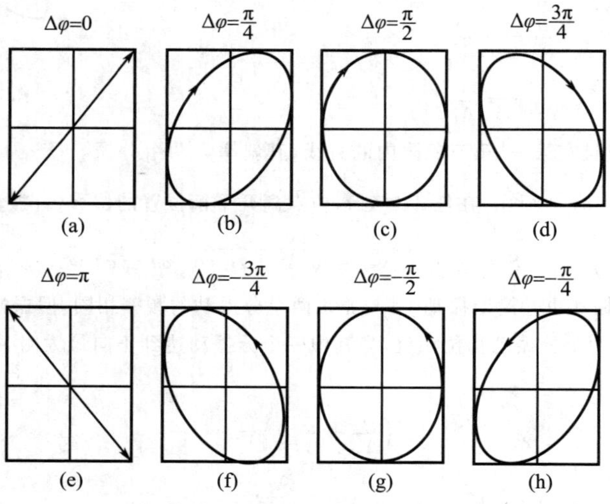

图5-16 两个相互垂直的振幅不同、频率相同的简谐振动的合成轨迹

总之，两个振动方向相互垂直的同频率的简谐振动的合振动轨迹为一直线、圆或椭圆。轨迹的具体形状、方位和运动方向由分振动的振幅和相位差决定。

以上讨论也说明，任何一个直线简谐振动、椭圆运动或匀速圆周运动都可以分解为两个相互垂直的同频率的简谐振动。

*5.4.4　两个相互垂直的不同频率的简谐振动的合成

若质点参与两个相互垂直但频率不同的简谐振动，则其合运动一般较为复杂，由于两个分振动的相位差不是定值，合振动的轨迹不能形成稳定的图案。如果两个分振动的频率成整数比，则合成振动的轨迹为一封闭的稳定曲线，曲线的形状与两个分振动的振幅、频率比、初相位以及初相位差有关，得到的图形称为**李萨如图形**。图 5-17 给出了沿 x 轴和 y 轴的两个分振动的频率比分别为 $\nu_1:\nu_2=1:1,1:2,1:3,2:3$ 时，几种不同初相位的李萨如图形，在电子示波器中，若使相互垂直的按正弦规律变化的电学量周期成不同的整数比，则可在荧光屏上看到各种不同的李萨如图形。

由于图形的形状与两个分振动的频率比有关，因此可以通过李萨如图形的形状来判断两个分振动的频率比，进而由一个振动的已知频率求得另一个未知频率，这是无线电技术中常用的测定未知频率的方法之一。

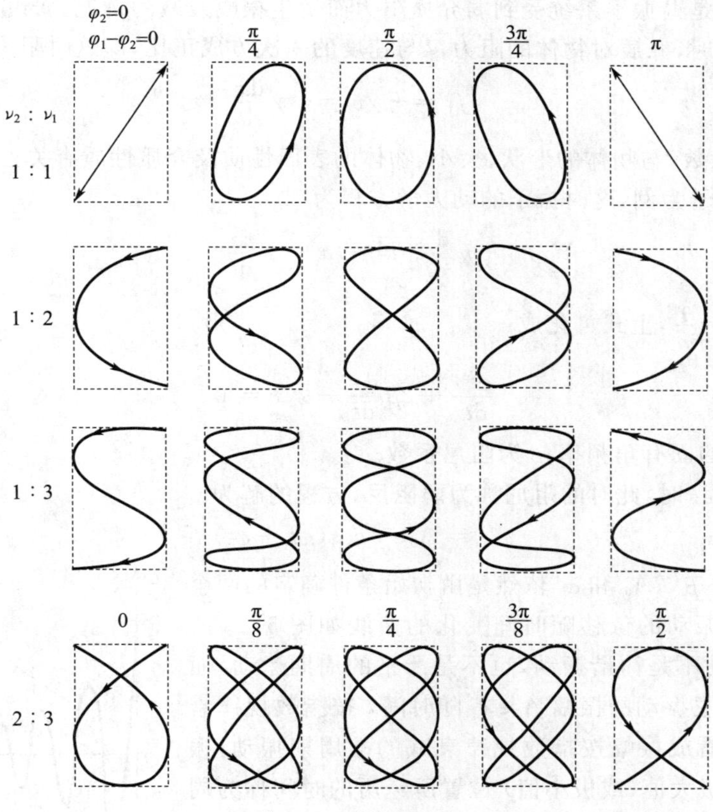

图 5-17　李萨如图形

§5.5　阻尼振动　受迫振动　共振

5.5.1　阻尼振动

使振幅随时间衰减的各种因素称为阻尼。前面所讨论的简谐振动均属于无阻尼振动，在运动过程中系统的机械能是守恒的。这是一种理想振动，振幅不随时间变化，所以简谐振动是**等幅振动**。而在实际中，阻尼是不可消除的，如果没有能量补充，由于机械能有损耗，振动的振幅将不断地衰减。这种振幅随时间不断衰减的振动称为阻尼振动。阻尼振动不是周期性运动，而是准周期性运动。振动系统的能量损失的原因通常有两种：一种是摩擦阻尼（由于介质对振动物体的摩擦阻力使振动系统的能量逐渐转变为热运动的能量）；另一种是辐射阻尼（由于振动系统不断引起邻近介质质点的振动，使系统的能量不断朝四周辐射出去，转变为波的能量）。

下面讨论的是谐振子系统受到弱介质阻力而发生振幅衰减的情况。弱介质阻力是指当振子运动速度较低时，介质对物体的阻力仅与速度的一次方成正比，即这时阻力为

$$f_r = -\gamma v = -\gamma \frac{\mathrm{d}x}{\mathrm{d}t} \tag{5-35}$$

式中，γ 为阻力系数，与物体的形状、大小、物体的表面性质及介质性质有关。

仍以弹簧振子为例，这时振子的动力学方程为

$$m\frac{\mathrm{d}^2x}{\mathrm{d}t^2} = -kx - \gamma\frac{\mathrm{d}x}{\mathrm{d}t}$$

令 $\omega_0^2 = \dfrac{k}{m}$，$2\beta = \dfrac{\gamma}{m}$，上式可化成

$$\frac{\mathrm{d}^2x}{\mathrm{d}t^2} + 2\beta\frac{\mathrm{d}x}{\mathrm{d}t} + \omega_0^2 x = 0 \tag{5-36}$$

式中，ω_0 为系统的固有角频率；β 为阻尼系数。

(1) 当 $\beta \ll \omega_0$ 时，此时的阻尼称为**弱阻尼**，方程的解为

$$x = A_0 \mathrm{e}^{-\beta t}\cos(\omega t + \varphi_0) \tag{5-37}$$

式中，$\omega = \sqrt{\omega_0^2 - \beta^2}$；$A_0$ 和 φ_0 依然是由初始条件确定的两个积分常数。阻尼振动的位移随时间变化的曲线如图 5-18 所示，可见阻尼振动不是简谐振动，也不是严格的周期运动，而图中虚线表示阻尼振动的振幅 $A_0\mathrm{e}^{-\beta t}$ 随时间 t 按指数规律衰减。把阻尼振动看成振幅按指数规律衰减的准周期振动，振动相继两次通过极大值（或极小值）位置所经历的时间称为周期（$T = t_2 - t_1$），那么阻尼振动的周期为

$$T = \frac{2\pi}{\omega} = \frac{2\pi}{\sqrt{\omega_0^2 - \beta^2}} > \frac{2\pi}{\omega_0} \tag{5-38}$$

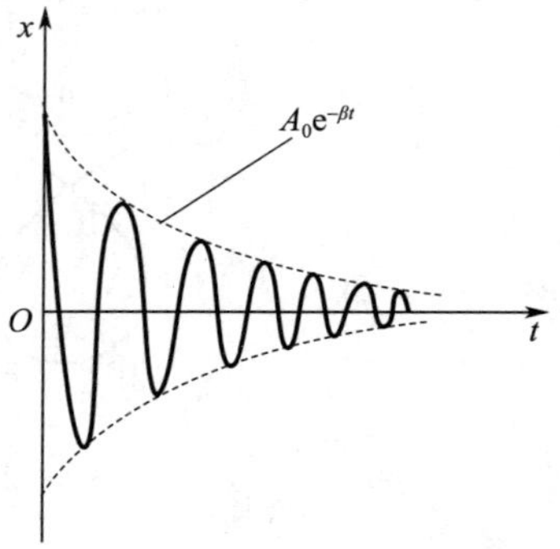

图 5-18　阻尼振动的位移随时间变化的曲线

这说明阻尼振动的周期比振动系统的固有周期要长，阻

尼越大($\beta \ll \omega_0$ 范围内),振幅衰减越快,振动越慢。

(2) 当 $\beta = \omega_0$ 时,此时的阻尼称为**临界阻尼**,方程的解为

$$x = (c_1 + c_2 t)e^{-\beta t} \tag{5-39}$$

此时系统不做往复运动,而是较快地回到平衡位置并停下来。

(3) 当 $\beta > \omega_0$ 时,此时的阻尼称为**过阻尼**,方程的解为

$$x = c_1 e^{-(\beta - \sqrt{\beta^2 - \omega_0^2})t} + c_2 e^{-(\beta + \sqrt{\beta^2 - \omega_0^2})t} \tag{5-40}$$

此时系统也不做往复运动,而是非常缓慢地回到平衡位置。图 5-19 反映了 3 种不同阻尼情况时的 x-t 曲线。

在生产实际中,可以根据不同要求,用不同方法来控制阻尼的大小。例如,各种机器为了减震、防震,都要加大振动时的摩擦阻尼;对于各种声源、乐器,若想要它辐射足够大的声能,则要加大它的辐射阻尼;在一些精密仪器,如物理天平、灵敏电流计等仪表中装有阻尼装置,为了能较快准确读数,常使仪表系统处在临界阻尼状态下。

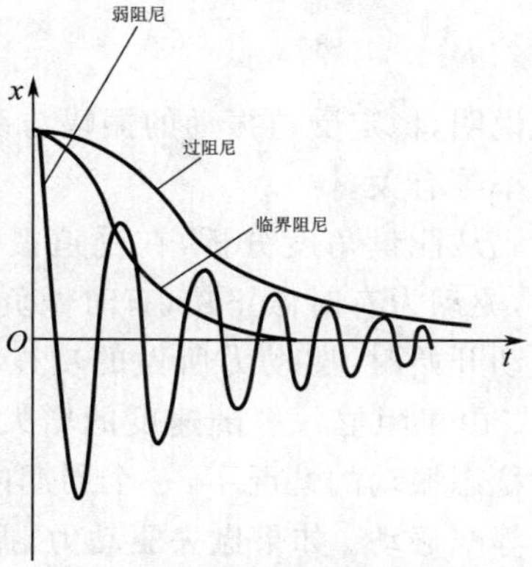

图 5-19 3 种不同阻尼情况时的 x-t 曲线

5.5.2 受迫振动

阻尼是客观存在的,只能减小而不能完全消除。若使有阻尼的振动系统维持等幅振动,则必须给振动系统不断地补充能量,即施加持续的周期性外力作用。振动系统在周期性外力作用下发生的振动称为受迫振动,这个周期性外力称为**驱动力**。

为了简单起见,假设驱动力取如下形式

$$F = F_0 \cos \omega t \tag{5-41}$$

式中,F_0 为驱动力的幅值;ω 为驱动力的圆频率。这种驱动力又称为谐和驱动力。

仍以弹簧振子为例,讨论弱阻尼谐振子系统在驱动力作用下的受迫振动,弹簧振子在线性回复力、阻力、驱动力的共同作用下,其受力为

$$f = -kx - \gamma \frac{dx}{dt} + F_0 \cos \omega t$$

其动力学方程为

$$m \frac{d^2 x}{dt^2} = -kx - \gamma \frac{dx}{dt} + F_0 \cos \omega t \tag{5-42}$$

令 $\omega_0^2 = \dfrac{k}{m}$,$2\beta = \dfrac{\gamma}{m}$,$f_0 = \dfrac{F_0}{m}$,可得

$$\frac{d^2 x}{dt^2} + 2\beta \frac{dx}{dt} + \omega_0^2 x = f_0 \cos \omega t \tag{5-43}$$

该方程的解为

$$x = A_0 e^{-\beta t} \cos(\sqrt{\omega_0^2 - \beta^2}\, t + \varphi_0) + A\cos(\omega t + \varphi) \tag{5-44}$$

式(5-44)右边的第一项表示减幅振动,称为衰减项;第二项表示等幅振荡,称为稳定项。经过一段时间,第一项衰减到可以忽略不计,即受迫振动稳定时的振动方程为

$$x = A\cos(\omega t + \varphi) \tag{5-45}$$

受迫振动稳定时的振动方程与无阻尼振动的表达式相同,但本质不同。首先,受迫振动的

圆频率不是系统的固有频率,而是驱动力的频率;其次,受迫振动的振幅和初相位不是取决于振子的初始状态,而是取决于振子的性质、阻尼的大小和驱动力的特征等因素。当稳定受迫振动的频率等于驱动力的频率时,将式(5-45) 代入式(5-42),并采用待定系数法,可确定稳定受迫振动的振幅为

$$A=\frac{f_0}{\sqrt{(\omega_0^2-\omega^2)^2+4\beta^2\omega^2}} \tag{5-46}$$

这说明,稳定受迫振动的振幅与系统的初始条件无关,而与系统固有频率、阻尼系数及驱动力频率等有关。

从能量角度分析,在受迫振动中振动系统因驱动力做功而获得能量(实际上在一个周期内,驱动力有时做正功,有时做负功,但总体上是做正功),同时又因阻尼作用而消耗能量,受迫振动开始时,驱动力所做的功往往大于阻尼消耗的能量,所以总的能量趋势是能量不断地增大。由于阻尼一般随速度的增大而增大,因此当振动加强时,因阻尼而消耗的能量也要增多。在稳态振动的情况下,一个周期内,外力所做的功恰好补偿因阻尼而消化的能量,因而系统维持等幅振动。如果撤去驱动力,振动能量又将逐步减小而成为减幅振动。

5.5.3 共振

共振的条件和特征

共振是一个重要而具有实际意义的受迫振动现象。下面分别从位移共振和速度共振两方面加以讨论。

1. 位移共振

由式(5-46) 可知,对于一个给定振动的系统。当阻尼和驱动力的幅值不变时,受迫振动的位移的振幅是驱动力角频率 ω 的函数,它存在一个极值。受迫振动的位移达到极大值的现象称为位移共振。由式(5-46) 求极值的方法,可求出位移共振的角频率满足

$$\omega_r=\sqrt{\omega_0^2-2\beta^2} \tag{5-47}$$

显然,共振位移的大小与阻尼有关,其关系如图 5-20 所示。

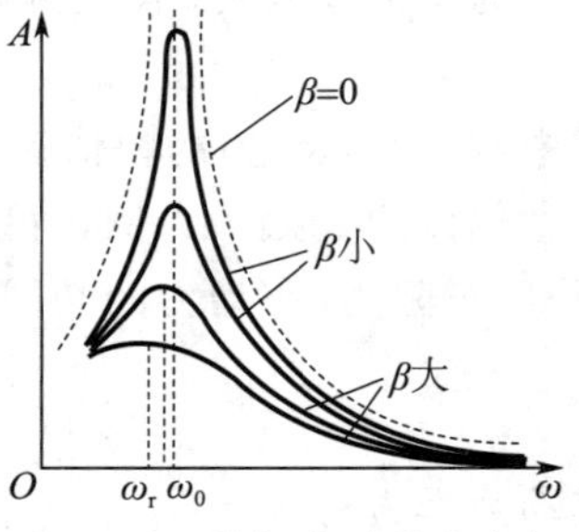

图 5-20 共振位移的大小与阻尼振动的关系

2. 速度共振

系统做受迫振动时,其速度也是与驱动力角频率相关的函数,即

$$v=-\omega A\sin(\omega t+\varphi)=-v_m\sin(\omega t+\varphi)$$

式中,

$$v_m=\omega A=\frac{\omega f_0}{\sqrt{(\omega_0^2-\omega^2)^2+4\beta^2\omega^2}}$$

称为速度振幅。利用同样方法可求出

$$\omega_v=\omega_0 \tag{5-48}$$

当 $\omega=\omega_0$ 时,速度振幅有极大值,这种现象称为**速度共振**,如图 5-21 所示。

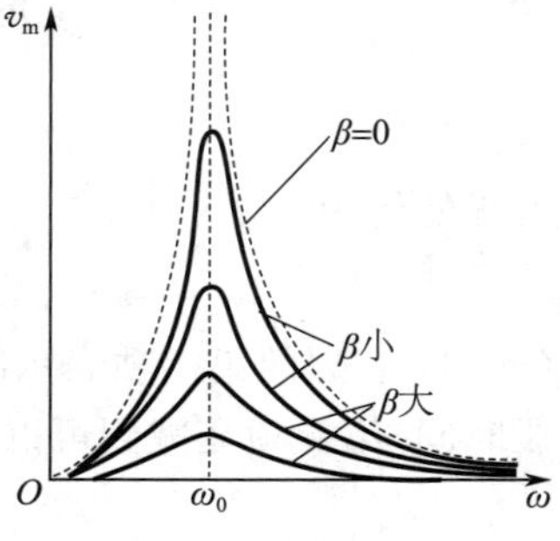

图 5-21 速度共振曲线

当系统发生速度共振时，外界能量的输入处于最佳状态，即驱动力在整个周期内对系统做正功，用以补偿阻尼引起的能耗。因此，速度共振又称为**能量共振**。在弱阻尼情况下，位移共振与速度共振的条件趋于一致，所以一般不区分这两种共振。

自然界中有许多共振现象，我国古代对共振知识就已有了大量记载，在共振研究的很多方面都处于世界领先水平。例如，北宋科学家沈括曾做过用纸人观察共振的实验，他将剪好的纸人放在乐器的弦线上，弹动能发生共振的弦线，纸人就会跳动，弹动别的弦线时纸人却不动。在浙江杭州博物馆内，收藏着“阴阳鱼洗盆”，只要在盆内加一半水，然后用手轻摩双耳，盆中就会波浪翻滚，涌出很高的喷泉，这其实就是共振原理的应用。

共振在实际生产和生活中有着广泛的应用。例如，外界声音通过耳膜的共振被人的神经系统所吸收；收音机和电视机的调谐装置利用共振原理接收空间某一频率的电磁波；用来加热食物的微波炉发出的微波与食物中的水分子产生共振，从而将食物加热；另外，用超声波发生器测量金属厚度的原理，就是使发生器产生变化的振荡频率和金属的固有频率相同，从而根据金属壁的振动强度的大小来测得金属厚度；再如，核磁共振技术就是利用共振原理探测物质内部的结构和进行医学诊断。

共振的应用与危害

尽管共振给人们带来了不少好处，但同时它在很多方面也给人们带来很多不便和伤害。由于共振导致的振动系统振幅过大，从而会使系统如建筑物、仪器设备等受到严重破坏。例如，1940 年，美国的塔科马海峡大桥就在大风中因共振而坍塌。因此，在各种建筑和动力设备的设计中，应尽量避免共振的发生。减少共振影响的方法主要有破坏外力的周期性、改变物体或驱动力的频率、增大系统的阻尼等。

思　考　题

1. 符合什么规律的运动才是简谐振动？分别分析下列运动是不是简谐振动：

(1) 拍皮球时球的运动；

(2) 如图 5-22 所示，一小球在一个半径很大的光滑凹球面内滚动（设小球所经过的弧线很短）。

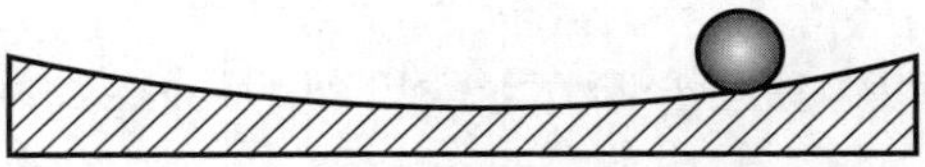

图 5-22　小球在光滑凹球面内滚动

2. 单摆的周期受哪些因素影响？把某一单摆由赤道拿到北极，它的周期是否变化？

3. 简谐振动的速度和加速度在什么情况下是同号的？在什么情况下是异号的？加速度为正值时，振动质点的速率是否一定增大？

习　题　5

一、选择题

1. 简谐振动的动力学特征是(　　)。

A. 受力总是指向平衡位置　　B. 受力与位移成正比

C. 所受合外力与位移成正比,方向相反　　D. 来回摆动或上下振动

2. 简谐振动可以用旋转矢量表示,是因为(　　)。

A. 旋转矢量匀速旋转

B. 旋转矢量与振动振幅相同

C. 旋转矢量端点的投影运动规律与简谐振动规律相同

D. 旋转矢量本身就在做简谐振动

3. 一个弹簧振子做简谐振动,总能量为 E,如果简谐振动的振幅增加为原来的 2 倍,重物的质量增加为原来的 4 倍,则它的总能量将变为(　　)。

A. $E/2$　　B. $E/4$　　C. $2E$　　D. $4E$

4. 弹簧振子的振幅增加到原振幅的 2 倍时,其振动周期、振动能量、最大速度、最大加速度等物理量的变化为(　　)。

A. 其振动周期不变,振动能量为原来的 2 倍,最大速度为原来 2 倍,最大加速度为原来的 2 倍

B. 其振动周期为原来的 2 倍,振动能量为原来的 4 倍,最大速度为原来 2 倍,最大加速度为原来的 2 倍

C. 其振动周期不变,振动能量为原来的 4 倍,最大速度为原来 2 倍,最大加速度为原来的 2 倍

D. 其振动周期、振动能量、最大速度和最大加速度均不变

5. 当质点以频率 v 做简谐振动时,它的振动动能的变化频率为(　　)。

A. $v/2$　　B. v　　C. $2v$　　D. $4v$

6. 有两个简谐振动 $x_1 = A_1\cos\omega t$,$x_2 = A_2\sin\omega t$,且 $A_2 > A_1$,则这两个振动的合振动的振幅为(　　)。

A. $A_1 + A_2$　　B. $A_1 - A_2$

C. $\sqrt{A_2^2 + A_1^2}$　　D. $\sqrt{A_2^2 - A_1^2}$

7. 两个弹簧刚度系数相同的谐振子做简谐振动,已知振子质量分别为 m_1、m_2,$m_2 = 2m_1$,振幅 $A_1 = A_2$,其能量之比和周期之比分别为(　　)。

A. $1:1, 1:2$　　B. $1:1, 1:\sqrt{2}$　　C. $1:2, 1:2$　　D. $1:2, 1:\sqrt{2}$

8. 一质点做简谐振动,周期为 T,质点由平衡位置向 x 轴正方向运动到最大位移处一半的最短时间为(　　)。

A. $T/4$　　B. $T/12$　　C. $T/6$　　D. $T/8$

9. 一物体做简谐振动，振动方程为 $x=A\cos\left(\omega t+\frac{\pi}{2}\right)$，则该物体在 $t=0$ 时刻的动能与在 $t=T/8$（T 为振动周期）时刻的动能之比为（　　）。

A. 1∶4　　B. 1∶2　　C. 1∶1　　D. 2∶1

10. 将两个振幅相同、频率相同、振动方向相同的谐振动合成，已知合振动与一个分振动的相位差是 π/3，则这两个分振动的相位差为（　　）。

A. π/6　　B. π/3　　C. 2π/3　　D. 3π/4

11. 弹簧振子在光滑水平面上做简谐振动时，弹性力在半个周期内所做的功为（　　）。

A. kA^2　　B. $kA^2/2$　　C. $kA^2/4$　　D. 0

12. 在简谐振动过程中，动能和势能相等的位置的位移等于（　　）。

A. $\pm A/4$　　B. $\pm A/2$　　C. $\pm\sqrt{3}A/2$　　D. $\pm\sqrt{2}A/2$

13. 一质点做简谐振动，振幅为 A，在起始时刻质点的位移为 $-\frac{A}{2}$，且向 x 轴正向运动，代表此简谐振动的旋转矢量图为（　　）。

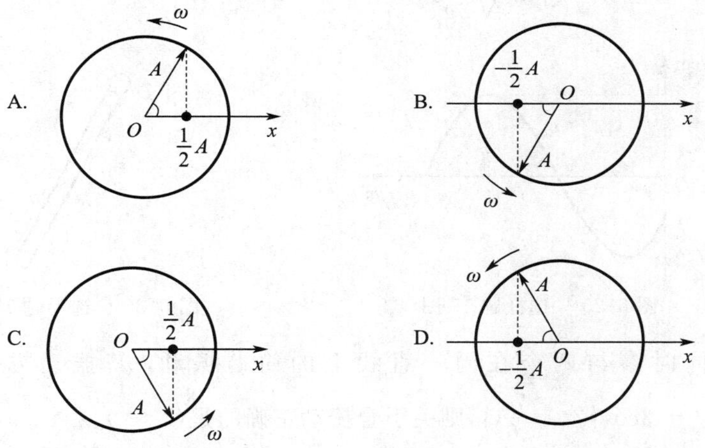

14. 一简谐振动的 x-t 曲线如图 5-23 所示，该则振动的周期是（　　）。

A. 2.62 s　　B. 2.40 s　　C. 2.20 s　　D. 2.00 s

15. 两个简谐振动的振动曲线如图 5-24 所示，若这两个简谐振动叠加，则合成的余弦振动的初相位为（　　）。

A. $\frac{3}{2}\pi$　　B. π　　C. $\frac{1}{2}\pi$　　D. 0

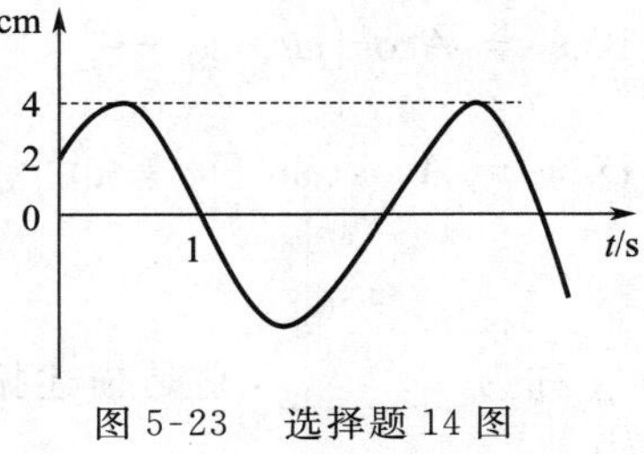

图 5-23　选择题 14 图

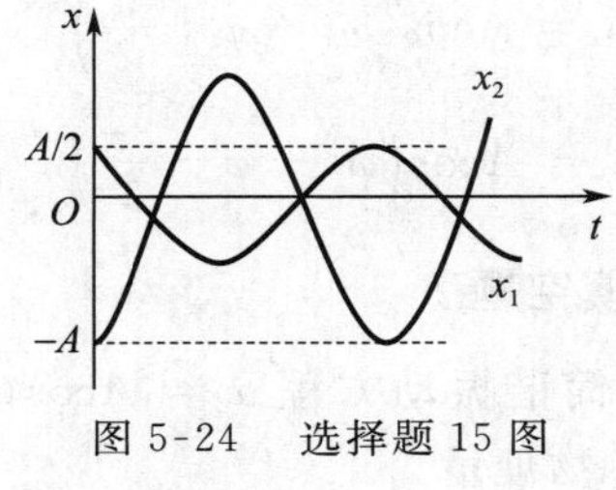

图 5-24　选择题 15 图

16. 下列四种运动(忽略阻力)中,不是简谐振动的是(　　)。

A. 小球在地面上做完全弹性的上下跳动

B. 竖直悬挂的弹簧振子的运动

C. 放在光滑斜面上弹簧振子的运动

D. 浮在水里的一均匀木块,将它部分按入水中,然后松开,使木块上下浮动。

17. 已知简谐振动的振动曲线如图 5-25 所示,则简谐振动的运动学方程(x 的单位为 cm,t 的单位为 s)为(　　)。

A. $x = 2\cos\left(\frac{2}{3}\pi t - \frac{2}{3}\pi\right)$　　B. $x = 2\cos\left(\frac{2}{3}\pi t + \frac{2}{3}\pi\right)$

C. $x = 2\cos\left(\frac{4}{3}\pi t - \frac{2}{3}\pi\right)$　　D. $x = 2\cos\left(\frac{4}{3}\pi t + \frac{2}{3}\pi\right)$

18. 一长为 l 的细棒悬于通过其一端的光滑水平固定轴上,如图 5-26 所示,做成复摆。已知细棒对通过其一端的轴的转动惯量为 $J = \frac{1}{3}ml^2$,则此摆做微小振动的周期为(　　)。

A. $2\pi\sqrt{\frac{l}{g}}$　　B. $2\pi\sqrt{\frac{l}{2g}}$　　C. $2\pi\sqrt{\frac{2l}{3g}}$　　D. $\pi\sqrt{\frac{l}{3g}}$

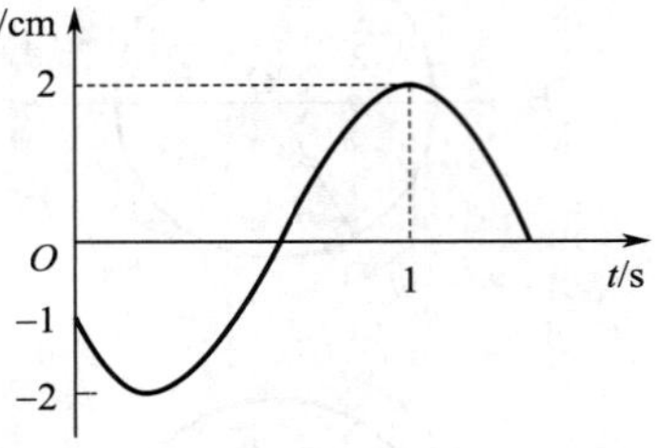

图 5-25　选择题 17 图

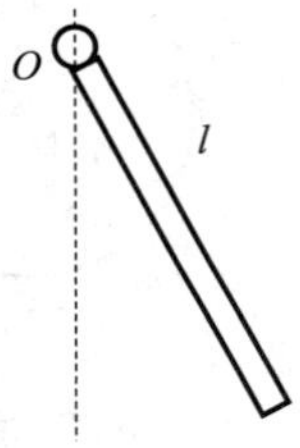

图 5-26　选择题 18 图

19. 一质点同时参与两个在同一直线上的简谐振动,其振动方程分别为 $x_1 = 4\cos\left(2t + \frac{\pi}{6}\right)$,$x_2 = 3\cos\left(2t + \frac{7\pi}{6}\right)$,则关于合振动正确的是(　　)。

A. 振幅等于 1 cm,初相位等于 π　　B. 振幅等于 7 cm,初相位等于 $\frac{4\pi}{3}$

C. 振幅等于 1 cm,初相位等于 $\frac{7\pi}{6}$　　D. 振幅等于 1 cm,初相位等于 $\frac{\pi}{6}$

20. 两个质点各自做简谐振动,它们的振幅相同、周期相同,第一个质点的振动方程为 $x_1 = A\cos(\omega t + \varphi)$。当第一个质点从相对于其平衡位置的正位移处回到平衡位置时,第二个质点正好在最大正位移处,则第二个质点的振动方程为(　　)。

A. $x_2 = A\cos\left(\omega t + \varphi + \frac{\pi}{2}\right)$　　B. $x_2 = A\cos\left(\omega t + \varphi - \frac{\pi}{2}\right)$

C. $x_2 = A\cos\left(\omega t + \varphi - \frac{3\pi}{2}\right)$　　D. $x_2 = A\cos(\omega t + \varphi + \pi)$

二、填空题

1. 在简谐振动方程 $x = A\cos(\omega t + \varphi)$ 中,$\omega t + \varphi$ 称为________,它是描述振动物体的________物理量。

2. 对于给定的谐振系统，周期(频率)由________决定，振幅和初相位由________决定。

3. 一弹簧振子中，弹簧的刚度系数为 $k = 9.8\ \mathrm{N \cdot m^{-1}}$，物体质量 $m = 200\ \mathrm{g}$，现将弹簧自平衡位置拉长为 $2\sqrt{2}\ \mathrm{cm}$，并给物体一远离平衡位置的速度，大小为 $7.0\ \mathrm{cm \cdot s^{-1}}$，则该振子的运动学方程为____________。

4. 一简谐振动用余弦函数表示，其振动曲线如图 5-27 所示，则此简谐振动的3个特征量为 $A =$ ________ cm；$\omega =$ ________ $\mathrm{rad \cdot s^{-1}}$；$\varphi =$ ________。

5. 一质点做简谐振动，已知初相位为 $\pi/2$，周期为 2 s，则由质点从 $x = A/2$ 处且向 x 轴正向运动开始计算，速度达到最大值时所需要的最短时间为________。

6. 两个同方向、同频率的简谐振动，其运动学方程分别为 $x_1 = 6 \times 10^{-2}\cos(5t + \pi/2)\mathrm{m}$，$x_2 = 2 \times 10^{-2}\sin(\pi - 5t)\ \mathrm{m}$，它们的合振幅为________ m，初相位为________。若两个同方向的简谐振动曲线如图 5-28 所示，其合振动的振幅为________ m；合振动的振动方程为________。

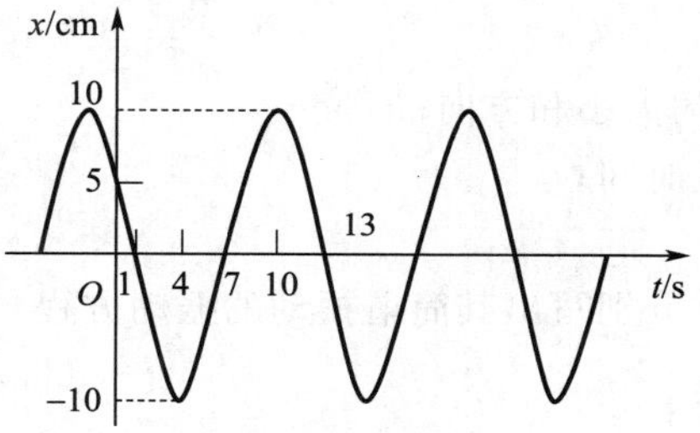

图 5-27　填空题 4 图

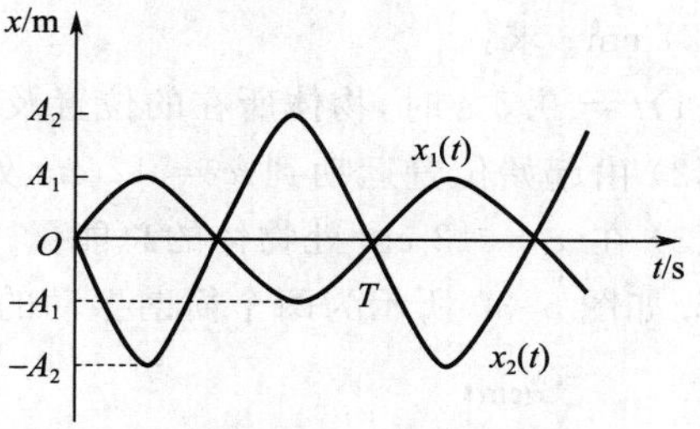

图 5-28　填空题 6 图

7. 一刚度系数为 k 的轻弹簧，下端挂一质量为 m 的物体，系统的振动周期为 T_1，若将弹簧截去一半的长度，下端挂一质量为 $\frac{1}{2}m$ 的物体，则系统振动周期 T_2 为________。若刚度系数分别为 k_1 和 k_2 的两个轻弹簧串联在一起，下面挂着质量为 m 的物体构成一个竖挂的弹簧振子，则该系统的振动周期为________。

8. 一质点在 x 轴上做简谐振动，振幅 $A = 4\ \mathrm{cm}$，周期 $T = 2\ \mathrm{s}$，其平衡位置取作坐标原点。若 $t = 0$ 时质点第一次通过 $x = -2\ \mathrm{cm}$ 处且向 x 轴负向运动，则质点第二次通过 $x = -2\ \mathrm{cm}$ 处的时刻为________ s。

9. 一水平弹簧简谐振子的振动曲线如图 5-29 所示。振子处在位移为零，速度为 $-\omega A$，加速度和弹性力为零的状态，对应曲线上的________点；振子处在位移的绝对值为 A，速率为零，加速度为 $-\omega^2 A$ 和弹性力为 $-kA$ 的状态，对应曲线上的________点。

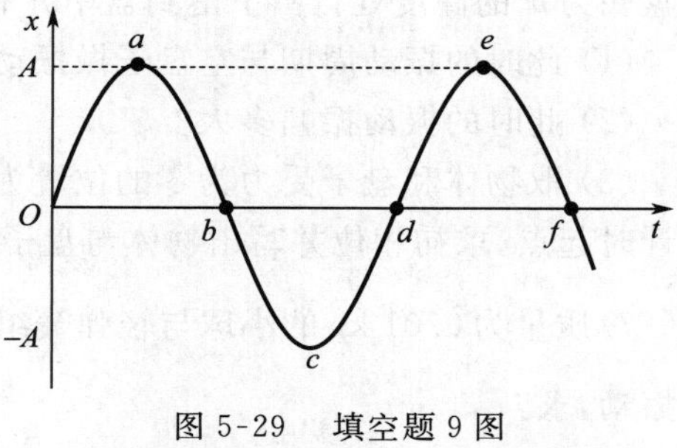

图 5-29　填空题 9 图

10. 一质点沿 x 轴做简谐振动，振动范围的中心点为 x 轴的原点，已知周期为 T，振幅为 A。

(1) 若 $t = 0$ 时质点过 $x = 0$ 处且向 x 轴正向运动，则振动方程为 $x =$ ________；

(2) 若 $t = 0$ 时质点过 $x = A/2$ 处且向 x 轴负向运动，则振动方程为 $x =$ ________；

(3) 若 $t=0$ 时质点过 $x=-A/2$ 处且向 x 轴正向运动,则振动方程 $x=$ ________。

三、计算题

1. 有一单摆,摆长 $l=1.0\ \mathrm{m}$,摆球质量 $m=10\times10^{-3}\ \mathrm{kg}$,当摆球处在平衡位置时,若给小球一水平向右的冲量 $F\Delta t=1.0\times10^{-4}\ \mathrm{kg\cdot m\cdot s^{-1}}$,取打击时刻为计时起点($t=0$),求振动的初相位和角振幅,并写出小球的振动方程。

2. 有一轻弹簧,下面悬挂质量为 1.0 g 的物体时,伸长量为 4.9 cm。用这个弹簧和一个质量为8.0 g的小球构成弹簧振子,将小球由平衡位置向下拉1.0 cm后,给予向上的初速度 $v_0=5.0\ \mathrm{cm\cdot s^{-1}}$,求振动周期和振动方程。

3. 一个沿 x 轴做简谐振动的弹簧振子,振幅为 A,周期为 T,其振动方程用余弦函数表示。如果 $t=0$ 时质点的状态分别为:(1) $x_0=-A$;(2) 过平衡位置向正向运动;(3) 过 $x=A/2$ 处向负向运动;(4) 过 $x=-A/\sqrt{2}$ 处向正向运动。试求出相应的初相位,并写出振动方程。

4. 一质量为 $10\times10^{-3}\ \mathrm{kg}$ 的物体做简谐振动,振幅为 24 cm,周期为 4.0 s,当 $t=0$ 时位移为 $+24$ cm。求:

(1) $t=0.5$ s 时,物体所在的位置及此时所受力的大小和方向;

(2) 由起始位置运动到 $x=12$ cm 处所需的最短时间;

(3) 在 $x=12$ cm 处物体的总能量。

5. 如图 5-30 所示为两个简谐振动的 x-t 曲线,试分别写出其简谐振动的振动方程。

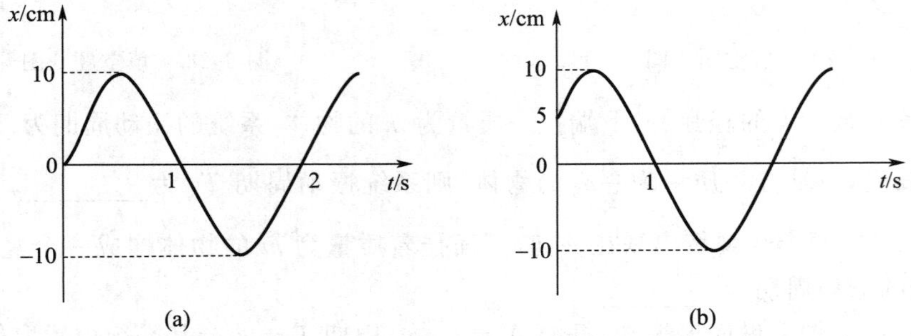

图 5-30　计算题 5 图

6. 一轻弹簧的刚度系数为 k,其下端悬有一质量为 M 的盘子。现有一质量 m 的物体从距离盘底为 h 的高度处自由下落到盘中并和盘子粘在一起,之后盘子开始振动,则:

(1) 此时的振动周期与空盘子做振动时的周期有何不同?

(2) 此时的振动振幅多大?

(3) 取物体和盘子受力为零的位置为原点,位移以竖直向下为正,并以弹簧开始振动时作为计时起点,求初相位并写出物体与盘子的振动方程。

7. 质量为0.01 kg的小球与轻弹簧组成的系统,按 $x=0.1\cos\left(8\pi t+\dfrac{2\pi}{3}\right)$(SI) 的规律做简谐振动,求:

(1) 振动的周期、振幅、初相位及速度与加速度的最大值;

(2) 最大的回复力、振动能量、平均动能和平均势能,并找出在哪些位置上动能与势能相等;

(3)$t_1=1\ \text{s}$ 与 $t_2=5\ \text{s}$ 两个时刻的相位差。

8. 如图5-31所示，有两个同方向、同频率的简谐振动，可用旋转矢量表示为 $\boldsymbol{A}_1$ 和 $\boldsymbol{A}_2$，其合成振动(用旋转矢量表示为 $\boldsymbol{A}$) 的振幅为0.20 m，相位与第一个振动的相位差为 $\pi/6$，已知第一个振动的振幅为0.173 m，求第二个振动的振幅以及两个振动的相位差。

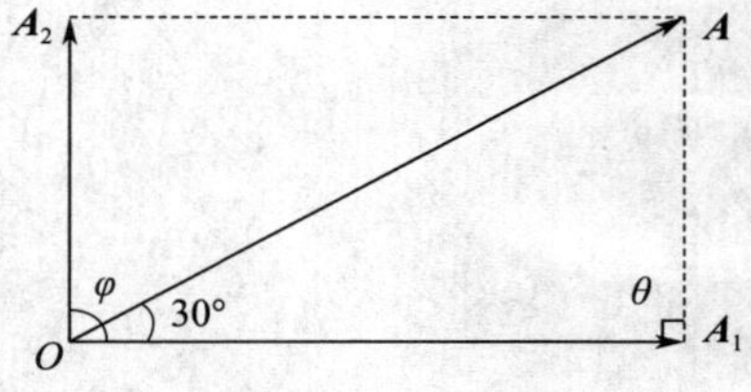

图5-31　计算题8图

9. 试用最简单的方法求出下列两组谐振动合成后所得的合振动的振幅：

(1) $\begin{cases} x_1=5\cos\left(3t+\dfrac{\pi}{3}\right)\ \text{cm} \\ x_2=5\cos\left(3t+\dfrac{7\pi}{3}\right)\ \text{cm} \end{cases}$　　(2) $\begin{cases} x_1=5\cos\left(3t+\dfrac{\pi}{3}\right)\ \text{cm} \\ x_2=5\cos\left(3t+\dfrac{4\pi}{3}\right)\ \text{cm} \end{cases}$

10. 一质点同时参与两个在同一直线上的简谐振动，振动方程为

$$\begin{cases} x_1=0.4\cos\left(2t+\dfrac{\pi}{6}\right)\ \text{m} \\ x_2=0.3\cos\left(2t-\dfrac{5}{6}\pi\right)\ \text{m} \end{cases}$$

试求合振动的振幅和初相位，并写出振动方程。

习题解答

第 6 章 机械波

本章将进一步研究振动在空间中的传播过程 —— 波的运动。波是一种常见的物质运动形式，如绳子上的波、空气中的声波和水面的水波等，它们都是机械振动在弹性介质中的传播形成的，这类机械振动在弹性介质内的传播称为机械波；电磁振动在真空或介质中的传播称为电磁波；近代物理指出，微观粒子乃至任何物体都具有波动性，这种波称为物质波。不同性质的波动虽然机制各不相同，但它们在空间的传播规律却具有共性，即具有一定的传播速度，且都伴随着能量的传播，都能产生反射、折射、干涉、衍射等现象，而且具有相似的数学表述形式。

本章主要研究机械波的形成和运动规律，讨论波函数和波的能量，了解惠更斯原理和波的叠加，理解干涉的条件、驻波及其形成，并了解多普勒效应及其应用。

§6.1 机械波的产生、传播和描述

6.1.1 机械波产生的条件

机械振动在弹性介质中传播就形成了机械波。传播机械波的弹性介质是由大量质元组成的，每个质元都有一个平衡位置，并且各质元之间存在相互作用力。当弹性介质中某一质元 A

受到外界的作用而偏离平衡位置时，相邻的质元就会对它产生作用力，使质元A在平衡位置附近产生振动；同时，当质元A偏离平衡位置时，质元A周围的其他质元也受到A的作用力，迫使这些质元偏离平衡位置振动，这些偏离平衡位置的质元又会对与它们邻近的质元施加作用力，使那些质元也偏离平衡位置，从而由近及远地使A周围质元以及更外围的质元都在相互作用力下依次振动起来。这样，振动就以一定的速度由近及远地传播出去，形成了机械波。可见，形成机械波的条件是波源和弹性介质。

如果波动中介质的各部分振动所受的作用力是弹性力，则称为弹性波，如声波即为弹性波。机械波不一定都是弹性波，如水面波就不是弹性波，水面波中的回复力是水质元所受的重力和表面张力，它们都不是弹性力。下面只讨论弹性波。

6.1.2　横波和纵波

根据振动方向与波的传播方向之间的关系，机械波可以分为横波和纵波，这是波动的两种最基本的形式。

图6-1是在一根绳上横波传播的示意图。用手握住绷紧的绳一端，当手上下抖动时，绳上各部分质点就依次上下振动起来。这种**各质点的振动方向与波的传播方向相互垂直的波，称为横波**。在横波中，将绳分成许多可视为质点的小段，质点之间以弹性力相联系。设$t=0$时，质点都在各自的平衡位置，此时质点1在外界作用下由平衡位置向上运动。由于弹性力的作

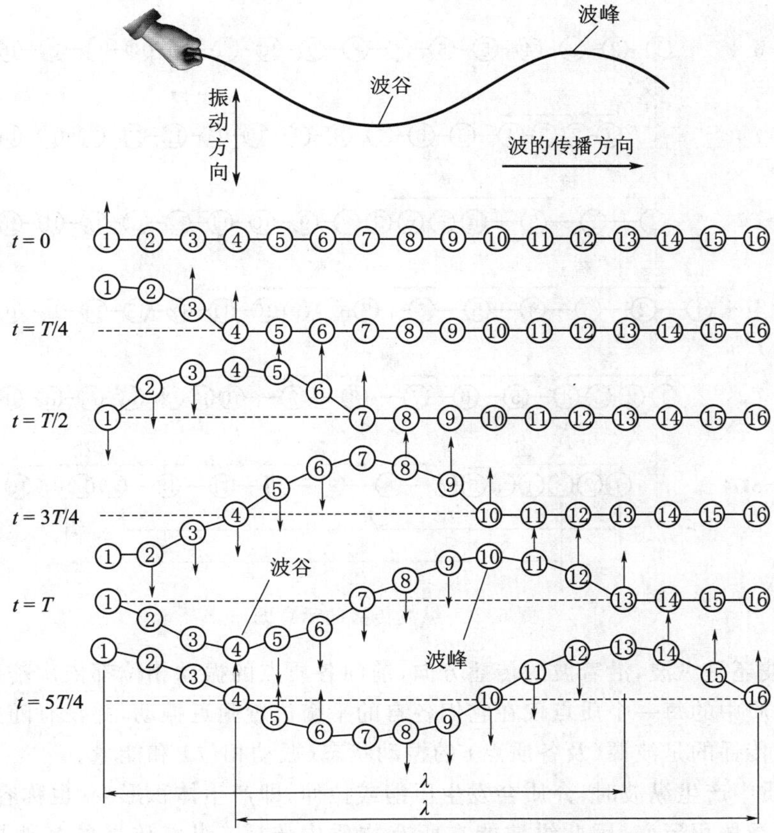

图6-1　横波传播的示意图

用，质点1带动质点2向上运动，继而质点2又带动质点3…… 于是各质点就先后上、下振动起来。图6-1中画出了不同时刻各质点的振动状态。设波源的振动周期为T，由图可知，$t=T/4$时质点1的初始振动状态传到了质点4，$t=T/2$时质点1的初始振动状态传到了质点7……$t=T$时质点1完成了一次全振动，其初始振动状态传到了质点13。此时，质点1至质点13之间的各点偏离各自平衡位置，得到的矢端曲线就构成了一个完整的波形。在以后的过程中，每经过一个周期，就向右传出一个完整波形。可见对于横波，能够看到在介质上交替出现凸起的波峰和下凹的波谷，并且它们以一定的速度沿绳传播，这就是横波的外形特征。

在弹性介质中形成横波时，介质中层与层之间发生垂直于波的传播方向的相对错位，即产生切向形变。只有固体能承受切向形变，因此横波只能在固体中传播。

图6-2是在一根弹簧中纵波传播的示意图。将一根水平放置的长弹簧的一端固定起来，用手去拍打另一端，各部分弹簧就依次左右振动起来。这种**各质点的振动方向与波的传播方向相互平行的波，称为纵波**。在纵波中，质点的振动方向与波的传播方向平行，因此在介质中就形成了稠密和稀疏的区域，故纵波又称为疏密波。对于纵波，介质中交替出现稠密和稀疏区域，并且它们以一定的速度传播出去，这就是纵波的外形特征。

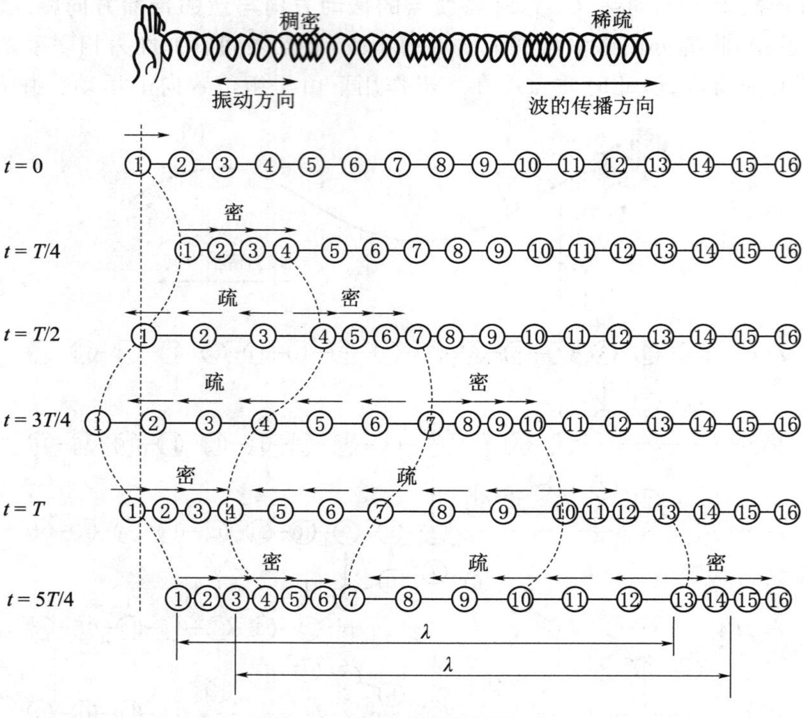

图6-2　纵波传播的示意图

不论是横波还是纵波，沿着波的传播方向，前面各质点的振动相位都依次落后于波源的振动相位；弹性介质中的每一个质点仅在它们各自的平衡位置附近振动，并没有随振动的传播而传播，而向远处传播的是波源(及各质点)的振动状态(振动相位)和能量。

在弹性介质中产生纵波时，介质会发生压缩或拉伸，即产生体积形变(也称容变)，固体、液体、气体都能承受体积形变，因此纵波能在所有物质中传播。纵波传播的其他规律与横波相同。应该指出，所有复杂的波动，都可以看成横波和纵波的叠加，如水面波，组成液体的微元在自己的平衡位置附近做椭圆运动。

6.1.3　波的几何描述

一般来说，波动中各质点的振动是复杂的，最简单而又最基本的波动是**简谐波**，即波源以及介质中各质点的振动都是简谐振动，这种情况只发生在各向同性、均匀、无限大、无吸收的连续弹性介质中。以下所提到的介质都是这种理想化的介质，由于任何复杂的波都可以看成由若干个简谐波叠加而成，因此，研究简谐波具有特别重要的意义。为了形象地描述简谐波在空间中的传播，从几何的角度引入波面、波前、波线等概念。

在波动过程中，同一时刻振动相位相同的点连成的面，称为**波面**。传播到最前面的那个波面称为**波前**，所以波面是等相面。沿波的传播方向作一些带箭头的线，称为波射线，简称**波线**。在各向同性介质中，波线与波面处处正交，如图 6-3 所示。

按波面的形状，波可分为平面波、球面波和柱面波等。

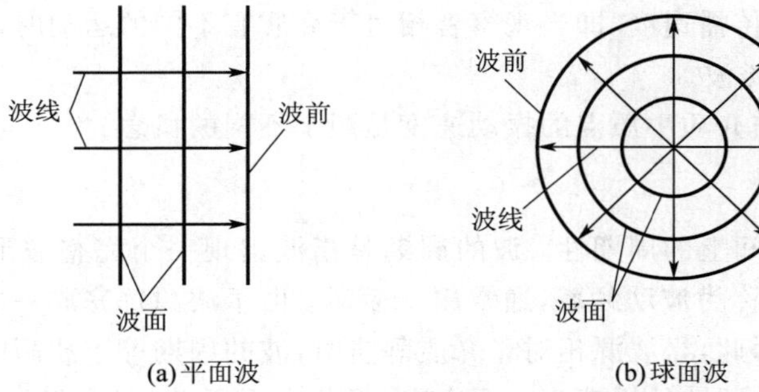

图 6-3　波面、波前和波线

6.1.4　描述波的三个物理量

1. 波速

波速是机械振动在介质中的传播速度，即沿着波线方向在单位时间内振动状态（振动相位）的传播距离，波速又称**相速**，用 u 表示。对于机械波，波速通常由介质的性质决定，即波速与介质的惯性和弹性有关，具体取决于介质的密度和弹性模量这两个物理量。介质的弹性越大，密度越小，波速就越快。

对于简谐波，在固体中传播的横波和纵波的波速可分别由式(6-1)和式(6-2)确定，即

$$u_{\perp}=\sqrt{\frac{G}{\rho}} \tag{6-1}$$

$$u_{/\!/}=\sqrt{\frac{E}{\rho}} \tag{6-2}$$

式中，G 和 E 分别是介质的切变弹性模量和杨氏模量；ρ 为介质的密度。对于同一固体介质，一般有 $E>G$，所以 $u_{/\!/}>u_{\perp}$。顺便指出，只有当纵波在均匀细长棒中传播时，式(6-2)才能准确成立；在非细长棒中，纵向长变过程中引起的横向形变不能忽略，因此，容变不能简化成长变，式(6-2)只能近似成立。

在弦中传播的横波波速为

$$u_{\perp} = \sqrt{\frac{T}{\mu}} \tag{6-3}$$

式中,T 为弦的张力;μ 为弦的线密度。

在液体或气体中只能传递纵波,其波速为

$$u_{/\!/} = \sqrt{\frac{B}{\rho}} \tag{6-4}$$

式中,B 为介质的容变弹性模量;ρ 为液体或气体的密度。对于理想气体,若把波的传播过程视为绝热过程,则由分子运动理论及热力学方程,可导出理想气体中的声速公式为

$$u = \sqrt{\frac{\gamma p}{\rho}} = \sqrt{\frac{\gamma RT}{M_{\mathrm{mol}}}} \tag{6-5}$$

式中,γ 为气体的摩尔热容比;p 为气体的压强;ρ 为气体的密度;T 为气体的热力学温度;R 为普适气体常量;M_{mol} 为气体的摩尔质量。

应该注意,机械波的波速是相对于介质的传播速度。若观察者相对于介质静止,所测出的波速就是波在介质中的传播速度,即当观察者相对于介质有不同的运动时,可观测到不同的波速。此结论不适用于电磁波。

特别要注意,波速与介质中质点的振动速度是两个不同的概念。

2. 波的周期和频率

波动过程也具有时间上的周期性。**波的周期**是指波出现一个完整波形所需的时间,通常用 T 表示。周期的倒数称为**波动频率**,通常用 f 表示。由于波源每完成一次全振动,就有一个完整的波形发送出去,因此,当波源相对于介质静止时,波的周期等于波源的振动周期,波动频率等于波源的振动频率,即波的周期由波源决定,而与介质无关,或者说波在不同介质中传播的周期或频率是不变的。波的周期 T 与频率 f 之间关系为

$$T = \frac{2\pi}{\omega} = \frac{1}{f} \tag{6-6}$$

3. 波长

波长是指沿着波线方向两个相邻的、相位差为 2π 的振动质点之间的距离,通常用 λ 表示。当波源做一次全振动时,波传播的距离就等于一个波长。显然,横波上相邻的两个波峰或相邻的两个波谷之间的距离就是一个波长;纵波上相邻的两个密部中心或相邻的两个疏部中心之间的距离也是一个波长,如图 6-1 和图 6-2 所示。因此波长反映了波形在空间分布上的周期性。描述波的 3 个物理量 —— 波长、波速与周期(或频率)的关系为

$$\lambda = uT = \frac{u}{f} \tag{6-7}$$

此式不仅适用于机械波,也适用于电磁波。

由于机械波的波速仅由介质的性质决定,因此不同频率的波在同一介质中传播时都具有相同的波速,而同一频率的波在不同介质中传播时其波长是不同的。

§ 6.2　平面简谐波的波函数

平面简谐波是最简单、最基本的波，下面讨论平面简谐波在理想的、无吸收的均匀无限大介质中的传播情况。平面简谐波在介质中传播，虽然各质点都按余弦（或正弦）函数规律做同一频率的简谐振动，但同一时刻各质点的运动状态（振动相位）一般是不同的。只有定量地描述出每个质点的运动状态，才算解决了平面简谐波的运动学问题。在平面简谐波中，波线是一组垂直于波面的平行射线，因此可选用其中一根波线为代表来研究平面波的传播规律，也就是说，所讨论的平面简谐波的波动表达式（即波函数），就是任一波线上任一点的振动方程的通式。

6.2.1　平面简谐波的波函数的建立

平面简谐波的波函段

设有一平面简谐波，在无吸收的均匀无限大介质中沿 x 轴正向传播，取任意一条波线为 x 轴，设波源在坐标原点处，在原点振动相位为零时开始计时，则波源的振动方程为

$$y_0 = A\cos \omega t \tag{6-8}$$

设 P 为 x 轴上任一点，其坐标为 x，而用 y 表示该处质点偏离平衡位置的位移，如图 6-4 所示，现求点 P 的振动方程。下面用两种方法讨论，一种是时间推迟方法，另一种是相位落后方法。

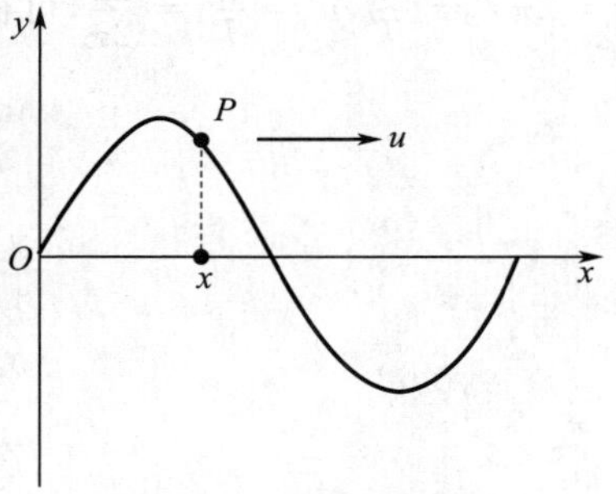

图 6-4　波函数的推导

时间推迟方法：设波动在介质中的传播速度为 u，则波源的振动状态传到点 P 所需时间为 $\Delta t = \dfrac{x}{u}$，因此，点 P 在 t 时刻将重复原点在 $\left(t - \dfrac{x}{u}\right)$ 时刻的振动状态，即点 P 在 t 时刻的振动方程为

$$y = A\cos \omega\left(t - \frac{x}{u}\right) \tag{6-9}$$

式(6-9) 就是沿 x 轴正向传播的平面简谐波的波函数。

波在介质中沿着 x 轴正向传播，前方各质点的振动要依次落后于波源的振动。因此，式(6-9) 中 $-\dfrac{x}{u}$ 可理解为点 P 的振动落后于波源振动的时间。显然，这列波若沿着 x 轴负向传播，则点 P 的振动超前于波源的振动，超前的时间为 $\dfrac{x}{u}$，此时点 P 的振动方程为

$$y = A\cos \omega\left(t + \frac{x}{u}\right) \tag{6-10}$$

式(6-10) 就是沿 x 轴负向传播的平面简谐波的波函数。

相位落后方法：当一列波在介质中沿着 x 轴正向传播时，点 P 的振动相位比波源点 O 滞

后，其数值的多少取决于点 P 与波源的距离。也就是说，离波源越远的点，其起振时刻就越晚，那么它的振动相位与同时刻的波源的振动相位相比，就滞后越多。点 P 的振动相位比波源滞后的值为

$$\Delta\varphi = \frac{2\pi}{\lambda}x \tag{6-11}$$

于是，点 P 的振动方程可写成

$$y = A\cos\left(\omega t - \frac{2\pi}{\lambda}x\right) \tag{6-12}$$

式(6-12) 中 $-\frac{2\pi}{\lambda}x$ 可理解为点 P 的振动相位滞后于波源振动的相位。显然，这列波若沿着 x 轴负向传播，则点 P 的振动超前于波源的振动，超前的相位为 $\frac{2\pi}{\lambda}x$，此时点 P 的振动方程为

$$y = A\cos\left(\omega t + \frac{2\pi}{\lambda}x\right) \tag{6-13}$$

6.2.2　平面简谐波的波函数的其他形式

若波源(原点) 的振动初相位在开始计时不为零，即

$$y_0 = A\cos(\omega t + \varphi_0) \tag{6-14}$$

由于波源的初相位对波的传播过程的贡献是固定的，与波的传播方向、时间、距离无关，故利用 $\omega = 2\pi f = \frac{2\pi}{T}$，$u = \frac{\lambda}{T} = \frac{\omega\lambda}{2\pi}$，可得到如下几种常用的波函数：

$$y = A\cos\left[\omega\left(t \mp \frac{x}{u}\right) + \varphi_0\right] \tag{6-15}$$

$$y = A\cos\left[2\pi\left(\frac{t}{T} \mp \frac{x}{\lambda}\right) + \varphi_0\right] \tag{6-16}$$

$$y = A\cos\left(2\pi ft \mp \frac{2\pi}{\lambda}x + \varphi_0\right) \tag{6-17}$$

$$y = A\cos\left(\omega t \mp \frac{2\pi}{\lambda}x + \varphi_0\right) \tag{6-18}$$

式中，$-$ 表示 u 沿 x 轴正向传播；$+$ 表示 u 沿 x 轴负向传播。

6.2.3　波函数的物理意义

波函数的物理意义

为了深刻理解平面简谐波的波函数的物理意义，下面分三种情况进行讨论。

(1)$x = x_0$ 为定值，则位移 y 仅是时间 t 的函数：$y = y(t)$。这时的波函数就表示某一波线上距波源 O 点为 x_0 处质点的振动方程，即

$$y(t) = A\cos\left(\omega t - \frac{\omega x_0}{u} + \varphi_0\right) = A\cos\left(\omega t - 2\pi\frac{x_0}{\lambda} + \varphi_0\right) \tag{6-19}$$

式中，$\varphi_0 - \frac{2\pi}{\lambda}x_0$ 为 x_0 处质点的振动初相位。式(6-19) 表明任意坐标 x_0 处质点均在做简谐振动，在 $x = x_0$ 处，当 $t = 0$ 时，$y(x_0, 0)$ 的振动曲线如图 6-5 所示。

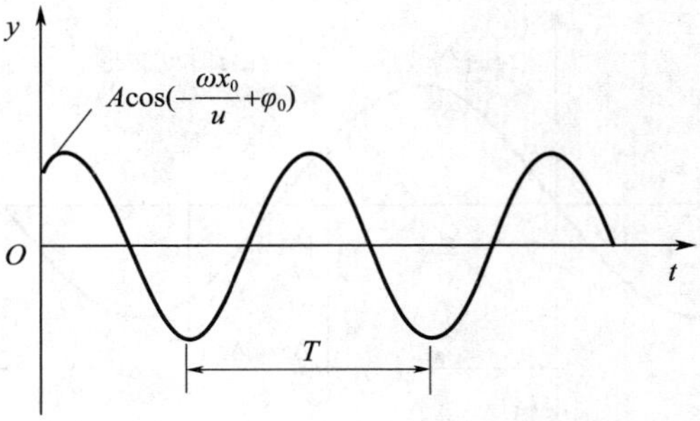

图 6-5　波线上给定点的振动曲线

可以导出同一质点在相邻两个时刻的振动相位差为

$$\Delta\varphi = \omega(t_2 - t_1) = \frac{t_2 - t_1}{T}2\pi \tag{6-20}$$

(2)$t = t_0$ 为定值,则位移 y 仅是坐标 x 的函数:$y = y(x)$。这时的波函数就表示 t_0 时刻的波形,波函数变为

$$y = A\cos\left[\omega\left(t_0 - \frac{x}{u}\right) + \varphi_0\right] \tag{6-21}$$

式(6-21)称为 t_0 时刻的波形方程。波形方程描述了给定时刻,各振动质点离开平衡位置的分布情况,好像拍照片一样如实记录这一时刻波的形状。从方程可以看出,不同时刻的波形,其位置不一样,随着时间的推移,波形将以速度 u 向前推移,经过一个周期时间,波形向前推移了一个波长的距离。t_0 时刻的波形曲线如图 6-6 所示。

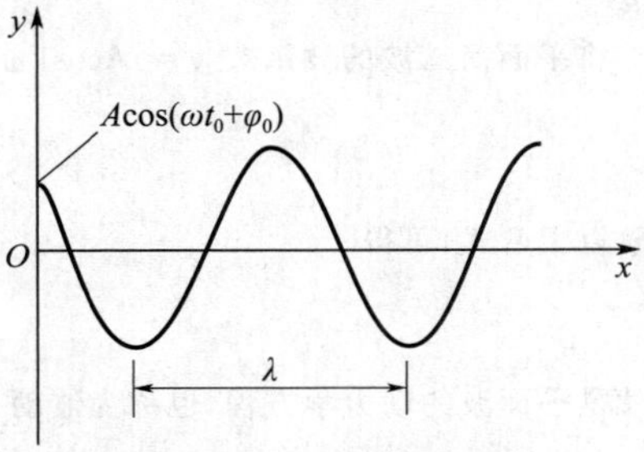

图 6-6　t_0 时刻的波形曲线

由上面的讨论,读者自己可以导出,同一波线上两个质点之间的相位差为

$$\Delta\varphi = -\frac{2\pi}{\lambda}(x_2 - x_1) \tag{6-22}$$

这说明波动周期反映了波动在时间上的周期性。

(3) 如果 t,x 都在变化,则波函数

$$y(t,x) = A\cos\left[\omega\left(t - \frac{x}{u}\right) + \varphi_0\right]$$

给出了波线上各个不同质点在不同时刻的位移,或者说它包括了各个不同时刻的波形,也就是反映了波形不断向前推进的波动传播的全过程。根据波函数可知,t 时刻的波形方程为

$$y(x) = A\cos\left[\omega\left(t - \frac{x}{u}\right) + \varphi_0\right]$$

而 $t + \Delta t$ 时刻的波形方程为

$$y(x) = A\cos\left[\omega\left(t + \Delta t - \frac{x}{u}\right) + \varphi_0\right]$$

分别用实线和虚线表示 t 时刻和 $t + \Delta t$ 时刻的两条波形曲线,如图 6-7 所示,便可形象地看出波形向前传播的图像,而波形向前传播的速度就等于波速 u。

设 t 时刻在 x 处的某个振动状态经过 Δt 后,传播了 $\Delta x = u\Delta t$ 的距离,用波函数表示为

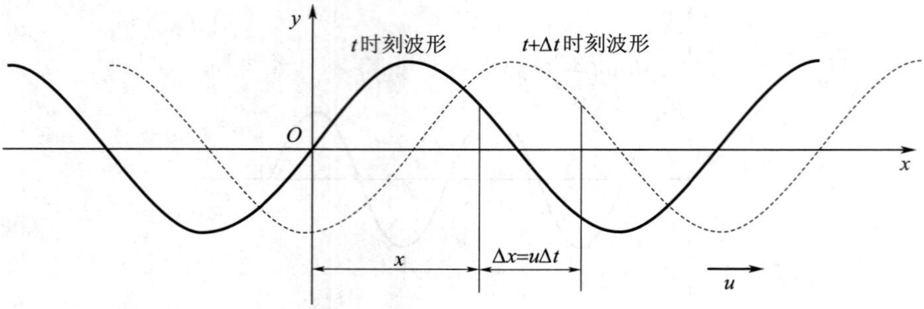

图 6-7 波形的传播

$$A\cos\left[\omega\left(t+\Delta t-\frac{x+u\Delta t}{u}\right)+\varphi_0\right]=A\cos\left[\omega\left(t-\frac{x}{u}\right)+\varphi_0\right]$$

即

$$y(t+\Delta t,x+\Delta x)=y(t,x) \tag{6-23}$$

这就是说，想获取 $t+\Delta t$ 时刻的波形，只要将 t 时刻的波形沿波的前进方向移动 $\Delta x(\Delta x=u\Delta t)$ 距离即可。故式(6-23)描述的波称为**行波**。

*6.2.4 波动微分方程

将平面简谐波的波函数 $y=A\cos\left[\omega\left(t-\frac{x}{u}\right)+\varphi_0\right]$分别对 t 和 x 求二阶偏导数，可得

$$\frac{\partial^2 y}{\partial t^2}=-\omega^2 y,\quad \frac{\partial^2 y}{\partial x^2}=-\frac{\omega^2}{u^2}y$$

比较以上两式，可得

$$\frac{\partial^2 y}{\partial x^2}=\frac{1}{u^2}\frac{\partial^2 y}{\partial t^2} \tag{6-24}$$

这就是平面波的动力学方程，也称为**波动方程**，波动方程的解就是波函数，即

$$y=A\cos\left[\omega\left(t-\frac{x}{u}\right)+\varphi_0\right]$$

可以证明，只要是平面波，它们的动力学方程的形式就是相同的，均可由式(6-24)描述。

例 6-1 已知波函数为 $y=0.1\cos\frac{\pi}{10}(25t-x)$，其中 x，y 的单位为 m，t 的单位为 s，求：(1) 振幅、波长、周期、波速；(2) 距原点为 8 m 和 10 m 两点处质点振动的相位差；(3) 波线上某质点在时间间隔0.2 s 内的相位差。

解 (1) 用比较法。将函数改写成

$$y=0.1\cos\frac{25\pi}{10}\left(t-\frac{x}{25}\right)$$

并与波函数的标准形式 $y=A\cos\left[\omega\left(t-\frac{x}{u}\right)+\varphi_0\right]$比较，可得

$$A=0.1\text{m},\quad \omega=\frac{5\pi}{2}\text{s}^{-1},\quad u=25\text{m}\cdot\text{s}^{-1},\quad \varphi_0=0$$

所以 $T=\frac{2\pi}{\omega}=0.8\ \text{s}$，$\lambda=uT=20\ \text{m}$。

(2) 同一时刻波线上坐标为 x_1 和 x_2 两点处质点振动的相位差为

$$\Delta\varphi=-\frac{2\pi}{\lambda}(x_2-x_1)=-2\pi\frac{\delta}{\lambda}$$

式中，$\delta = x_2 - x_1$ 是波动传播到 x_1 和 x_2 处的波程之差。上式表示同一时刻波线上任意两点间相位差与波程差的关系。

当 $\delta = x_2 - x_1 = 10 - 8 = 2$ m 时，有

$$\Delta\varphi = -2\pi\frac{\delta}{\lambda} = -\frac{\pi}{5}$$

式中，负号表示 x_2 处的振动相位落后于 x_1 处的振动相位。

(3) 对于波线上任意一个位置处(即 x 给定)，在 Δt 时间间隔内的相位差为

$$\Delta\varphi = \omega(t_2 - t_1) = \omega\Delta t$$

当 $\Delta t = 0.2$ s 时，有 $\Delta\varphi = \frac{\pi}{2}$。

例 6-2　一平面简谐横波以 $u = 400\ \text{m}\cdot\text{s}^{-1}$ 的波速在均匀介质中沿 x 轴正向传播，位于坐标原点的质点的振动周期为 0.01 s，振幅为 0.1 m，取坐标原点处质点经过平衡位置且正向运动时作为计时起点。求：(1) 波函数；(2) 距坐标原点为 2 m 处的质点 P 的振动方程；(3) $t = 0.005$ s 和 0.007 5 s 时的波形图；(4) 当以距坐标原点2 m 处为新坐标原点时的波函数。

解　(1) 由题意知，坐标原点 O 处质点的振动初始条件为当 $t = 0$ 时，$y_0 = 0, v_0 > 0$。设坐标原点 O 处质点的振动方程为 $y_0 = A\cos(\omega t + \varphi_0)$，将初始条件代入，可求出坐标原点处质点的振动初相位为 $\varphi_0 = \frac{3\pi}{2}$，则坐标原点的振动方程为

$$y_0 = 0.1\cos\left(200\pi t + \frac{3}{2}\pi\right)\ \text{m}$$

由于波沿着 x 轴正向传播，将 t 以 $t - \frac{x}{u}$ 代入，得出波函数为

$$y = 0.1\cos\left[200\pi\left(t - \frac{x}{400}\right) + \frac{3}{2}\pi\right]\ \text{m}$$

(2) 点 P 处 $x_P = 2$ m，代入上面波函数即可写出质点 P 的振动方程为

$$y_P = 0.1\cos\left[200\pi\left(t - \frac{2}{400}\right) + \frac{3}{2}\pi\right] = 0.1\cos\left(200\pi t + \frac{\pi}{2}\right)$$

(3) 将 $t_1 = 0.005$ s 代入波函数，得此时刻的波形方程为

$$y = 0.1\cos\left[200\pi\left(0.005 - \frac{x}{400}\right) + \frac{3}{2}\pi\right] = 0.1\cos\left(\frac{\pi}{2} - \frac{\pi}{2}x\right)$$

对应的波形曲线如图 6-8 中实线所示。因为 $T = 0.01$ s，故从 $t_1 = 0.005$ s 到 $t_2 = 0.007\,5$ s 经历了 $\Delta t = t_2 - t_1 = 0.002\,5\ \text{s} = \frac{T}{4}$ s，只需将 $t_1 = 0.005$ s 时刻的波形曲线沿着波的传播方向平移 $\frac{1}{4}\lambda = \frac{1}{4}uT = 1$ m 即可得到 $t_2 = 0.007\,5$ s 时刻的波形图，如图 6-8 中虚线所示。

(4) 由(2) 中结果可知，新坐标原点 O' 的振动方程为

$$y_{O'} = y_P = 0.1\cos\left(200\pi t + \frac{\pi}{2}\right)$$

所以新坐标系下的波函数为

$$y' = 0.1\cos\left[200\pi\left(t - \frac{x'}{400}\right) + \frac{\pi}{2}\right]$$

式中，x' 是波线上各点在新坐标系下的位置坐标。

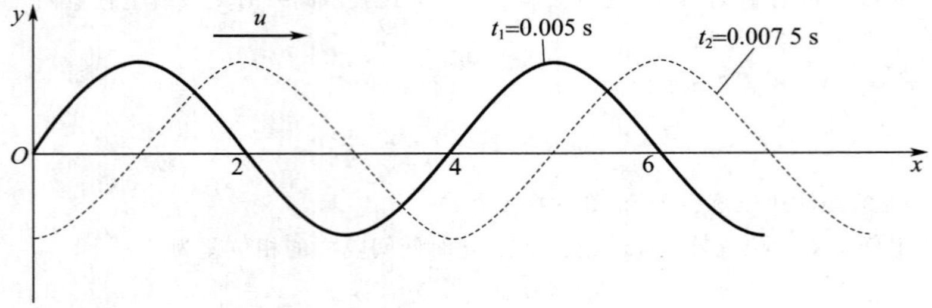

图 6-8　$t_1 = 0.005$ s(实线)和 $t_2 = 0.0075$ s(虚线)的波形图

例 6-3　一平面波在介质中以速度 $u = 20\ \mathrm{m \cdot s^{-1}}$ 沿直线传播，已知在传播路径上某点 A 的振动方程为 $y_A = 3\cos 4\pi t$，如图 6-9 所示。(1) 若以点 A 为坐标原点，写出波函数，并求出 C，D 两点的振动方程；(2) 若以点 B 为坐标原点，写出波函数，并求出 C，D 两点的振动方程。

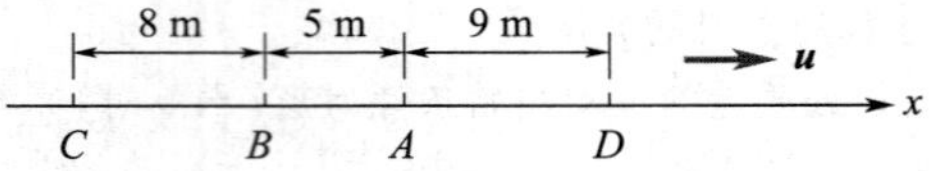

图 6-9　例 6-3 图

解　已知 $u = 20\ \mathrm{m \cdot s^{-1}}$，$\omega = 4\pi$ rad，则 $T = \dfrac{2\pi}{\omega} = 0.5$ s，$\lambda = uT = 10$ m。

(1) 若以点 A 为坐标原点，则原点的振动方程为

$$y_O = y_A = 3\cos 4\pi t$$

所以波函数为

$$y = 3\cos 4\pi\left(t - \frac{x}{20}\right) = 3\cos\left(4\pi t - \frac{\pi}{5}x\right)$$

式中，x 是波线上任意一点的坐标(以 A 为坐标原点)。对 C 点，$x_C = -13$ m；对 D 点，$x_D = 9$ m。故可直接写出点 C 和点 D 的振动方程分别为

$$y_C = 3\cos\left(4\pi t - \frac{\pi}{5}x_C\right) = 3\cos\left(4\pi t + \frac{13}{5}\pi\right)$$

$$y_D = 3\cos\left(4\pi t - \frac{\pi}{5}x_D\right) = 3\cos\left(4\pi t - \frac{9}{5}\pi\right)$$

(2) 若以点 B 为坐标原点，则原点的振动方程为 $y_0 = y_B$。由于波从左向右传播，因此点 B 的振动始终比点 A 超前一段时间为 $\Delta t = \dfrac{5}{20} = \dfrac{1}{4}$ s，故点 B 在 t 时刻的振动状态与点 A 在 $t + \Delta t$ 时刻的振动状态相同，即

$$y_O = y_B(t) = y_A(t + \Delta t) = 3\cos 4\pi\left(t + \frac{1}{4}\right) = 3\cos(4\pi t + \pi)$$

此时波函数为

$$y = 3\cos\left[4\pi\left(t - \frac{x}{20}\right) + \pi\right] = 3\cos\left(4\pi t - \frac{\pi}{5}x + \pi\right)$$

式中，x 是波线上任意一点的坐标(以 B 为坐标原点)。对 C 点，$x_C = -8$ m；对 D 点，$x_D = 14$ m。故代入波函数，可写出点 C 和点 D 的振动方程分别为

$$y_C = 3\cos\left(4\pi t + \frac{8}{5}\pi + \pi\right) = 3\cos\left(4\pi t + \frac{13}{5}\pi\right)$$

$$y_D = 3\cos\left(4\pi t - \frac{\pi}{5} \times 14 + \pi\right) = 3\cos\left(4\pi t - \frac{9}{5}\pi\right)$$

从例 6-3 的讨论可以看出,对一列给定的平面波,坐标原点选取不同,波函数的形式就不同,但每个质点的振动方程却是相同的,即每个质点的振动规律是确定的,与坐标原点的选取无关。

§6.3　波的能量

6.3.1　波动能量和能量密度

在波的传播中,波源的振动通过弹性介质由近及远地传播出去,使介质中各质点依次在各自的平衡位置附近振动,可见介质中各质点具有动能,同时介质因发生形变而具有势能,所以波动过程就是能量的传播过程。

1. 波动能量

下面以简谐纵波在细棒中的传播为例来讨论能量在介质中的传播情况。

设有一简谐纵波在密度为 ρ 的细棒中沿 x 轴正向传播,如图 6-10 所示,其波函数为

$$y = A\cos\left[\omega\left(t - \frac{x}{u}\right) + \varphi_0\right]$$

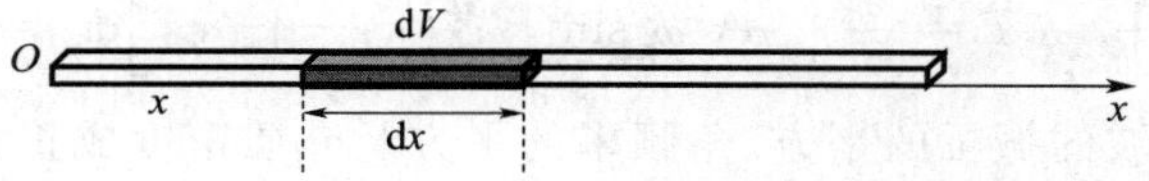

图 6-10　简谐纵波在细棒中传播

在坐标为 x 处取一体积元为 dV,其质量为 $dm = \rho dV$,视该体积元为质点。当波传播到该体积元时,其振动速度为

$$v = \frac{\partial y}{\partial t} = -A\omega\sin\left[\omega\left(t - \frac{x}{u}\right) + \varphi_0\right]$$

则该体积元的动能为

$$dE_k = \frac{1}{2}(dm)v^2 = \frac{1}{2}\rho dVA^2\omega^2\sin^2\left[\omega\left(t - \frac{x}{u}\right) + \varphi_0\right] \tag{6-25}$$

同时,该体积元因形变而具有弹性势能,该体积元的弹性势能为

$$dE_p = \frac{1}{2}\rho dVA^2\omega^2\sin^2\left[\omega\left(t - \frac{x}{u}\right) + \varphi_0\right] \tag{6-26}$$

于是该体积元内总的波动能量为

$$dE = dE_k + dE_p = \rho dVA^2\omega^2\sin^2\left[\omega\left(t - \frac{x}{u}\right) + \varphi_0\right] \tag{6-27}$$

式(6-27)表明,波动在介质中传播时,介质中任一体积元的动能、势能和总能量都随时间作周期性变化,这与简谐振动系统是完全不同的。对于简谐振动系统,总能量是恒定的,动能和势能有 $\pi/2$ 相位差,动能达到最大值时势能为零,势能达到最大值时动能为零,二者相互转化,总机械能守恒。

但在波动中,参与振动的体积元的动能、势能和总能量的变化是同相位的,它们的变化完全是同步的,即同时达到最大值,也同时达到最小值。如图 6-11 所示,横波在绳上传播时,平衡位置 Q 处体积元的速度最大,因而动能最大,此时 Q 处体积元的相对形变也最大,因此弹性势能也最大;在振动位移最大的 P 处体积元的振动速度为零,动能为零,而此处体积元的相对形变量为最小值零$\left(即\left.\frac{\partial y}{\partial x}\right|_P = 0\right)$,其弹性势能也为零。

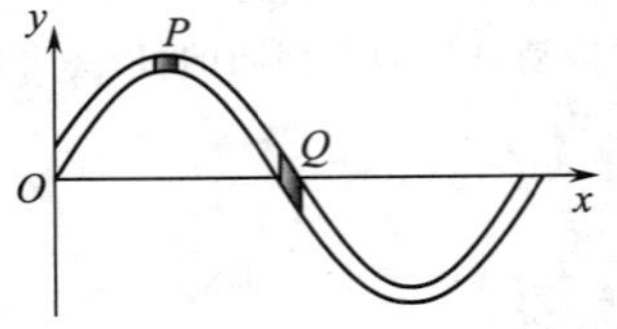

图 6-11　体积元在平衡位置时,相对形变量最大;体积元在最大位移时,相对形变量为零

因此,对于参与振动的任一体积元,机械能不守恒,而是沿着波的传播方向,不断地从波源方向接受能量,又不断地把能量传给前面的体积元,这样,能量就随波的传播,从介质的一部分传向另一部分。所以,波动过程也是能量传播的过程,即波动是能量的一种传递方式。

2. 能量密度

能量密度是指单位体积介质中所具有的波的能量,用 w 表示。由式(6-27),有

$$w = \frac{\mathrm{d}E}{\mathrm{d}V} = \rho A^2\omega^2\sin^2\left[\omega\left(t-\frac{x}{u}\right)+\varphi_0\right] \tag{6-28}$$

可见,能量密度 w 随时间作周期性变化,实际应用中是取其平均值。能量密度 w 在一个周期内的平均值称为**平均能量密度**,用 $\overline{w}$ 表示,则对平面简谐波有

$$\overline{w} = \frac{1}{T}\int_0^T w\mathrm{d}T = \frac{1}{T}\int_0^T \rho A^2\omega^2\sin^2\left[\omega\left(t-\frac{x}{u}\right)+\varphi_0\right]\mathrm{d}t = \frac{1}{2}\rho A^2\omega^2 \tag{6-29}$$

可见,平均能量密度与波的振幅的平方、角频率的平方及介质密度成正比。平均能量密度的单位是 $\mathrm{J\cdot m^{-3}}$。式(6-29)适用于各种弹性波。

6.3.2　波的能流和能流密度

波的传播过程必然伴随着能量的传播或能量的流动,为了表述波动能量的这一特性,人们引入能流和能流密度的概念。

1. 波的能流

所谓能流,即单位时间内垂直通过某一截面的能量,用 p 表示。如图 6-12 所示,设想在介质中作一个垂直于波速的截面积为 S、长度为 u 的小圆柱体,则在单位时间内,体积为 uS 的小圆柱体内的波动能量都要通过截面积 S,因此通过截面积 S 的能流为 $p = wuS$,将能量密度 w 用平均能量密度 $\overline{w}$ 代替,可得

$$\overline{p} = \overline{w}uS \tag{6-30}$$

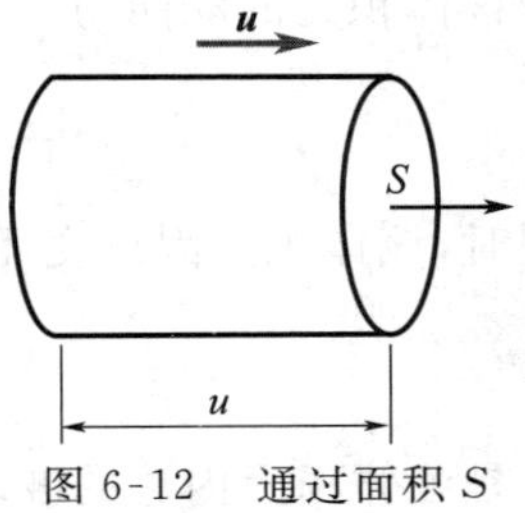

图 6-12　通过面积 S 的平均能流

式中,$\overline{p}$ 称为**平均能流**。

2. 能流密度

平均能流 $\overline{p}$ 与截面积 S 有关。垂直通过单位面积的平均能流称为**能流密度**或**波的强度**,简称**波强**,用 I 表示,则有

$$I = \frac{\bar{p}}{S} = \bar{w}u \tag{6-31}$$

能流密度是一个矢量，在各向同性介质中，其方向与波速方向相同，矢量式为

$$\boldsymbol{I} = \bar{w}\boldsymbol{u}$$

可以看出，波强等于波的平均能量密度与波速的乘积，波强的单位是 $\mathrm{W \cdot m^{-2}}$（瓦每平方米）。简谐波的波强的大小为

$$I = \frac{1}{2}\rho A^2 \omega^2 u \tag{6-32}$$

即波强与振幅的平方、角频率的平方成正比。式(6-32) 只适用于弹性波。若平面简谐波在各向同性、均匀、无吸收的理想介质中传播，则可以证明其波的振幅在传播过程中将保持不变。

设一平面波的传播方向如图 6-13 所示，在垂直于传播方向上取两个相等面积的平行平面 S_1 和 S_2，其平均能流分别为 $\bar{p}_1$ 和 $\bar{p}_2$，因能量无损失，应有 $\bar{p}_1 = \bar{p}_2$，即

$$I_1 S_1 = I_2 S_2$$

由式(6-31)，有

$$\frac{1}{2}\rho\omega^2 A_1^2 u S_1 = \frac{1}{2}\rho\omega^2 A_2^2 u S_2$$

因 $S_1 = S_2$，于是有

$$A_1 = A_2$$

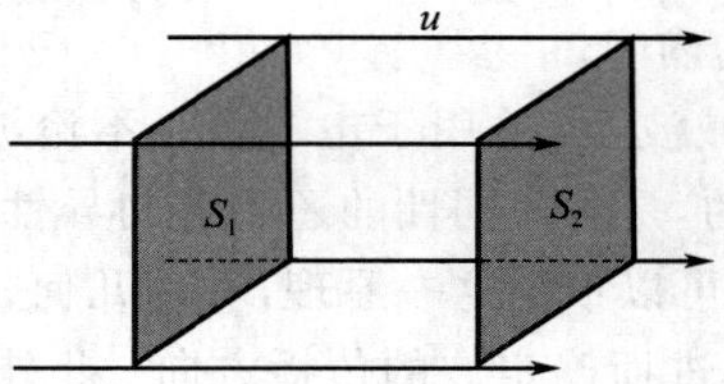

图 6-13　平面波的传播方向

用同样的方法，读者可以证明在理想介质中传播的球面波的振幅随着到波源距离的增加成反比减小。

6.3.3　波的吸收

实际上，平面波在均匀介质中传播时，介质总要吸收波的一部分能量，因此，波的强度和振幅都将逐步减少。介质所吸收的能量将转化为其他形式的能量(如内能)，这种现象称为**波的吸收**。

设波通过厚度为 $\mathrm{d}x$ 的介质薄层后，其振幅衰减量为 $\mathrm{d}A$，实验指出

$$-\mathrm{d}A = \alpha A \mathrm{d}x$$

积分得

$$A = A_0 \mathrm{e}^{-\alpha x} \tag{6-33}$$

式中，A_0 和 A 分别是 $x = 0$ 和 x 处的波的振幅，α 是常量，称为**介质的吸收系数**。

由于波强与波的振幅的平方成正比，所以波强的衰减规律为

$$I = I_0 \mathrm{e}^{-2\alpha x} \tag{6-34}$$

式中，I_0 和 I 分别是 $x = 0$ 和 x 处的波的强度。

§6.4　惠更斯原理　波的叠加和干涉

6.4.1　惠更斯原理

夜间声音为什么会比白天传得远?

当波在弹性介质中传播时,由于介质质点间的弹性力作用,介质中任何一点的振动都会引起邻近各质点的振动,因此,波动到达的任意一点都可看作新的波源。例如,水面波的传播,如图 6-14 所示,当一块开有小孔的隔板挡在波的前面时,不论原来的波面是什么形状,只要小孔的线度远小于波长,都可以看到穿过小孔的波是圆形波,就好像是以小孔为点波源发出的一样,这说明小孔可以看作新的波源,其发出的波称为**子波**。

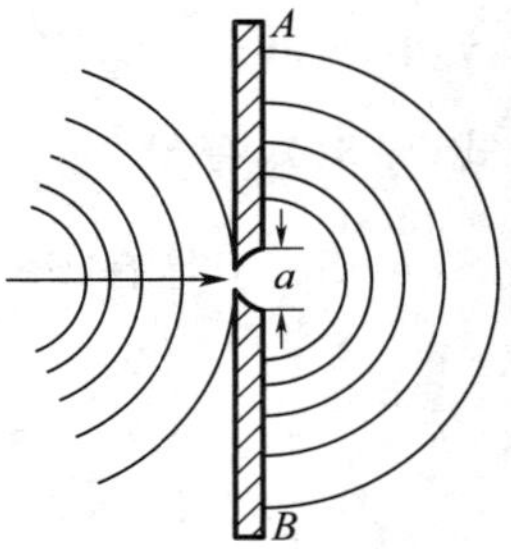

图 6-14　水面波的传播

荷兰物理学家惠更斯总结了这类现象,并于 1690 年提出了一条描述波的传播特性的重要原理:**介质中波阵面(波前)上的各点,都可以看作发射子波的波源,其后任一时刻这些子波的包络面就是新的波阵面**。这就是**惠更斯原理**的内容。

惠更斯原理不仅适用于机械波,也适用于电磁波。不论波动经过的介质是均匀的还是非均匀的,是各向同性的还是各向异性的,只要知道了某一时刻的波阵面;就可以根据这一原理,利用几何作图法来确定以后任一时刻的波阵面,进而确定波的传播方向。此外,根据惠更斯原理,还可以很简单地说明波在传播中发生的反射和折射等现象。下面以平面波和球面波为例,说明惠更斯原理的应用。

如图 6-15(a) 所示,波源点 O 在各向同性的均匀介质中以波速 u 发出球面波,已知在 t 时刻的波阵面是半径为 R_1 的球面 S_1。根据惠更斯原理,S_1 上的各点都可以看作发射子波的新波源,经过 Δt 时间间隔,各子波波阵面是以 S_1 上各点为球心,以 $r = u\Delta t$ 为半径的许多球面,这些子波波阵面的包络面 S_2 就是球面波在 $t + \Delta t$ 时刻的新的波阵面。显然,S_2 是一个仍以波源点 O 为球心,以 $R_2 = R_1 + u\Delta t$ 为半径的球面。

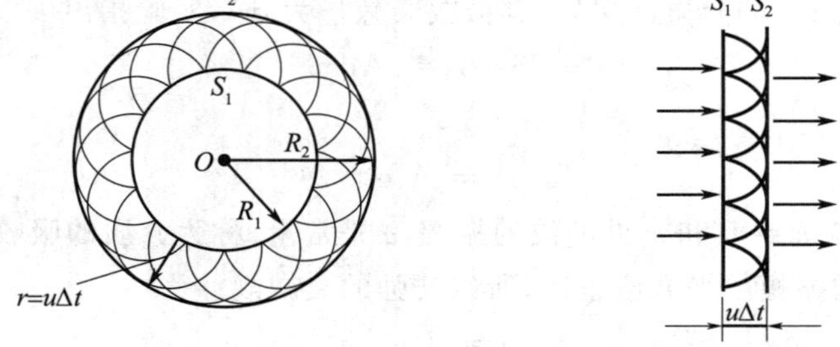

(a) 球面波　(b) 平面波

图 6-15　用惠更斯原理求波前

平面波可近似地看作半径很大的球形波阵面上的一小部分。例如，从太阳射出的球面光波到达地面上时，就可看作平面波。如图 6-15(b) 所示，若已知在各向同性均匀介质中传播的平面波在某时刻 t 的波阵面 S_1，用惠更斯原理就可以求出以后任意时刻 $t+\Delta t$ 的新的波阵面 S_2，它是一个与 S_1 相距 $u\Delta t$ 且与 S_1 平行的平面。

从以上讨论可以看出，当波在各向同性均匀介质中传播时，波阵面的几何形状总是保持不变，即波线方向或波的传播方向是不变的。当波在不均匀介质或各向异性介质中传播时，同样可以根据惠更斯原理用作图法求出新的波阵面，只是波阵面的形状和波的传播方向都可能发生变化。

6.4.2　波的叠加原理

几列波在一介质传播中的空间某点相遇后，每一列波都能保持原来的特性(频率、波长、振动方向、传播方向等)不变，与各波单独传播时一样，这就是**波传播的独立性原理**。例如，把两个石块同时投入静止的水中，两个振源所激起的水波可以互相贯穿地传播；在嘈杂的公共场所，各种声音都传入人的耳朵，但人仍能将它们区分开来；每天空中同时有许多无线电波在传播，人们却能随意地选取某一电台的广播收听。这些实例都反映了波传播的独立性原理。几列波在相遇的区域内，各质点的振动为各列波单独存在时在该质点引起的振动的合成，这就是**波的叠加原理**。图 6-16 是波的叠加原理示意图。

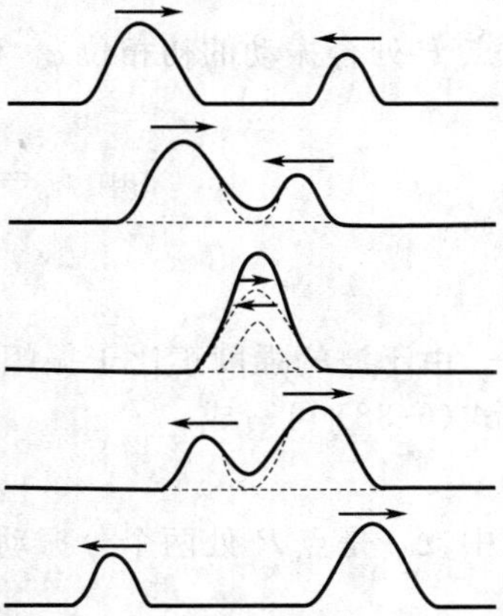

图 6-16　波的叠加原理示意图

波的叠加与振动的叠加不是完全相同的。振动的叠加仅发生在单一质点上，而波的叠加发生在两波相遇范围内的许多质元上，这就构成了波的叠加所特有的现象，如下面将要介绍的波的干涉现象；此外，正如任何复杂的振动都可以分解为不同频率的许多简谐振动的叠加一样，任何复杂的波也都可以分解为频率或波长不同的许多平面简谐波的叠加。

6.4.3　波的干涉

波的干涉

在一般情况下，n 列波的合成波既复杂又不稳定，没有实际意义。但满足下述条件的两列波在介质中相遇，则可形成一种稳定的叠加图样，即出现所谓干涉现象。

两列波若频率相同、振动方向相同、在相遇点的相位相同或相位差恒定，则在合成波场中会出现某些点的振动始终加强，另一些点的振动始终减弱(或完全抵消)，这种现象称为波的干涉。满足上述条件的波源称为相干波源，相干波源发出的波称为相干波。

设 S_1 和 S_2 为两个相干波源，它们的振动方程分别为

$$\begin{cases} y_1 = A_1\cos(\omega t + \varphi_{10}) \\ y_2 = A_2\cos(\omega t + \varphi_{20}) \end{cases} \tag{6-35}$$

式中，ω 为角频率；A_1、A_2 分别为两个波源的振幅；φ_{10}、φ_{20} 分别为两个波源的振动初相位。设由这两个波源发出的两列相干波在同一介质中传播后相遇，如图 6-17 所示，现在分析相遇区域中任意一点 P 的振动合成结果。

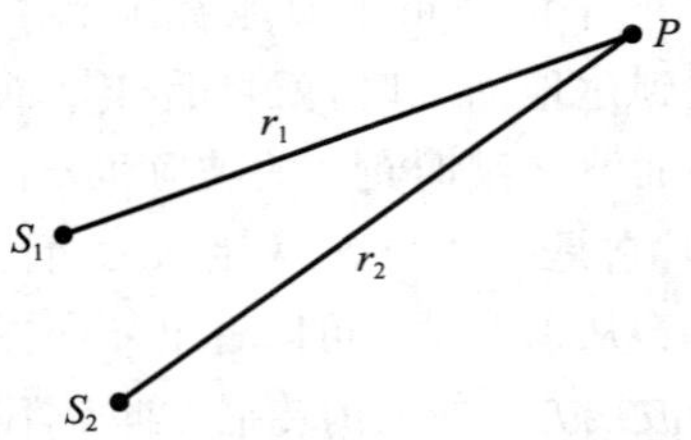

图 6-17　两列相干波相遇

两列波各自单独传播到点 P 时，在点 P 引起的振动方程分别为

$$\begin{cases} y_1 = A_1\cos\left(\omega t - \dfrac{2\pi r_1}{\lambda} + \varphi_{10}\right) \\ y_2 = A_2\cos\left(\omega t - \dfrac{2\pi r_2}{\lambda} + \varphi_{20}\right) \end{cases}$$

式中，r_1 和 r_2 分别为 S_1 和 S_2 到点 P 的距离；λ 是波长。点 P 同时参与了两个同频率、同方向的简谐振动。显然，这两个分振动的初相位分别为 $\left(-\dfrac{2\pi r_1}{\lambda}+\varphi_{10}\right)$ 和 $\left(-\dfrac{2\pi r_2}{\lambda}+\varphi_{20}\right)$。根据所学知识，两个同方向、同频率的简谐振动的合成仍然是简谐振动，则点 P 的合振动方程为

$$y = y_1 + y_2 = A\cos(\omega t + \varphi_0) \tag{6-36}$$

而点 P 处合振动的初相位 φ_0 和振幅 A 分别由下面两式给出：

$$\tan\varphi_0 = \frac{A_1\sin\left(\varphi_{10} - \dfrac{2\pi r_1}{\lambda}\right) + A_2\sin\left(\varphi_{20} - \dfrac{2\pi r_2}{\lambda}\right)}{A_1\cos\left(\varphi_{10} - \dfrac{2\pi r_1}{\lambda}\right) + A_2\cos\left(\varphi_{20} - \dfrac{2\pi r_2}{\lambda}\right)} \tag{6-37}$$

$$A^2 = A_1^2 + A_2^2 + 2A_1A_2\cos\Delta\varphi \tag{6-38}$$

由于波的强度正比于振幅的平方，若以 I_1、I_2 和 I 分别表示两个分振动和合振动的强度，则式(6-38)可写成

$$I^2 = I_1^2 + I_2^2 + 2\sqrt{I_1 I_2}\cos\Delta\varphi \tag{6-39}$$

式中，$\Delta\varphi$ 是点 P 处两个分振动的相位差，即

$$\Delta\varphi = (\varphi_{20} - \varphi_{10}) - 2\pi\frac{r_2 - r_1}{\lambda} \tag{6-40}$$

式中，$\varphi_{20}-\varphi_{10}$ 是两个相干波源的相位差，为常数；r_2-r_1 是两个波源发出的波传到点 P 的几何路程之差，可令 $\delta = r_2 - r_1$，称为波程差；$2\pi\dfrac{r_2-r_1}{\lambda}$ 是两列波之间因波程差而产生的相位差，对于空间任一给定的点 P，它也是常量。因此，两列相干波在空间任意定点所引起的两个分振动的相位差 $\Delta\varphi$ 也是恒定的，因而合振幅 A 或强度 I 也是一定的。但对于空间中不同点处，波程差 δ 不同，故相位差不同，因而不同点有不同的、恒定的合振幅或强度。所以，在两列相干波相遇的区域，会呈现出振幅或强度分布不均匀而又相对稳定的干涉图样。具体讨论如下。

(1) 当

$$\Delta\varphi = (\varphi_{20} - \varphi_{10}) - 2\pi\frac{r_2 - r_1}{\lambda} = \pm 2k\pi \quad (k = 0,1,2,\cdots) \tag{6-41}$$

时，合振幅和合强度都具有最大值，分别为 $A_{\max} = A_1 + A_2$，$I_{\max} = I_1 + I_2 + 2\sqrt{I_1 I_2}$，这些点处的合振动始终加强，称为**干涉加强**或**干涉相长**。

(2) 当

$$\Delta\varphi = (\varphi_{20} - \varphi_{10}) - 2\pi\frac{r_2 - r_1}{\lambda} = \pm(2k+1)\pi \quad (k = 0,1,2,\cdots) \tag{6-42}$$

时，合振幅和合强度都具有最小值，分别为 $A_{\min} = |A_1 - A_2|$，$I_{\min} = I_1 + I_2 - 2\sqrt{I_1 I_2}$，这些点处的合振动始终减弱，称为**干涉减弱**或**干涉相消**。

如果 $\varphi_{10} = \varphi_{20}$，即对于振动初相位相同的两个相干波源，上述干涉加强或干涉减弱的条件

可简化为

干涉加强　　$$\delta = r_2 - r_1 = \pm 2k\frac{\lambda}{2} \quad (k = 0,1,2,\cdots) \tag{6-43}$$

干涉减弱　　$$\delta = r_2 - r_1 = \pm (2k+1)\frac{\lambda}{2} \quad (k = 0,1,2,\cdots) \tag{6-44}$$

式(6-43)和式(6-44)表明，**当两个相干波源同相位时，在两列波的叠加区域内，波程差 δ 等于零或半波长偶数倍的各点，振幅和强度最大；波程差 δ 等于半波长奇数倍的各点，振幅和强度最小。**

从以上讨论可知，两列相干波叠加时，空间各处的强度并不简单地等于两列波的强度之和，反映出能量在空间的重新分布，但这种能量的重新分布在时间上是稳定的，在空间上又是强弱相间且具有周期性的。

两列不满足相干条件的波相遇叠加称为波的非相干叠加，这时空间任一点合成波的强度就等于两列波强度的代数和，即

$$I = I_1 + I_2 \tag{6-45}$$

干涉现象是波动所独具的基本特征之一，只有波动的叠加，才可能产生干涉现象。干涉现象对光学、声学和许多工程学科都有十分重要的意义，并且有广泛的实际应用。例如，大礼堂、影剧院等的设计就必须考虑声波的干涉，以避免有些地方的声音过强，有些地方的声音过弱；在噪声太强的地方还可以利用干涉原理来达到消声的目的。

例 6-4　如图 6-18 所示，同一介质中有两个相干波源，分别位于 S_1、S_2，振幅皆为 $A = 33$ cm，当 S_1 处为波峰时，S_2 处正好为波谷。设介质中波速 $u = 100\ \text{m}\cdot\text{s}^{-1}$，欲使两列波在点 P 干涉后得到加强，求这两列波的最小频率为多大？

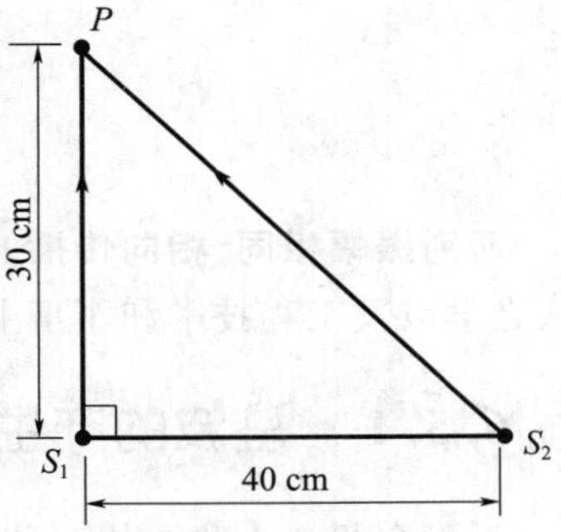

图 6-18　例 6-4 图

解　由图 6-18 知，$r_1 = \overline{S_1P} = 30$ cm，$r_2 = \overline{S_2P} = \sqrt{30^2 + 40^2}$ cm $= 50$ cm，要使从 S_1、S_2 处两个波源发出的波在点 P 干涉后得到加强，其波长必须满足

$$\Delta\varphi = (\varphi_2 - \varphi_1) - \frac{2\pi(r_2 - r_1)}{\lambda} = \pm 2k\pi \quad (k = 0,1,2,\cdots)$$

已知 $\varphi_2 - \varphi_1 = \pi$，而 $r_2 - r_1 = (50 - 30)$ cm $= 20$ cm，代入上式得

$$\pi - \frac{40\pi}{\lambda} = \pm 2k\pi$$

即

$$\lambda = \frac{40}{1 + 2k}$$

当 $k = 0$ 时，$\lambda_{\max} = \dfrac{40}{1+2k} = 40\ \text{cm} = 0.4\ \text{m}$

故

$$f_{\min} = \frac{u}{\lambda_{\max}} = \frac{100}{0.4}\ \text{Hz} = 250\ \text{Hz}$$

例 6-5　如图 6-19 所示，B、C 处分别有同一介质中的两个相干波源，振幅相等，相距 $l = 10$ m，它们产生的相干波频率为 $f = 30$ Hz，波速 $u = 60\ \text{m}\cdot\text{s}^{-1}$。已知点 B 为波峰时，

点 C 恰为波谷。求 BC 连线间因干涉而静止的各点的位置。

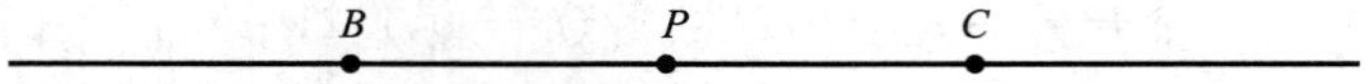

图 6-19 例 6-5 图

解 如图 6-19 所示,以 B 为坐标原点向右为正建立坐标系,并设由于干涉而静止的点 P 在 B 与 C 之间,与 B 距离为 x。由于 $\lambda=\dfrac{u}{f}=\dfrac{60}{30}\text{m}=2\text{ m}$,而 B、C 处两波源的振动相位正好相反,即 $\varphi_{C0}-\varphi_{B0}=\pi$。

要使两列波传到点 P 叠加干涉而使点 P 静止,则两列波传到点 P 的相位差必须满足

$$\Delta\varphi=\left(-2\pi\frac{l-x}{\lambda}+\varphi_{C0}\right)-\left(-2\pi\frac{x}{\lambda}+\varphi_{B0}\right)=(2k+1)\pi\quad(k=0,\pm1,\pm2,\cdots)$$

可得

$$2\pi x-9\pi=(2k+1)\pi\quad(k=0,\pm1,\pm2,\cdots)$$

干涉静止点为

$$x=k+5\quad(k=0,\pm1,\pm2,\pm3,\pm4,\pm5)$$

所以在 B、C 之间且与波源 B 相距 $x=k+5=1\text{ m},2\text{ m},3\text{ m},\cdots,10\text{ m}$ 的各点会因干涉而静止。

§6.5 驻 波

两列振幅相同、相向传播的相干波的叠加称为驻波。驻波是一种特殊的干涉现象。在声学、光学以及工程技术和军事上都有着重要的应用。

6.5.1 驻波的产生

下面介绍产生驻波的一种装置,如图 6-20 所示,以电音叉作为波源,在音叉末端 A 系一弹性细绳,细绳通过定滑轮与一砝码相连,改变砝码的质量可以调节细绳上的弦的张力大小。音叉的振动通过细绳传播出去,在细绳上适当位置 B 放置一个劈尖,入射波碰到劈尖反射回来,这样反射波与入射波在细绳上相遇,就形成了驻波。

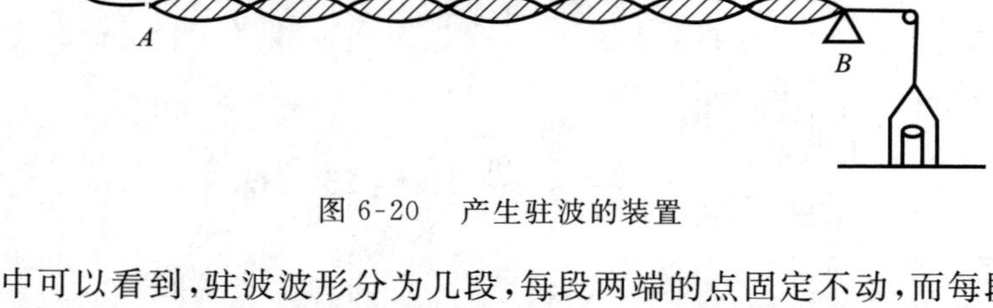

图 6-20 产生驻波的装置

从图 6-20 中可以看到,驻波波形分为几段,每段两端的点固定不动,而每段中的各质点做振幅不同、相位相同的独立振动,中间的质点振幅最大,越靠近每段端点的点振幅越小,而且相邻两段的振动方向相反,此时细绳上的各点只有段与段之间的相位跃变,而没有振动状态或相

位的传播，也没有“跑动”波形，即没有什么能量向外传播。驻波中始终不动的那些点称为**波节**，振幅最大的那些点称为**波腹**。

6.5.2　驻波方程

非线性波、孤波

以平面简谐波的传播为例对驻波进行讨论。设在坐标原点，入射波和反射波的初相位相同且为零，用 A 表示它们的振幅，ω 表示它们的角频率，λ 表示它们的波长，则它们的运动学方程分别为

$$y_1 = A\cos\left(\omega t - \frac{2\pi}{\lambda}x\right),\quad y_2 = A\cos\left(\omega t + \frac{2\pi}{\lambda}x\right)$$

合成波的方程为

$$\begin{aligned} y = y_1 + y_2 &= A\cos\left(\omega t - \frac{2\pi}{\lambda}x\right) + A\cos\left(\omega t + \frac{2\pi}{\lambda}x\right) \\ &= 2A\cos\frac{2\pi}{\lambda}x\cos\omega t \end{aligned} \tag{6-46}$$

式(6-46)就是**驻波方程**。其中 $\cos\omega t$ 表示简谐振动，而 $\left|2A\cos\frac{2\pi}{\lambda}x\right|$ 表示简谐振动的振幅。式中 x 与 t 被分隔于两个余弦函数中，说明此函数不满足

$$y(t+\Delta t, x+u\Delta t) = y(t, x)$$

因此它不表示行波，只表示各质点都在做频率与原频率相同的简谐振动，但各点的振幅随位置的不同而不同。驻波的形成如图 6-21 所示，表示不同时刻的入射波、反射波和合成波的波形图，图中粗线表示合成波。

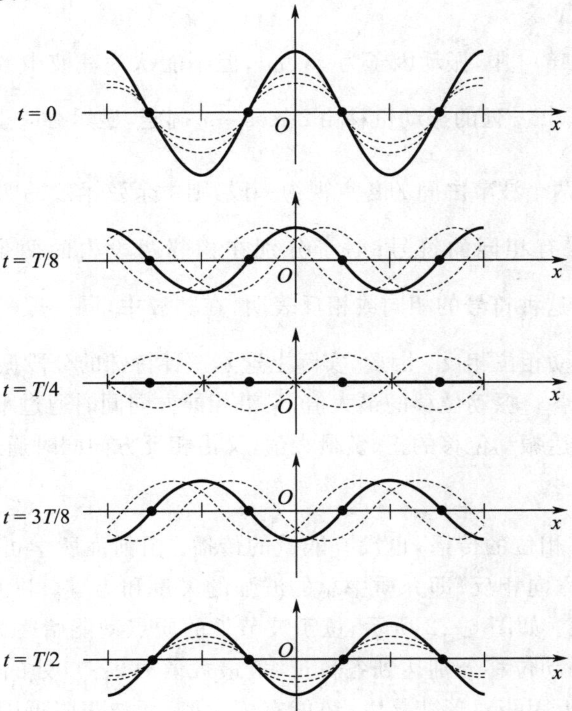

图 6-21　驻波的形成

6.5.3　驻波的特点

驻波

1. 波腹和波节的分布特点

由式(6-46)可知,对应于使 $\left|\cos\frac{2\pi}{\lambda}x\right|=0$,即 $\frac{2\pi x}{\lambda}=(2k+1)\frac{\pi}{2}$ 的各点为波节的位置,有波节点坐标

$$x=(2k+1)\frac{\lambda}{4},\quad k=0,\pm 1,\pm 2,\cdots \tag{6-47}$$

同理,对应于使 $\left|\cos\frac{2\pi}{\lambda}x\right|=1$,即 $\frac{2\pi x}{\lambda}=k\pi$ 的各点为波腹的位置,有波腹点坐标

$$x=k\frac{\lambda}{2},\quad k=0,\pm 1,\pm 2,\cdots \tag{6-48}$$

相邻两个波节或相邻两个波腹之间的距离都是 $\frac{\lambda}{2}$,而相邻的波节、波腹之间的距离为 $\frac{\lambda}{4}$。这就提供了一种测定行波波长的方法,只要测出相邻两个波节或相邻两个波腹之间的距离就可以确定原来两列行波的波长 λ。

介于波腹、波节之间的各质点,它们的振幅随坐标位置按 $\left|2A\cos\frac{2\pi}{\lambda}x\right|$ 的规律变化。需要说明的是,式(6-47)、式(6-48)给出的波节、波腹位置的结论不具有普遍性,因为它们是从特例中导出的。

2. 驻波相位的特点

在驻波方程[式(6-46)]中,振动因子为 $\cos\omega t$,但不能认为驻波中各点的振动相位也相同,或如行波中那样逐点不同。x 处的振动位移由 $2A\cos\frac{2\pi}{\lambda}x$ 确定,显然对应于不同的 x 值,$2A\cos\frac{2\pi}{\lambda}x$ 可正可负。如果把相邻两个波节之间的各点视为一段,则由余弦函数的取值规律可知,$\cos\frac{2\pi}{\lambda}x$ 的值对同一段内的各质点有相同的符号;对于分别在相邻两段内的两个质点则符号相反。以 $\left|2A\cos\frac{2\pi}{\lambda}x\right|$ 作为振幅,这种符号的相同或相反表明,在驻波中,同一段的各质点振动相位相同,相邻两段中各质点的振动相位相反。因此,实际上这是一种特殊的分段振动现象。同一段内各质点沿相同方向同时到达各自振动位移的最大值,又沿相同方向同时通过平衡位置;而波节两侧各质点沿相反方向同时到达振动位移的正、负最大值,又沿相反方向同时通过平衡位置。

3. 驻波能量

驻波振动中既没有相位的传播,也没有能量的传播。由前面所学可知,入射波的波强与反射波的波强大小相等、方向相反,即介质中总的波强的矢量和为零。驻波波强为零并不表示各质点在振动中能量守恒。如图 6-22 所示,位于波节处的质点动能始终为零,势能则不断变化。当两个波节间各点的振动位移分别达到各自正、负最大值时,各点处的动能均为零,两个波节间总势能最大,波节附近因相对形变最大,势能有极大值;而波腹附近因相对形变最小,势能有极小值。当两个波节间各点从同一方向通过平衡位置时,介质中各处的相对形变为零,势能均

为零，总动能达到最大值。波腹附近因振动速度最大而有最大动能，离波节越近，动能越小，其他时刻则动能、势能并存。这就是说，在驻波振动中，一个波段内不断地进行动能与势能的相互转换，并不断地分别集中在波腹和波节附近而不向外传播，故称为驻波。

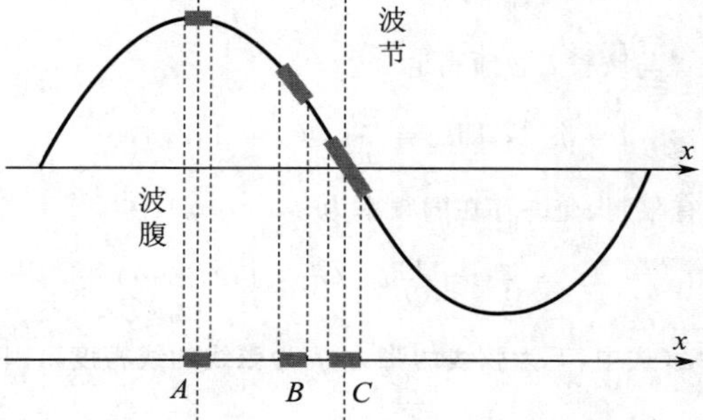

图 6-22　驻波的能量

6.5.4　半波损失

为什么在界面处有时形成波节，有时形成波腹呢？理论和实验表明，这一切均取决于界面两边介质的**相对波阻**。

波阻（波的阻抗）是指介质的密度与波速的乘积 ρu。相对波阻较大的介质称为**波密介质**，反之称为**波疏介质**。实验表明：波从波疏介质入射而从波密介质上反射时，界面处形成波节；波从波密介质入射而从波疏介质上反射时，界面处形成波腹。

如果在界面处形成波节，则表明在界面处入射波与反射波的相位始终相反，或者说在界面处入射波的相位与反射波的相位始终存在着 π 的相位差，这种现象称为**半波损失**（或称为**半波突变**）。如果在界面处形成波腹，则表明在界面处入射波与反射波的相位始终相同，这时反射波没有半波损失。

由上面讨论可知，要使反射波产生半波损失的条件是：波从波疏介质入射并从波密介质反射；对于机械波，还必须是正入射。

半波损失是一个很重要的概念，它在研究声波、光波的反射问题时会经常涉及。

*6.5.5　简正模式

在一根长为 l 且两端拉紧并固定的弦线上，当形成驻波时，弦线的两端一定是波节。下面以正弦平面简谐波的传播为例进行讨论。设在坐标原点，入射波和反射波的初相位相同且为零，用 A 表示它们的振幅，ω 表示它们的角频率，λ 表示它们的波长，$k=\dfrac{2\pi}{\lambda}$，则它们的运动学方程（用正弦变化表示）分别为

$$y_1 = A\sin(kx-\omega t),\quad y_2 = A\sin(kx+\omega t)$$

合成波的方程为

$$\begin{aligned} y = y_1 + y_2 &= A\sin(kx-\omega t) + A\sin(kx+\omega t) \\ &= 2A\sin kx\cos\omega t \end{aligned}$$

即弦长为 l 的弦线上的驻波方程为

$$y = 2A\sin kl\cos\omega t$$

驻波的波节位置满足

$$kl = n\pi \quad (n = 1,2,3,\cdots)$$

波腹位置满足

$$kl = \frac{\pi}{2}(2n+1) \quad (n = 0,1,2,\cdots)$$

因此在弦线上形成的驻波波长 λ 与弦长 l 必须满足

$$l = n\,\frac{\lambda}{2}，即\ \lambda = \frac{2l}{n} \quad (n = 1,2,3,\cdots)$$

而波速 $u = \lambda f$，因此对频率也有限制，允许存在的频率为

$$f = \frac{u}{\lambda} = \frac{n}{2l}u \quad (n = 1,2,3,\cdots) \tag{6-49}$$

对于弦线，由于 $u = \sqrt{T/\mu}$（式中，T 为弦线的张力；μ 为弦线的线密度），因此

$$f = \frac{n}{2l}\sqrt{\frac{T}{\mu}} \quad (n = 1,2,3,\cdots) \tag{6-50}$$

与 $n = 1$ 对应的频率称为基频，其后频率依次称为 2 次谐频、3 次谐频 ……（对声驻波称为基音和泛音）。各种允许频率所对应的驻波振动（简谐振动模式）称为**简正模式**（或称**本征振动**），相应的频率为**简正频率**（或称**本征频率**）。由此可见，对两端固定的弦，调节弦线长度、改变弦线的张力或密度，从而改变波速，这些都是调节基频的方法。这一驻波振动系统，有许多个简正模式和简正频率，图 6-23 为弦（或管）的几种简正模式。

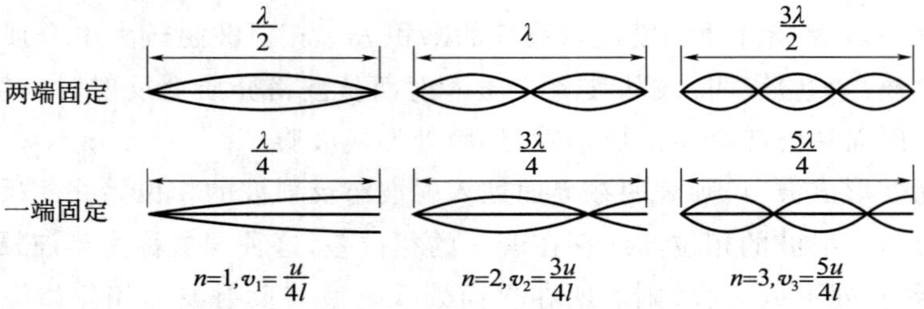

图 6-23　弦（或管）的几种简正模式

无论是管还是弦，只要其长度有限，其固有振动（本征振动）频率就只能取分立值而非连续值。这些结论在德布罗意提出物质波的设想时发挥了作用，德布罗意把电子在原子中能量取分立值称为取“整数”，又将本征振动频率取分立值也称为取整数，在光的问题上同时引入微粒思想和波动性思想。另一方面，电子在原子中的稳定运动的确定引入了整数。直到今天，物理学上唯一包含“整数”的现象就是干涉和简谐振动模式。这个事实表明，不能把电子认为是单纯的微粒，必须赋予其波动性特征。

例 6-6　如图 6-24 所示，沿 x 轴正向传播的平面简谐波方程为 $y = 0.2\cos\left[200\pi\left(t - \frac{x}{200}\right)\right]$ m，两种介质的分界面与坐标原点 O 相距 $d = 6.0$ m，入射波在界面上点 P 反射后振幅无变化，且反射处为固定端。求：(1) 反射波方程；(2) 驻波方程；(3) 在点 O 与点 P 间各个波节和波腹的坐标。

解　(1) 由波函数可知，入射波的振幅 $A = 0.2$ m，角频率 $\omega = 200\pi$，波速 $u = 200\ \text{m}\cdot\text{s}^{-1}$，故波长 $\lambda = \frac{u}{f} = 2$ m。由题意知，反射波的振幅、频率和波速均与入射波相同。

入射波在两介质分界面点 P 处的振动方程为

$$y_\lambda = y_{x=d} = 0.2\cos\left[200\pi\left(t - \frac{6}{200}\right)\right]$$

$$= 0.2\cos(200\pi t - 6\pi) = 0.2\cos 200\pi t$$

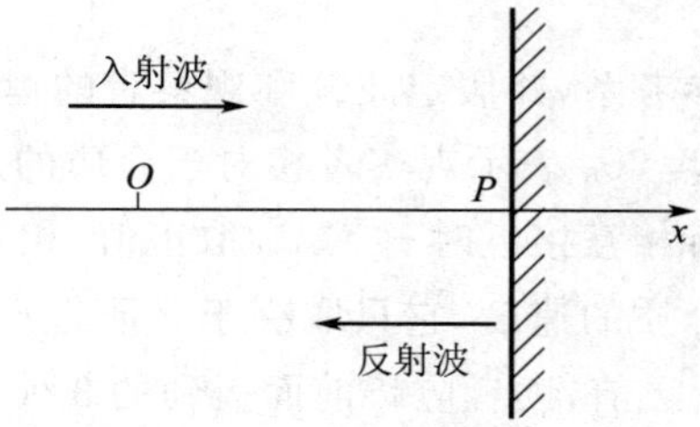

图 6-24　例 6-6 图

因为反射点是固定端，所以反射波在点 P 处的振动相位与入射波在该点的振动相位相反，故有 $y_{反} = 0.2\cos(200\pi t + \pi)$。

反射波以速度 $u = 200\ \mathrm{m \cdot s^{-1}}$ 向 x 轴负向传播，在点 P 处的振动方程由上式给出，所以反射波方程为

$$y = 0.2\cos\left[200\pi\left(t - \frac{6-x}{200}\right) + \pi\right]$$
$$= 0.2\cos\left[200\pi\left(t + \frac{x}{200}\right) - 5\pi\right]$$
$$= 0.2\cos\left[200\pi\left(t + \frac{x}{200}\right) - \pi\right]$$

(2) 驻波方程为

$$y = 0.2\cos\left[200\pi\left(t - \frac{x}{200}\right)\right] + 0.2\cos\left[200\pi\left(t + \frac{x}{200}\right) - \pi\right]$$
$$= 0.2\cos\left[200\pi\left(t - \frac{x}{200}\right)\right] - 0.2\cos\left[200\pi\left(t + \frac{x}{200}\right)\right]$$
$$= 0.4\cos \pi x \cos 200\pi t$$

(3) 由 $\pi x = 2k\frac{\pi}{2}(k = 0,1,2,\cdots,6)$，得波腹的坐标为

$$x = 0,1,2,3,4,5,6$$

由 $\pi x = (2k+1)\frac{\pi}{2}(k = 0,1,2,\cdots,5)$，得波节的坐标为

$$x = \frac{1}{2},\frac{3}{2},\frac{5}{2},\frac{7}{2},\frac{9}{2},\frac{11}{2}$$

§6.6　多普勒效应　冲击波*

6.6.1　多普勒效应

多普勒

站在站台上，当一列火车迎面飞驰而来时，听到它的汽笛声变得高昂；而当一列火车从身边疾驰而去时，听到它的汽笛声变得低沉。实际上，火车鸣笛的音调并未改变(波源的振动频率未变)，而火车接近和驶离时，人耳接收到的频率却不同。这些现象表明：**当波源或观察者，或者两者同时相对于介质有相对运动时，观察者接收到的波的频率与波源的振动频率不同**。这类现象是由多普勒于 1842 年发现并提出的，故称为多

普勒效应或者多普勒频移。

为简单起见,将介质选为参考系,并假定波源和观察者的运动发生在两者的连线上。用 v_S 表示波源相对于介质的运动速度,v_B 表示观察者相对于介质的运动速度,u 表示波在介质中的传播速度,并规定波源和观察者相互接近时 v_S 和 v_B 取正值,相互远离时 v_S 和 v_B 取负值。值得注意的是,波速 u 是波相对于介质的速度,它只取决于介质性质,而与波源或观察者的相对运动无关,恒为正值。在具体讨论之前,读者应将前面提到的 3 种频率(波源振动频率 f_S,介质的波动频率 f,观察者的接收频率 f'_B)严格区分开来。实际上,f_S、f 的定义在前面的章节已有说明,接收频率则是指接收器(观察者)在单位时间内接收到的完整波的数目。虽然对波动频率和接收频率均有 $f=\dfrac{u}{\lambda}$ 成立,但它们却是在不同的参考系中,即波动频率是以介质为参考系,接收频率是以接收者为参考系。在 $f'_B=\dfrac{u'}{\lambda'}$ 中,u'、λ' 是观察者测得的波速和波长。

显然,在波源和观察者均相对于介质为静止时,没有多普勒效应,即 $f_B=f=f_S$。下面讨论多普勒效应的 3 种情况。

1. 波源静止,观察者运动

设观察者向着波源运动,即 $v_B>0$,则波相对于观察者的速度 $u'=u+v_B$,在不涉及相对论效应时,观察者接受的波长 $\lambda=uT=u/f=\lambda'$,所以单位时间内,观察者接收到的完整波形的数目,即观察者实际接收到的波的频率为

$$f'_B=\frac{u'}{\lambda}=\frac{u+v_B}{uT}=\frac{u+v_B}{u}f_S=\left(1+\frac{v_B}{u}\right)f_S>f_S \tag{6-51}$$

式(6-51)表明,当观察者向着波源运动时,接收到的频率为波源振动频率的$\left(1+\dfrac{v_B}{u}\right)$倍;当观察者远离波源运动时,式(6-51)仍可适用,只要将式中 v_B 取为负值即可。显然,这时观察者所接收到的频率会小于波源的振动频率;特别地,当 $v_B=-u$ 时,$f'_B=0$。这是观察者随着波的传播以波速远离波源运动的情况,此时观察者就接收不到波动了。

2. 波源运动,观察者静止

如图 6-25 所示,先假设 S 点的波源以 v_S 向着观察者运动,因为波在介质中的传播速度 u 只决定于介质的性质,与波源的运动无关,所以这时波源的振动在一个周期内向前传播的距离就等于一个波长,即 $\lambda=uT$。但由于波源向着观察者运动,v_S 为正,因此在一个周期内波源也在波的传播方向上移动了 v_ST 的距离而达到 S' 点,结果使一个完整的波被挤压在 $S'O$ 之间,这就相当于波长减少为 $\lambda'=\lambda-v_ST$。因此,观察者在单位时间内接收到的完整波的数目,即观察者接收到的频率为

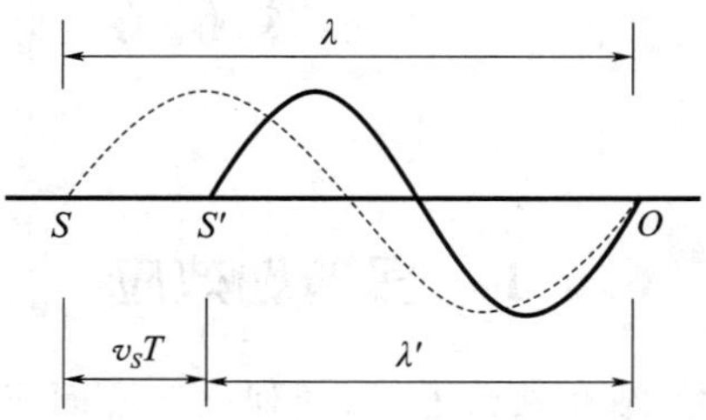

图 6-25　波源运动,观察者静止

$$f'_B=\frac{u}{\lambda'}=\frac{u}{\lambda-v_ST}=\frac{u}{uT-v_ST}=\frac{u}{u-v_S}f_S>f_S \tag{6-52}$$

式(6-52) 表明，当波源向着观察者运动时，观察者接收到的频率为波源振动频率的$\frac{u}{u-v_S}$倍，比波源频率要高；当波源远离观察者运动时，式(6-52) 仍可适用，只是 v_S 应取负值，所以此时观察者接收到的频率 f'_B将小于波源的振动频率。

由式(6-51) 可知，当 $v_S \to u$ 时，接收频率 f'_B应趋于无穷大，但这是不可能的。当接收频率越来越高时，波长 λ' 也越来越短，当 λ' 小于组成介质的分子间距时，介质对于此波列不再连续，波列也就不能传播。

3. 波源和观察者都运动

根据前面的讨论，当观察者以 v_S 相对于介质运动时，相对于观察者来说，波的速率变为 $u' = u + v_B$；而波源以 v_S 相对于介质运动时，相当于使波长变为 $\lambda' = \lambda - v_S T$。综合这两个结果，当波源和观察者同时运动时，观察者接收到的波的频率为

$$f'_B = \frac{u'}{\lambda'} = \frac{u+v_B}{uT - v_S T} = \frac{u+v_B}{u-v_S} f_S \tag{6-53}$$

式中，当观察者与波源接近时，v_S、v_B 取正值；远离时，v_S、v_B 取负值。

从以上讨论可以得出结论：在多普勒效应中，不论波源还是观察者运动，或两者都运动，当波源和观察者接近时，观察者接收到的频率 f'_B总是大于波源振动频率 f_S；当波源和观察者远离时，观察者接收到的频率 f'_B总是小于波源振动频率 f_S。

如果波源和观察者的运动不在二者连线上，则式(6-53) 中的 v_S 和 v_B 为波源和观察者的速度在二者连线方向上的分量。

多普勒效应是波动过程的共同特征，不仅是机械波，电磁波也有多普勒效应。由于电磁波的传播不依赖于介质，所以接收的频率只需考虑波源与观察者之间的相对运动；又由于电磁波以光速传播，所以在涉及相对运动时必须考虑相对论的时空变换关系。

多普勒效应有着广泛的应用。例如，利用超声波的多普勒效应可以测量血流速度；利用微波的多普勒效应可以监测车辆速度、跟踪人造卫星；通过对宇宙星体光谱的测量，发现来自所有星体的光谱都存在“红移”现象，即接受频率低的多普勒效应，从而为宇宙膨胀理论提供了有力的依据。

*6.6.2　冲击波

由式(6-53) 可知，若波源的运动速度大于波在介质中的传播速度，这时接收频率为负值，仅就这一点而言，它在物理上是无意义的。但波源的运动速度大于波在介质中传播速度的问题在现代科学技术中越来越重要。

如图 6-26 所示，当位于点 S_1 的波源以超波速的速度 v_S 向前运动时，波源(物体) 本身的运动会激起介质的扰动，从而激起另一种波。这时的运动物体充当了另一种波的波源，这种波是一种以运动物体的运动轨迹为中心的一系列球面波。由于球面波的波速 u 比运动物体的速度 v_S 小，所以就会形成以波源为顶点的 V 形波，这种波就称为**冲击波**。冲击波的包络面呈圆锥状，称为马赫锥，$M = \frac{v_S}{u}$ 称为**马赫数**，其半顶角 α(马赫角) 由下式决定：

$$\sin\alpha = \frac{u}{v_S} \tag{6-54}$$

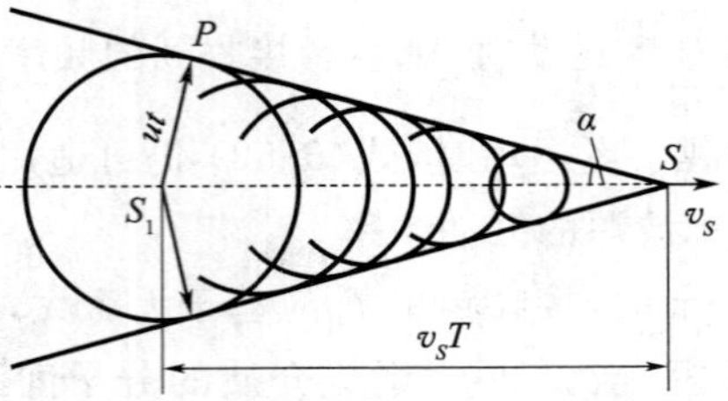

图 6-26　冲击波的产生

由此可见,在 u 一定时,随着 v_S 的增大,V 形波愈加变得尖锐。如果这个冲击波是声波,那么必然是在运动物体通过之后才能听到其声音,这就是超音速飞机飞过头顶之后才听到强烈响声的原因。

当冲击波产生时,除伴有尖锐的噪声之外还有剧烈的打击感。例如原子弹爆炸时,产生的高温气体速度高达 1 000 km·s^{-1},它比声速要大很多,其产生的冲击波就具有极大的破坏力。

超音速飞机在空中飞行时,在机头前方产生的冲击波会造成压强的突变,给飞机附加很大的阻力,消耗发动机的能量,因此力图减弱冲击波的强度是超音速飞机(包括导弹等)设计中的重大课题。而宇宙飞船重返大气层时会像流星一样带着熊熊烈火,形成热障。如何利用宇宙飞船船头形成的冲击波来化解热障,则是另一个重大课题。带电粒子若以超过光在介质中的传播速度通过介质时,同样会产生冲击波并引发电磁辐射,这种辐射称为切连科夫辐射,利用切连科夫辐射原理制成的闪烁计数器已广泛应用于高能物理、农学、医学及生物学中。

例 6-7　一固定的超声源发出频率为 100 kHz 的超声波。现有一汽车向该超声源迎面驶来,在超声源外接收到从汽车反射回来的超声波,从测频装置中测出频率为 110 kHz,设空气中的声速为 330 m·s^{-1},试计算汽车的行驶速度。

解　汽车相对于空气以速度 v_S 接近超声源,从超声源发出的超声波到达汽车时,汽车是运动的接收器。超声波从汽车上反射时,汽车又是以 v_S 运动的声源,因此在固定装置中接收到的反射波频率由式(6-52)知为 $f'=\dfrac{u+v_S}{u-v_S}f$,解得

$$v_S=\frac{f'-f}{f'+f}u=\frac{110-100}{110+100}\times 330\ \text{m}\cdot\text{s}^{-1}=15.7\ \text{m}\cdot\text{s}^{-1}$$

思 考 题

1. 产生机械波的条件是什么?两列波叠加产生干涉现象必须满足什么条件?

2. 满足什么条件的两列波才能在叠加后形成驻波?

3. 何谓半波损失?在什么情况下会出现半波损失?

4. 波长、波速、周期和频率这 4 个物理量中,哪些量由传播介质决定?哪些量由波源决定?

5. 波速和介质质元的振动速度相同吗?它们各表示什么意思?波的能量是以什么速度传播的?

6. 振动和波动有什么区别和联系?平面简谐波的波函数和简谐振动方程有什么不同?又有什么联系?振动曲线和波形曲线有什么不同?行波和驻波有何区别?

7. 波源向着观察者运动和观察者向着波源运动都会产生频率增高的多普勒效应,这两种情况有何区别?

习　题　6

一、选择题

1. 机械波表达式是 $y = 0.05\cos(6\pi t + 0.06\pi x)$，式中 y 和 x 的单位是 m，t 的单位是 s，则(　　)。

A. 波长为 5 m　　B. 波速为 $10\ \mathrm{m \cdot s^{-1}}$

C. 周期为 1/3 s　　D. 波沿着 x 轴正向传播

2. 某时刻驻波波形曲线如图 6-27 所示，则 a、b 两点相位差是(　　)。

A. π　　B. $\pi/2$

C. $5\pi/4$　　D. 0

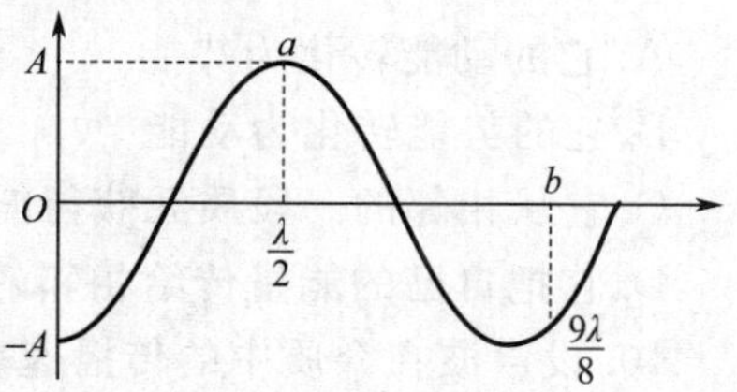

图 6-27　选择题 2 图

3. 一平面简谐波在弹性介质中传播，某一瞬间，介质中某质元正处于平衡位置，此时它的能量是(　　)。

A. 动能为零，势能最大　　B. 动能为零，势能为零

C. 动能最大，势能最大　　D. 动能最大，势能为零

4. 一沿 x 轴负向传播的平面简谐波在 $t = T/4$ 时的波形曲线如图 6-28 所示，则原点 O 处质点振动的初相位为(　　)。

A. 0　　B. $\pi/2$　　C. π　　D. $3\pi/2$

5. 如图 6-29 所示，点 S_1 和点 S_2 处为两个振幅为 A 的相干简谐波的波源，波长为 2 m，P 为重叠区中的一点。已知 $r_1 = 3.0$ m，$r_2 = 3.5$ m，点 P 的合振幅为 $2A$，则(　　)。

A. 两波的初相位相同　　B. 两波的初相位相反

C. S_1 处波源比 S_2 处波源超前 $\pi/2$　　D. S_1 处波源比 S_2 处波源落后 $\pi/2$

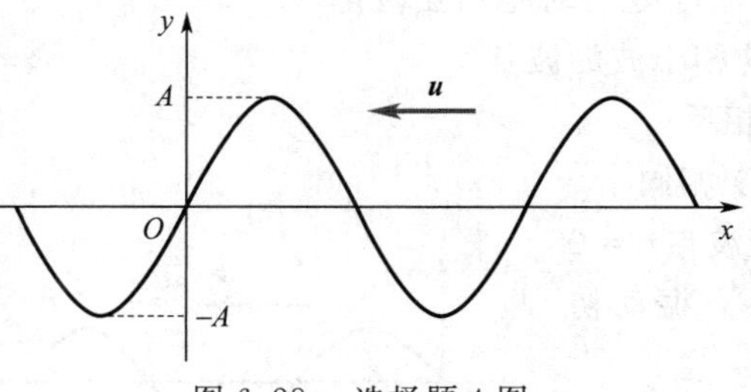

图 6-28　选择题 4 图

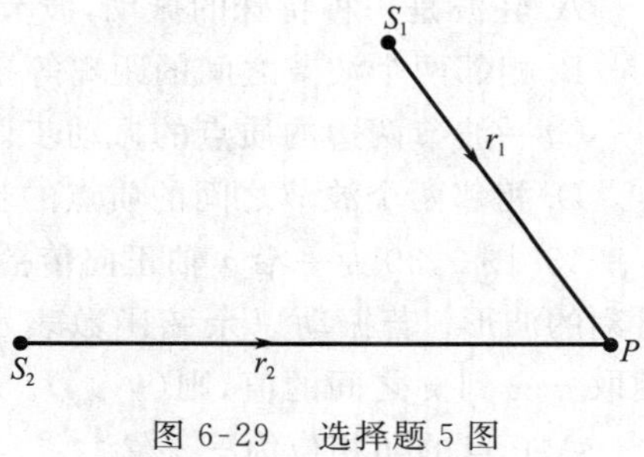

图 6-29　选择题 5 图

6. 一简谐横波沿 x 轴传播，若 x 轴上 P_1 和 P_2 两点相距 $\lambda/8$(其中 λ 为该波的波长)，则在波的传播过程中，这两点振动速度(　　)。

A. 方向总是相同　　B. 方向总是相反

C. 有时相同，有时相反　　D. 大小总是不相等

7. 若在弦线上的驻波表达式为 $y = 0.20\sin 2\pi x\cos 20\pi t$，则形成该驻波的两个反向进行的行波为(　　)。

A. $\begin{cases} y_1 = 0.10\cos[2\pi(10t - x) + \pi/2] \\ y_2 = 0.10\cos[2\pi(10t + x) + \pi/2] \end{cases}$　　B. $\begin{cases} y_1 = 0.10\cos[2\pi(10t - x) - 0.50\pi] \\ y_2 = 0.10\cos[2\pi(10t + x) + 0.75\pi] \end{cases}$

C. $\begin{cases} y_1 = 0.10\cos[2\pi(10t - x) + \pi/2] \\ y_2 = 0.10\cos[2\pi(10t + x) - \pi/2] \end{cases}$　　D. $\begin{cases} y_1 = 0.10\cos[2\pi(10t - x) + 0.75\pi] \\ y_2 = 0.10\cos[2\pi(10t + x) + 0.75\pi] \end{cases}$

8. 一简谐横波沿 x 轴正向传播，若速度 $u = 20\ \text{m}\cdot\text{s}^{-1}$，频率 $f = 20$ Hz，当 $t = 0$ 时，$x = 0$ 处的质元在平衡位置向 y 轴负向振动，则此振动方程为(　　)。

A. $x = A\cos[40\pi(t + x/20) + \pi/2]$　　B. $x = A\cos[40\pi(t + x/20) - \pi/2]$

C. $x = A\cos(40\pi t - 2\pi x + \pi/2)$　　D. $x = A\cos(40\pi t - 2\pi x - \pi/2)$

9. 一平面简谐波在弹性介质中传播，在介质质元从平衡位置运动到最大位移处的过程中，(　　)。

A. 它的动能转化为势能

B. 它的势能转化为动能

C. 它从相邻的一段质元获得能量，其能量逐渐增大

D. 它把自己的能量传给相邻的一段质元，其能量逐渐减小

10. 设声波在介质中的传播速率为 u，声源的频率为 f_S。若声源 S 不动，而接收器 R 相对于介质以速率 v_B 沿着 S 与 R 的连线向着声源 S 运动，则位于 S、R 连线中点的质点 P 的振动频率为(　　)。

A. f_S　　B. $\dfrac{u + v_B}{u} f_S$　　C. $\dfrac{u}{u + v_B} f_S$　　D. $\dfrac{u}{u - v_B} f_S$

11. 以下说法中不正确的是(　　)。

A. 振动状态传播的速度等于波速

B. 相位传播的速度等于波速

C. 质点振动的速度等于波速

D. 波速仅由介质的性质决定，与波源本身的振动状态无关

12. 关于驻波的特征，以下说法中错误的是(　　)。

A. 驻波是一种特殊的振动，波节处的势能与波腹处的动能相互转化

B. 相邻两个波节之间的距离等于产生驻波的相干波的波长

C. 一波节两边的质点的振动步调(或相位) 相反

D. 相邻两个波节之间的质点的步调(或相位) 相同

13. 图 6-30 为一沿 x 轴正向传播的平面简谐波在 $t = 0$ 时刻的波形。若振动以余弦函数表示，且此题各点振动初相取 $-\pi$ 到 π 之间的值，则(　　)。

A. 0 点的初相位为 $-\pi/2$

B. 1 点的初相位为 0

C. 2 点的初相位为 π

D. 3 点的初相位为 $\pi/2$

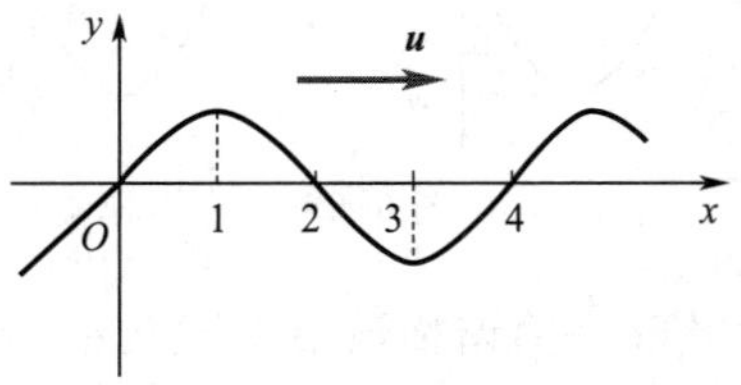

图 6-30　选择题 13 图

14. 图 6-31(a) 表示一简谐波 $t = 0$ 时的波形图，波沿 x 轴正向传播；图 6-31(b) 表示一质点的振动曲线。图 6-31(a) 所表示的 $x = 0$ 处质点振动的初相位与图 6-31(b) 所表示的振动的初相位(　　)。

A. 均为 $\pi/2$　　B. 均为 $-\pi/2$

C. 分别为 $\pi/2$ 与 $-\pi/2$　　D. 分别为 $-\pi/2$ 与 $\pi/2$

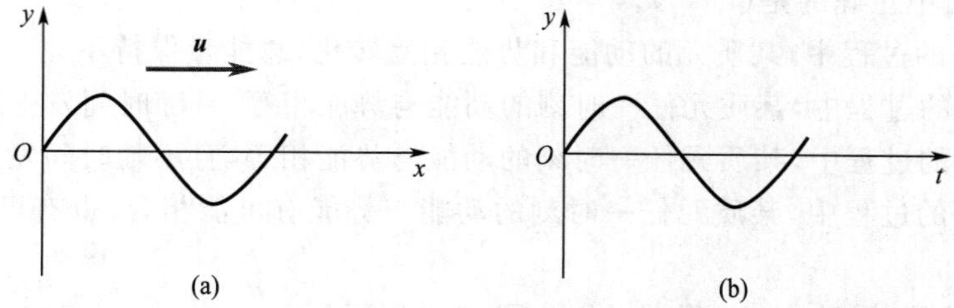

图 6-31　选择题 14 图

15. 一个平面简谐波沿 x 轴正向传播，波速为 $u = 160\ \mathrm{m \cdot s^{-1}}$，$t = 0$ 时刻的波形图如图 6-32 所示，则该波的表达式为（　　）。

A. $y = 3\cos\left(40\pi t + \dfrac{\pi}{4}x - \dfrac{\pi}{2}\right)$　　B. $y = 3\cos\left(40\pi t + \dfrac{\pi}{4}x + \dfrac{\pi}{2}\right)$

C. $y = 3\cos\left(40\pi t - \dfrac{\pi}{4}x - \dfrac{\pi}{2}\right)$　　D. $y = 3\cos\left(40\pi t - \dfrac{\pi}{4}x + \dfrac{\pi}{2}\right)$

16. 如图 6-33 所示，有一横波在 t 时刻沿 x 轴负向传播，则在该时刻（　　）。

A. 质点 A 沿 y 轴负向运动　　B. 质点 B 沿 x 轴负向运动

C. 质点 C 沿 y 轴负向运动　　D. 质点 D 沿 y 轴正向运动

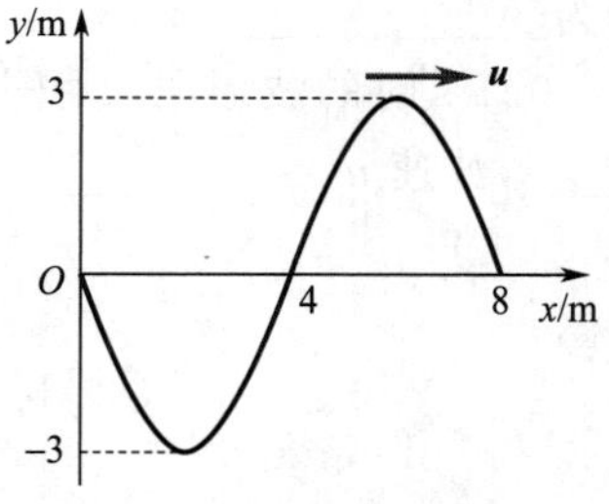

图 6-32　选择题 15 图

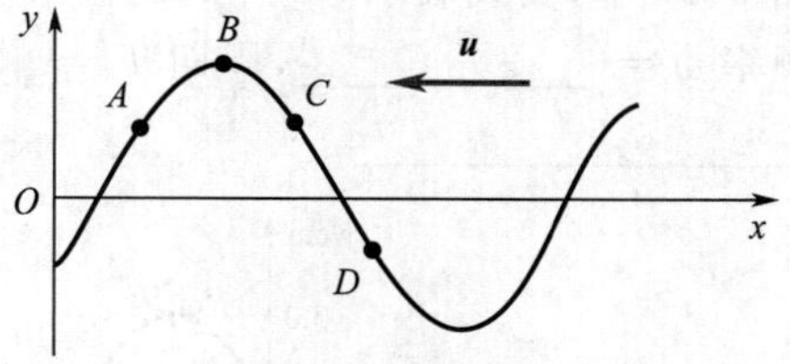

图 6-33　选择题 16 图

17. 某时刻驻波波形曲线如图 6-34 所示，则 a、b 两点相位差是（　　）。

A. π　　B. $\pi/2$　　C. $5\pi/4$　　D. 0

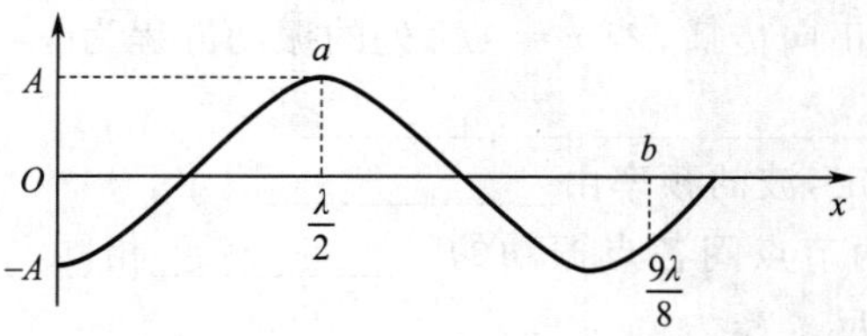

图 6-34　选择题 17 图

18. 关于产生驻波的条件，以下说法中正确的是（　　）。

A. 任何两列波叠加都会产生驻波

B. 任何两列相干波叠加都能产生驻波

C. 两列振幅相同的相干波叠加能产生驻波

D. 两列振幅相同且在同一直线上沿相反方向传播的相干波叠加才能产生驻波

19. 以下说法中正确的是(　　)。

A. 在波传播的过程中,某质元的动能和势能相互转化,总能量保持不变

B. 在波传播的过程中,某质元任一时刻的动能与势能相等,且随时间发生周期性的变化

C. 在波传播的过程中,某质元任一时刻的动能与势能相等,且不随时间发生变化

D. 在波传播的过程中,某质元任一时刻的动能与势能有可能相等,也有可能不等,视时刻而定

20. 一平面简谐波的波形曲线如图 6-35 所示,则(　　)。

A. 周期为 8 s

B. 波长为 10 m

C. $x = 6$ m 的质点向右运动

D. $x = 6$ m 的质点向下运动

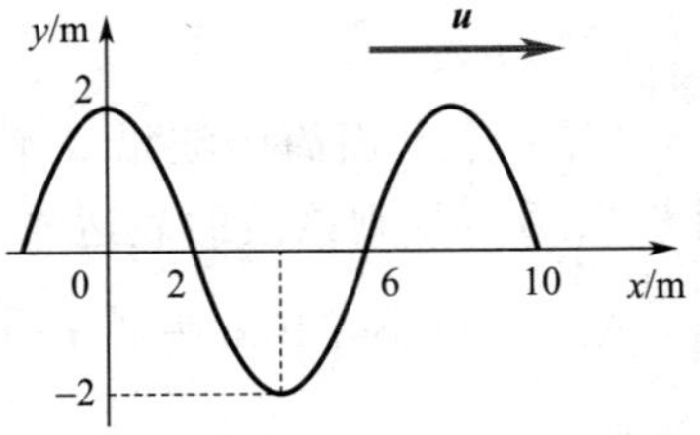

图 6-35　选择题 20 图

二. 填空题

1. 产生机械波的条件是______和______。

2. 两列波叠加产生干涉现象必须满足的条件是______、______和______。

3. A、B 是简谐波波线上的两个点,已知点 B 的相位比点 A 落后 $\pi/3$,A、B 两点相距 0.5 m,波的频率为 100 Hz,则该波的波长为______ m,波速为______ $\mathrm{m \cdot s^{-1}}$。

4. 图 6-36 中,实线表示 $t = 0$ 时的波形图,虚线表示 $t = 0.1$ s 时的波形图。由图可知,该波的角频率 $\omega =$ ______,周期 $T =$ ______ s,波速 $u =$ ______,波函数为______。

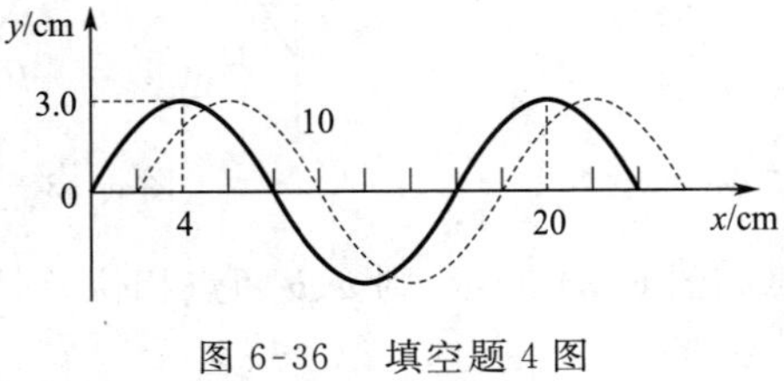

图 6-36　填空题 4 图

5. 平面简谐波沿 x 轴正向传播,若 $x = \lambda/2$ 处的振动方程为 $y = A\cos(\omega t + \pi/2)$,则该简谐波的波动方程为______。

6. 波速由______决定,波的频率由______决定。

7. 根据驻波的特点,两节点间各点振动的______相同,______不同;一个节点两侧的______相反。

8. 一平面简谐波沿 x 轴正向传播,振动周期 $T = 0.5$ s,波长 $\lambda = 10$ cm,振幅 $A = 0.1$ m。当 $t = 0$ 时波源振动的位移恰好为正的最大值,其波动方程为______。若波源处为原点,则沿波的传播方向距离波源 $\lambda/2$ 处的振动方程为______。当 $t = T/2$ 时,$x = \lambda/4$ 处质点的振动速度为______。

9. 一横波的波函数是 $y = 0.02\sin 2\pi(100t - 0.4x)$(SI),则振幅是______,波长是

__________，频率是__________，波的传播速率是__________。

10. 设入射波的表达式为 $y = A\cos\left[2\pi\left(\nu t + \frac{x}{\lambda}\right) + \pi\right]$(SI)，波在 $x = 0$ 处反射，反射点为一固定端，则反射波的表达式为________________，驻波的表达式为________________，入射波和反射波合成的驻波的波腹坐标为__________。

11. 一列平面简谐波沿 x 轴正向传播，如图 6-37 所示，波动方程为 $y = 0.001\cos(200\pi t - \pi x)$(SI)。如果在上述波的波线上 $x = L(L = 2.25\ \text{m})$ 的点 A 处放一垂直于波线的波密介质反射面，且假设反射波的振幅与入射波相等，则反射波的方程为________________；驻波方程为________________。

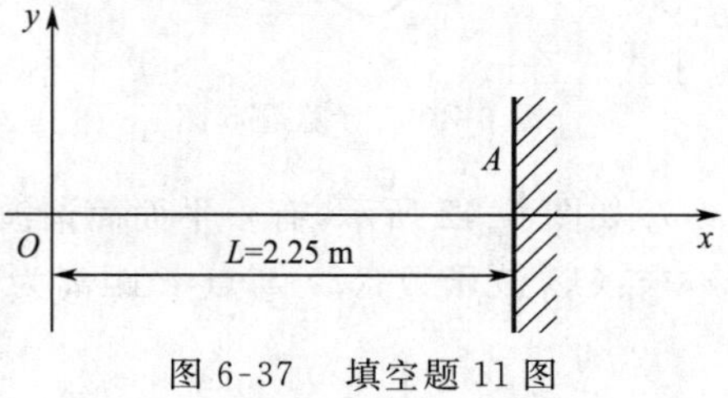

图 6-37　填空题 11 图

三、计算题

1. 已知波源在原点的一列平面简谐波。波函数为 $y = A\cos(Bt - Cx)$，其中 A、B、C 为正值恒量。求：(1) 波的振幅、波速、频率、周期与波长；(2) 传播方向上距离波源为 l 处一点的振动方程；(3) 在任一时刻，在波的传播方向上相距为 d 的两点的相位差。

2. 沿绳子传播的平面简谐波的波函数为 $y = 0.05\cos(10\pi t - 4\pi x)$，式中 x、y 以 m 计，t 以 s 计。(1) 求绳子上各质点振动时的最大速度和最大加速度；(2) 求 $x = 0.2$ m 处质点在 $t = 1$ s 时的相位，它是原点在哪一时刻的相位？这一相位所代表的运动状态在 $t = 1.25$ s时刻到达了哪一点？

3. 图 6-38 所示是沿 x 轴传播的平面余弦波在 t 时刻的波形曲线。(1) 若波沿 x 轴正向传播，该时刻 O、A、B、C 各点的振动相位是多少？(2) 若波沿 x 轴负向传播，上述各点的振动相位又是多少？

4. 一列平面余弦波沿 x 轴正向传播，波速为 $5\ \text{m}\cdot\text{s}^{-1}$，波长为 2 m，原点处质点的振动曲线如图 6-39 所示。(1) 写出波函数；(2) 作出 $t = 0$ 时的波形图及距离波源 0.5 m 处质点的振动曲线。

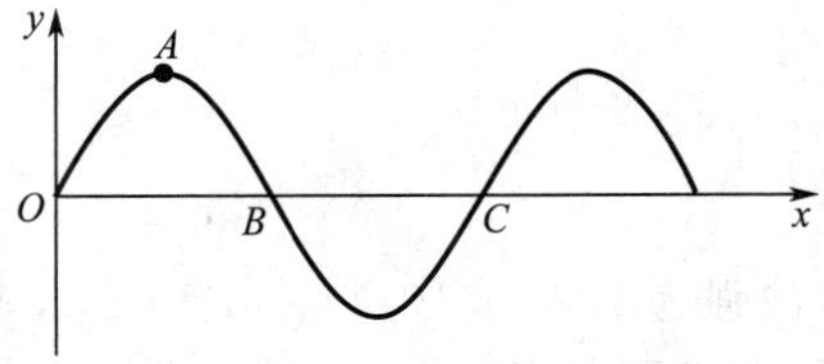

图 6-38　计算题 3 图

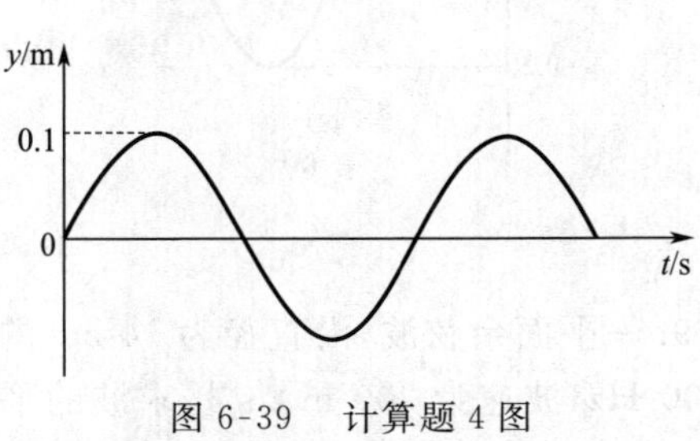

图 6-39　计算题 4 图

5. 如图 6-40 所示，已知 $t = 0$ 和 $t = 0.5$ s时的波形分别为图中曲线(a) 和(b)，周期 $T = 0.5$ s，波沿着 x 轴正向传播，试根据图中给出的条件，求：(1) 波函数；(2) 点 P 的振动方程。

6. 一列机械波沿 x 轴正向传播，$t = 0$ s时的波形如图 6-41 所示，已知波速为 $10\ \text{m}\cdot\text{s}^{-1}$，波长为 2 m，求：(1) 波函数；(2) 点 P 的振动方程及振动曲线；(3) 点 P 的坐标；(4) 点 P 处质点回到平衡位置所需的最短时间。

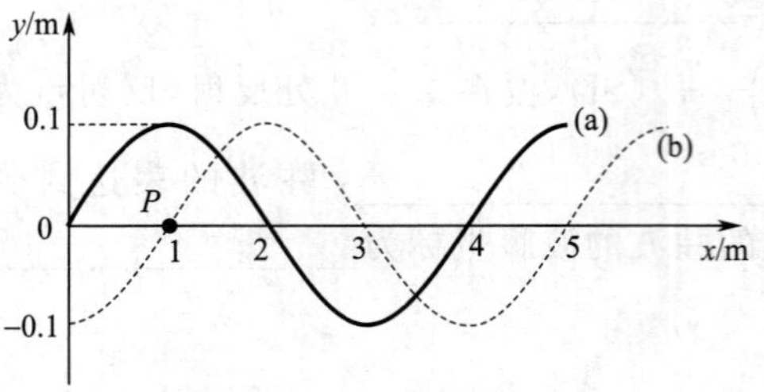

图 6-40　计算题 5 图

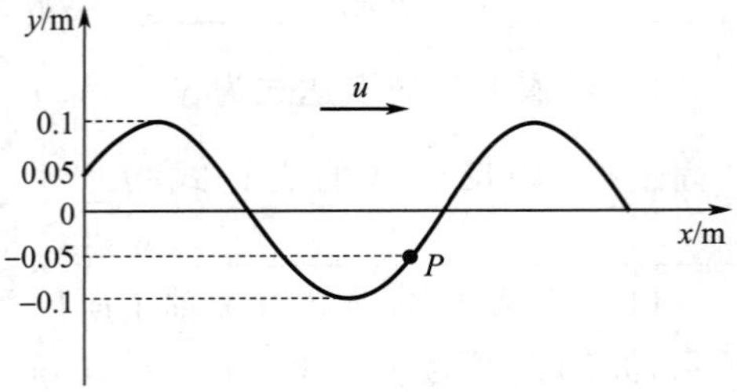

图 6-41　计算题 6 图

7. 如图 6-42 所示，有一平面简谐波在空间传播，已知点 P 的振动方程为 $y_P = A\cos(\omega t + \varphi_0)$，求：(1) 波函数；(2) 与点 P 距离为 b 的点 Q 的振动方程。

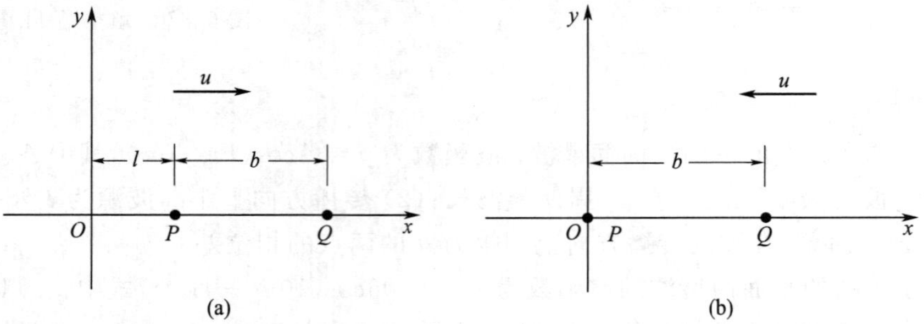

图 6-42　计算题 7 图

8. 图 6-43 中，(a) 表示 $t = 0$ 时刻的波形图，(b) 表示原点($x = 0$) 处质元的振动曲线，试求此波的波函数，并画出 $x = 2$ m 处质元的振动曲线。

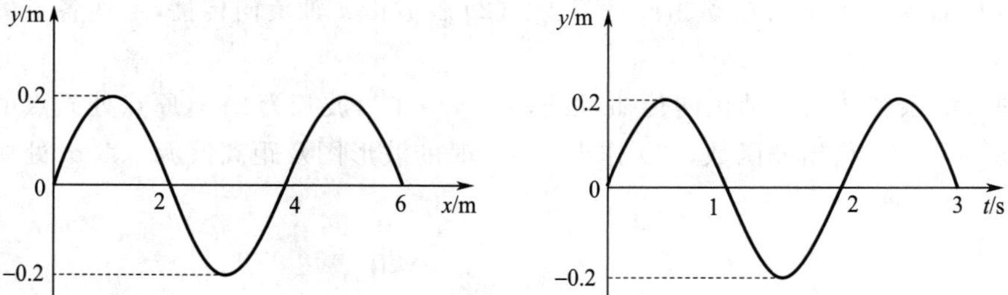

图 6-43　计算题 8 图

9. 一平面余弦波，沿直径为 14 cm 的圆柱形管传播，波强为 1.80×10^{-4} J·m^{-2}·s^{-1}，频率为 300 Hz，波速为 300 m·s^{-1}，求波的平均能量密度和最大能量密度。

10. 图 6-44 所示，S_1 和 S_2 为两相干波源，振幅均为 A_1，相距$\dfrac{\lambda}{4}$，S_1 处波源较 S_2 处波源相位超前$\dfrac{\pi}{2}$，求：(1)S_1 外侧各点的合振幅和波强；(2)S_2 外侧各点的合振幅和波强。

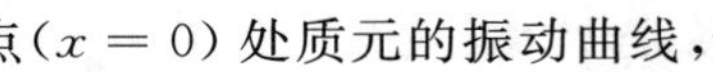

图 6-44　计算题 10 图

11. 设点 B 发出的平面横波沿 BP 方向传播，它在点 B 的振动方程为 $y_1 = 0.002\cos 2\pi t$；点 C 发出的平面横波沿 CP 方向传播，它在点 C 的振动方程为 $y_2 = 0.002\cos(2\pi t + \pi)$，如

图 6-45 所示。本题中，y_1、y_2 均以 m 计，t 以 s 计。设 $BP=0.4$ m，$CP=0.5$ m，波速 $u=0.2\ \mathrm{m\cdot s^{-1}}$，求：(1) 两波传到点 P 时的相位差；(2) 当这两列波的振动方向相同时，点 P 合振动的振幅。

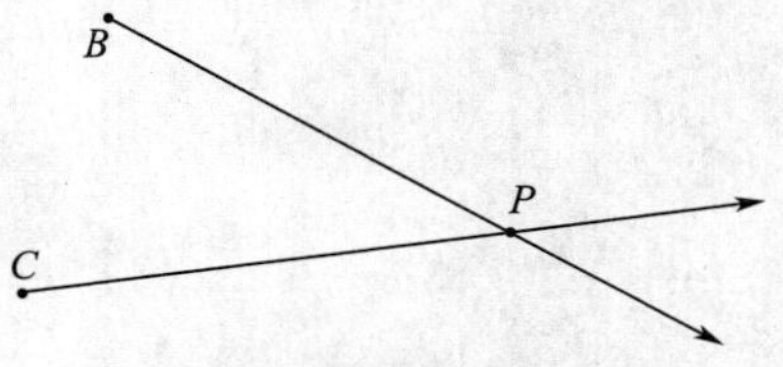

图 6-45　计算题 11 图

12. 一平面简谐波沿 x 轴正向传播，如图 6-46 所示，已知振幅为 A，频率为 f，波速为 u。(1) 若 $t=0$ 时，原点 O 处质元正好由平衡位置向位移正向运动，写出此波的波函数；(2) 若分界面上反射波的振幅与入射波的振幅相等，试写出反射波的波函数，并求 x 轴上因入射波与反射波干涉而静止的各点的位置。

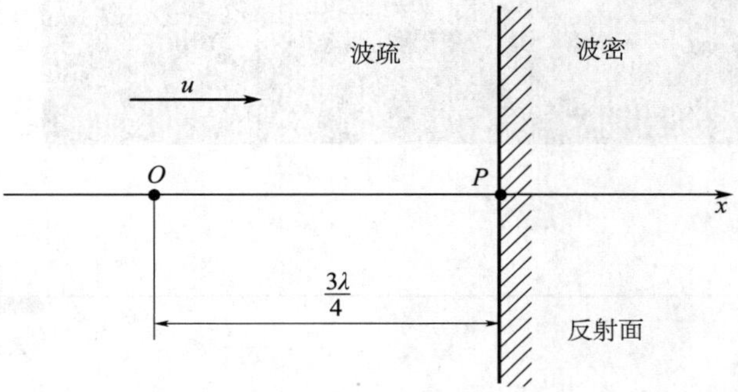

图 6-46　计算题 12 图

13. 一驻波方程为 $y=0.02\cos 20x\cos 750t$ (SI)，求：(1) 形成此驻波的两列行波的振幅和波速；(2) 相邻两个波节间距离。

14. 两列波在一根很长的细绳上传播，它们的波函数分别为 $y_1=0.06\cos(\pi x-4\pi t)$ (SI)，$y_2=0.06\cos(\pi x+4\pi t)$ (SI)。(1) 试证明绳将做驻波式振动，并求波节、波腹的位置；(2) 求波腹处的振幅与 $x=1.2$ m 处的振幅。

15. 汽车驶过车站时，车站上的观测者测得汽笛声频率由 1 200 Hz 变到了 1 000 Hz，设空气中声速为 $330\ \mathrm{m\cdot s^{-1}}$，求汽车的速率。

16. 如图 6-47 所示，二胡弦长 $l=0.3$ m，张力 $T=9.4$ N，密度 $\rho=3.8\times10^{-4}\ \mathrm{kg\cdot m^{-1}}$。求弦所发出的声音的基频和谐频。

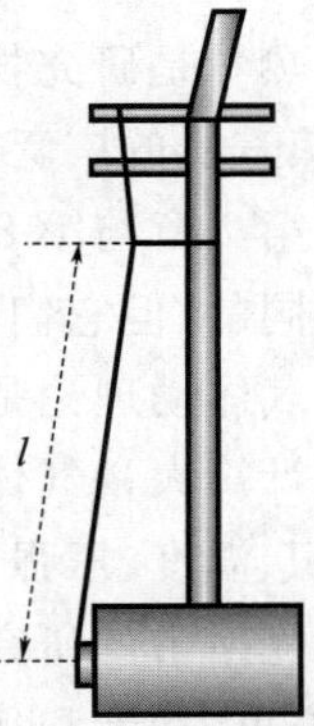

图 6-47　计算题 16 图

习题解答

第 7 章

气体动理论

热学是研究物质的各种热现象的性质和变化规律及应用的一门学科。从 18 世纪到 19 世纪，蒸汽机的广泛应用，有力地推动了热现象及其规律的研究。

第 7 章与第 8 章主要介绍气体动理论和热力学，它们是热学的基础，虽然它们的研究对象是相同的，但它们的出发点和研究方法是不同的。

气体动理论是研究热现象的微观理论，它从物质的微观结构出发，应用力学规律和统计方法来计算大量气体分子微观量的平均值，建立微观量(分子速率、分子质量、能量等)和宏观量(体积、温度、压强等)之间的联系，从而揭示物质宏观量的微观本质。气体动理论开始于 19 世纪麦克斯韦的研究；1902 年，吉布斯将其发展为严密的统计力学；到了 20 世纪 20 年代，爱因斯坦、玻色、费米和狄拉克又建立了量子统计学，从而构成了完整的统计物理学。

热力学是研究热现象的宏观理论，以观察和实验为基础，运用归纳和分析的方法总结出热现象的一些基本规律 —— 热力学定律。它从宏观上来研究物质热运动的过程以及过程进行的方向。热力学的发展开始于 18 世纪工业革命，基本理论主要形成于 19 世纪，焦耳、卡诺、克劳修斯、开尔文等人作出了重要贡献。

气体动理论和热力学二者虽然采用的研究方法截然不同，但它们是相辅相成、不可分割的两门学科。气体动理论经过热力学的研究得到了验证；而热力学的宏观理论经过气体动理论的物质微观结构分析，更加深刻地揭示了热现象及热力学定律的本质，使人们对自然界的认识更加深刻，并开始把它应用到实践中，如在控制材料的性能和制取新材料的研究方面，因此统计物理在近代物理的各个领域都起着重要的作用。

气体动理论以气体为研究对象，从气体分子热运动的观点出发，对个别分子的运动应用力学规律，对大量气体分子的集体行为应用统计平均的方法，即认为气体的宏观性质是大量气体分子运动的集体表现，而宏观量是微观量的统计平均值，总结和概括微观粒子热运动与物质宏观性质之间的联系，并从本质上阐明气体分子的热运动规律，同时对理想气体的热学性质从微观上给予解释。

本章介绍热学中的系统、平衡态、温度等概念，从物质的微观结构出发，阐明平衡状态下的宏观参量压强和温度的微观本质，并导出理想气体的内能公式，最后讨论理想气体分子在平衡状态下的几个统计规律。

§7.1　热力学系统　温度　理想气体物态方程

7.1.1　热力学系统　平衡态

1. 热力学系统

热力学系统，简称系统，指热力学的研究对象，热运动的研究对象是大量微观粒子（分子、原子等微观粒子）组成的宏观物体。在研究一个热力学系统的热现象规律时，不仅要注意系统内部的各种因素，同时也要注意外部环境对系统的影响。研究对象以外的物体称为系统的外界（或环境）。一般情况下，系统与外界之间既有能量交换（如做功、传递热量），又有物质交换（如蒸发、凝结、扩散、泄漏）。根据系统与外界交换的特点，通常把系统分为三种：第一种是不受外界影响的系统，称为**孤立系统**，是与外界既无能量交换，又无物质交换的理想系统；第二种是**封闭系统**，是与外界只有能量交换，而无物质交换的系统；第三种是**开放系统**，是与外界既有能量交换，又有物质交换的系统。

2. 平衡态

热力学系统按所处的状态不同，可以分为平衡态系统和非平衡态系统。对于一个不受外界影响的系统，不论其初始状态如何，经过足够长的时间后，必将达到一个宏观性质不再随时间变化的稳定状态，这样的一个状态称为**热力学平衡态**，简称**平衡态**。

平衡态的条件是“一个不受外界影响的系统”，若系统受到外界的影响，如把一根金属棒的一端置入沸水中，另一端置入冰水中，在这样的两个恒定热源之间，经过长时间放置后，金属棒也能达到一个稳定的状态，称为稳定态，但不是平衡态。因为在外界影响下，不断地有热量从金属棒高温热源端传递到低温热源端。因此，**系统处于平衡态时，必须同时满足两个条件：一是系统与外界在宏观上无能量和物质的交换；二是系统的宏观性质不随时间变化**。换言之，系统处于平衡态时，系统内部任一体元均处于力学平衡、热平衡（温度处处相同）、相平衡（无物态变化）和化学平衡（无单方向化学反应）之中。孤立系统的稳定态就是平衡态。但是需要指出：

① 平衡态是一种理想状态。实际中并不存在孤立系统，但当系统受到外界的影响可以忽略，宏观性质只有很小变化时，系统的状态就可以近似地看作平衡态。

② 平衡态是一种热动平衡态。系统的宏观性质不随时间变化，但从微观的角度来看，在平

衡态下,组成系统的大量粒子仍在不停地、无规则地运动着,只是大量粒子运动的平均效果不变,这在宏观上表现为系统的宏观性质不变。

反之,如果系统不具备两个平衡条件的任一条件的状态,都称为**非平衡态**。如果存在不平衡的力、冷热不一致(温差)、未被平衡的相(物态)或者单方向化学反应等情况时,系统的状态都不是平衡状态。

如何描述一个热力学系统的平衡状态呢?系统在平衡状态下,拥有各种不同的宏观属性,如几何的体积、力学的压强、热学的温度、电磁学的磁感应强度与电场强度、化学的摩尔质量和物质的量等。热力学用一些可以直接测量的物理量来描述系统的宏观属性,这些用来表征系统宏观属性的物理量称为**宏观量**。实验表明,在平衡态下,这些宏观量各有确定的值,且不随时间变化。从诸多宏观量中选出一组相互独立的量来描述系统的平衡态,这些宏观量称为系统的**状态参量**。对于给定的气体、液体和固体,常用的状态参量有3个,即体积(V)、压强(p)和温度(T)。

统计物理学是从物质的微观结构和微观运动来研究物质的宏观属性,而每一个运动着的微观粒子(原子、分子等)都有其大小、质量、速度、能量等属性,这些可以用来描述单个微观粒子运动状态的物理量称为**微观量**。微观量一般只能间接测量,且微观量与宏观量有一定的内在联系,气体动理论的任务之一就是要揭示气体宏观量的微观本质,即建立宏观量与微观量统计平均值之间的关系。

气体的压强是气体作用在容器壁单位面积上的指向器壁的垂直作用力,即作用于器壁上单位面积的正压力。在国际单位制中,压强的单位是帕斯卡,简称帕,用 Pa 表示。它与 atm(标准大气压)及 mmHg(毫米汞柱)的换算关系为

$$1\ \text{atm} = 760\ \text{mmHg} = 1.013 \times 10^5\ \text{Pa}$$

气体的体积是气体分子所能达到的空间,与气体分子本身体积的总和是完全不同的概念。在国际单位制中,体积的单位为 m^3(立方米),它与 L(升)的换算关系为

$$1\ \text{m}^3 = 10^3\ \text{L}$$

7.1.2　热力学第零定律　温度

奇妙的低温世界

温度是表征物体的冷热程度的物理量。冷热是人们对自然界的一种体验,是对物质世界的直接感觉。但是仅凭人的感觉,并不能定量表示出系统的温度。例如,在寒冷的冬天,用手触摸温度相同的铁球和木球,会明显感觉到铁球要比木球冷,其原因不在于物体本身的温度差异,而在于两种物质导热能力的差异。因此,要定量表示出系统的温度,必须给温度一个严格而科学的定义。

温度概念的建立是以热力学第零定律为基础的。设不受外界影响的 A、B 两个系统,各自处在一定的平衡态。如果使 A、B 两个系统相互接触,让两个系统之间发生热传递,一般地,两个系统的状态都会发生变化。经过一段时间后,两个相互接触的系统的冷热程度变得一致,状态也不再随时间发生变化,这时两个系统就处在一个新的共同的平衡态,称两个系统彼此处于热平衡。再考虑由 A、B、C 表示的三个系统,A、B 两个系统分别与 C 系统接触,经过一段时间后,A 与 C 处于热平衡,B 与 C 也处于热平衡,然后将 A、B 两个系统与 C 系统隔离开,让 A 和 B 热接触,实验表明,A、B 两个系统彼此也处于热平衡。

实验结果表明：**如果两个系统分别与第三个系统的同一平衡态达到热平衡，那么这两个系统彼此也处于热平衡**。这个结论称为**热力学第零定律**。

热力学第零定律说明，处在相互热平衡状态的系统必定拥有某一个共同的宏观物理性质。若两个系统的这一共同性质相同，当两个系统热接触时，系统之间不会有热传导，彼此处于热平衡状态；若两个系统的这一共同性质不相同，当两个系统热接触时就会有热传递，彼此的热平衡状态将会发生变化。决定系统热平衡的这一共同的宏观性质称为系统的**温度**，一切互为热平衡的系统具有相同的温度。

热力学第零定律不仅给出了温度的概念，也指出了比较和测量温度的方法。由于一切处于相互热平衡的系统具有相同的温度，因此可以选定一种合适的物质(称为测温物质）来作为系统，通过物质的特性来测量系统的温度，这个合适的系统就成了一个温度计。要能定量表示和测量温度，还必须给出温度的数值表示方法，即温标。

在日常生活中常用的温标是摄氏温标，用 t 表示，其单位为 ℃(摄氏度)，这是由瑞典物理学家摄尔修斯建立的，常用液体(酒精或水银）作测温物质，用液柱高度随温度变化作测温特性，并规定纯水的冰点为 0 ℃，汽点为 100 ℃，并认定液柱高度(体积）随温度进行线性变化。在 0 ℃ ～ 100 ℃ 之间等分温度，每份表示 1 ℃。另一种温标是开尔文在热力学第二定律的基础上建立的，这种温标称为热力学温标。用 T 表示热力学温度，单位开尔文，简称开，用 K 表示。这种温度是不依赖测温物质的性质和测温属性的理想温标，它规定水的三相点(水、冰和水蒸气平衡共存的状态）为 273.16 K。热力学温标与摄氏温度的关系为

$$T = t + 273.15$$

即规定热力学温标的 273.15 K 为摄氏温标的零度(在精度要求不高时，也可用 $T = t + 273$ 来计算)。

温度没有上限，却有下限，温度的下限是热力学温标的绝对零度。温度可以无限接近 0 K，但永远不能达到 0 K。目前实验室能够达到的最低温度为 2.4×10^{-11} K。

7.1.3　理想气体物态方程

当系统处于平衡态时，描写该状态的各个状态参量之间存在一定的函数关系，把平衡态下各个状态参量之间的关系式称为系统的物态方程。物态方程的具体形式是由实验来确定的。例如，在压强不太大(与大气压相比)、温度不太低(与室温相比）的条件下，各种气体都遵守三大实验定律：玻意尔(Boyle) 定律、查理(Charles) 定律、盖吕萨克(Gay-Lussac) 定律。在任何情况下都能严格遵从上述三个实验定律的气体称为**理想气体**。

由理想气体的三个实验定律，得到一定质量的**理想气体物态方程**为

$$pV = \frac{M}{M_{\text{mol}}}RT \tag{7-1}$$

式中，p、V、T 为理想气体在某一平衡态下的三个状态参量；M_{mol} 为气体的摩尔质量；M 为气体的质量；R 为普适气体常量，国际单位制中 $R = 8.31\ \text{J} \cdot \text{mol}^{-1} \cdot \text{K}^{-1}$；$p$ 为气体压强；T 为气体温度的热力学温标；V 为气体分子的活动空间。在常温常压下，实际气体都可近似地当作理想气体来处理。压强越低，温度越高，这种近似的准确度越高。

平衡态除了由一组状态参量来表述之外，还常用状态图中的一个点来表示。例如，对给定的理想气体，其一个平衡态可由 p-V 图中对应的一个点(或 p-T 图、V-T 图中对应的一个点）来

代表,不同的平衡态对应于不同的点。一条连续曲线代表一个由平衡态组成的变化过程,曲线上的箭头表示过程进行的方向,不同曲线代表不同过程,如图7-1所示。

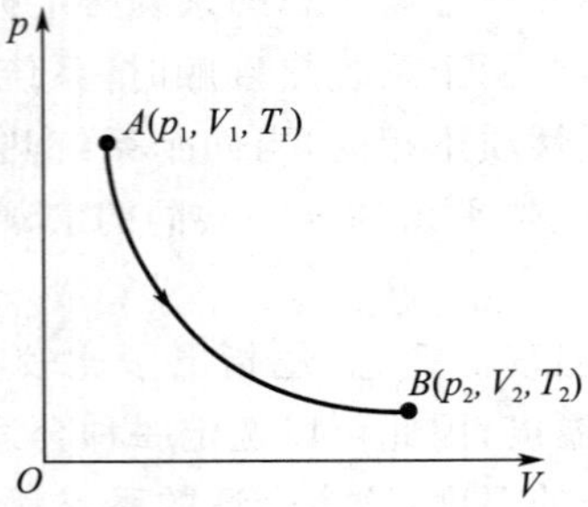

图7-1　平衡态示意图

§7.2　理想气体的压强

热力学系统由大量分子、原子等无规则运动的微观粒子组成,若要从微观上来讨论理想气体,了解其宏观状态参量(如温度、压强等)与微观粒子的运动之间的关系,首先应明确平衡态下理想气体分子的微观模型和性质。

7.2.1　理想气体分子微观模型和统计假设

1. 理想气体的微观模型

(1) 分子可以看作质点。

在标准状态下,气体分子间的平均距离的数量级为10^{-9} m,而分子的直径的数量级为10^{-10} m。一般情况下,气体分子间距比其有效直径大,所以气体分子可视为质点。

(2) 除碰撞外,分子力可以略去不计。

由于气体分子间距很大,除碰撞瞬间有力的作用外,分子间的相互作用力可以忽略,因此,在两次碰撞之间,分子做匀速直线运动。

(3) 分子间的碰撞是完全弹性的。

由于处于平衡态下气体的宏观性质不变,这表明系统的能量不因碰撞而损失,因此,分子间及分子与器壁之间的碰撞是完全弹性碰撞。

综上所述,理想气体的分子模型是弹性的、自由运动的质点。

2. 平衡态理想气体的统计假设

含有大量分子的理想气体中,由于频繁的碰撞,一个分子的运动状态是极为复杂和难以预测的,而大量分子的整体却呈现确定的规律性,这是统计平均的效果。处于平衡态时,理想气体分子的统计假设如下。

(1) 在无外场作用时,气体分子在各处出现的概率相同。

平均而言,分子数密度 n 处处相同,沿各个方向运动的分子数相同。

(2) 分子可以有各种不同的速度，速度取向在各方向是等概率的。

平衡态时，气体的性质与方向无关，每个分子的速度按方向的分布是完全相同的，各个方向上速率的各种平均值相等，如

$$\overline{v_x} = \overline{v_y} = \overline{v_z} = 0, \quad \overline{v_x^2} = \overline{v_y^2} = \overline{v_z^2} = \frac{1}{3}\overline{v^2}$$

7.2.2　理想气体的压强公式

推导压强公式的基本思路是：按力学规律计算出任意一个分子 i 碰撞一次施于器壁的冲量(Δp_i)及在单位时间内该分子对器壁的作用力$\left(\overline{F_i} = \dfrac{\Delta p_i}{\Delta t_i}\right)$，然后将所有分子在单位时间内对器壁的作用进行统计平均($\overline{F} = \sum\limits_i^N \overline{F_i}$)，得出理想气体压强公式$\left(p = \dfrac{\overline{F}}{S}\right)$。

如图7-2所示，设有一长方形容器，边长分别为 l_1、l_2 和 l_3，容器内有 N 个质量为 m 的同类气体分子。下面计算 A_1 面所受的压强。

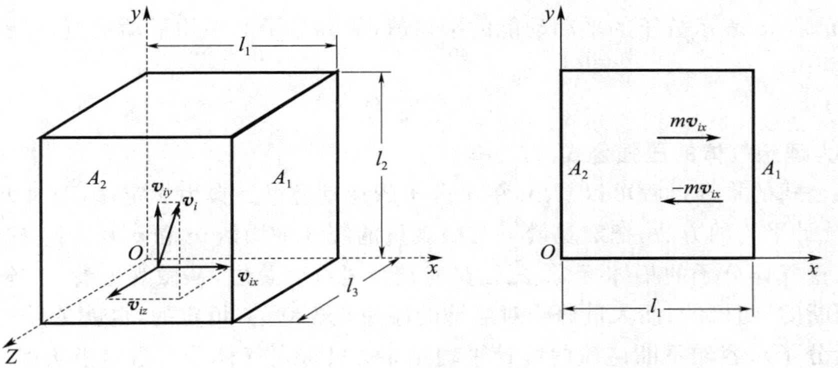

图7-2　气体压强公式推导

在大量分子中，任选一个分子 i，设其速度为

$$\boldsymbol{v}_i = v_x\boldsymbol{i} + v_y\boldsymbol{j} + v_z\boldsymbol{k}$$

当分子 i 与器壁 A_1 面碰撞时，由于是完全弹性碰撞，故该分子在 x 方向的速度分量由 v_x 变为 $-v_x$，所以在碰撞过程中该分子的 x 方向的动量增量为

$$\Delta p_{ix} = (-mv_{ix}) - (mv_{ix}) = -2mv_{ix}$$

由动量定理知，该动量增量等于器壁施于该分子的冲量；又由牛顿第三定律知，分子 i 在每次碰撞时对器壁的冲量为 $2mv_{ix}$。

分子 i 在与 A_1 面碰撞后弹回做匀速直线运动，并与其他分子碰撞，由于两个质量相等的弹性质点发生完全弹性碰撞时交换速度，故可等价为分子 i 直接飞向 A_2 面，与 A_2 面碰撞后又回到 A_1 面再进行碰撞，分子 i 在相继两次与 A_1 面碰撞过程中，在 x 轴上移动的距离为 $2l_1$。因此，分子 i 相继两次与 A_1 面碰撞的时间间隔为 $\Delta t = 2l_1/v_{ix}$，那么单位时间内分子 i 对 A_1 面的碰撞次数为 $Z = 1/\Delta t = v_{ix}/2l_1$，所以在单位时间内分子 i 对 A_1 面的冲量等于 $2mv_{ix}\dfrac{v_{ix}}{2l_1}$。根据动量定理，该冲量就是分子 i 对 A_1 面的平均冲力 $\overline{F_{ix}}$，即

$$\overline{F_{ix}} = 2mv_{ix}\frac{v_{ix}}{2l_1}$$

通过上式对所有分子求和可得所有分子对 A_1 面的平均作用力,即

$$\overline{F_x} = \sum_i^N \overline{F_{ix}} = \frac{m}{l_1}\sum_i^N v_{ix}^2$$

由压强定义有

$$p = \frac{\overline{F_x}}{l_2 l_3} = \frac{m}{l_1 l_2 l_3}\sum_i^N v_{ix}^2 = \frac{mN}{l_1 l_2 l_3 N}\sum_i^N v_{ix}^2$$

设分子数密度 $n = \dfrac{N}{l_1 l_2 l_3}$,$x$ 轴方向速度平方的平均值 $\overline{v_x^2} = \dfrac{1}{N}\sum_i^N v_{ix}^2$,有

$$p = mn\,\overline{v_x^2}$$

根据理想气体统计,假设 $\overline{v_x^2} = \dfrac{1}{3}\,\overline{v^2}$,有

$$p = \frac{1}{3}mn\,\overline{v^2} = \frac{2}{3}n\left(\frac{1}{2}m\,\overline{v^2}\right)$$

令 $\overline{w} = \dfrac{1}{2}m\,\overline{v^2}$,$\overline{w}$ 表示分子的平动动能的平均值,简称分子的平均平动动能,得到

$$p = \frac{2}{3}n\overline{w} \tag{7-2}$$

式(7-2) 称为**理想气体的压强公式**。

从压强公式的推导过程可以看出,单个分子的运动遵循经典力学定律,而对大量分子的运动,可采用统计平均的方法,把宏观量 p 与微观量的统计平均值 $\overline{w}$ 和 n 联系起来,表明了压强描述的是大量气体分子的集体行为,压强具有统计意义。总之,从微观上看,单个分子对器壁的碰撞是间断的、随机的;而大量分子对器壁的碰撞是连续的、恒定的,也就是说气体对器壁的压强是大量分子对容器不断碰撞的统计平均结果。只有在气体分子数足够大时,器壁所受到的压力才有确定的统计平均值。因此,对于个别或少量分子,讨论压强是无意义的。

§ 7.3　温度的微观本质

7.3.1　温度的统计解释

理想气体的温度和统计解释

根据理想气体的压强公式和理想气体物态方程,可以导出宏观物理量温度与微观物理量之间的关系,进一步阐明温度的微观本质。

可将理想气体物态方程写为如下表达式:

由 $pV = \dfrac{M}{M_{\mathrm{mol}}}RT$,有

$$p = \frac{N}{V}\cdot\frac{R}{N_{\mathrm{A}}}T$$

式中，$N_A = 6.022 \times 10^{23}\ \mathrm{mol^{-1}}$ 为阿伏加德罗常数。令 $k_B = \dfrac{R}{N_A} = 1.38 \times 10^{-23}\ \mathrm{J \cdot K^{-1}}$，$k_B$ 为玻尔兹曼常量。于是理想气体物态方程改写为

玻尔兹曼

$$p = nk_B T \tag{7-3}$$

现将理想气体的压强公式(7-2)与式(7-3)比较，可得

$$\overline{w} = \frac{3}{2}k_B T \tag{7-4}$$

式(7-4)就是理想气体的温度公式，给出了宏观量温度 T 与微观量的统计平均值 $\overline{w}$ 之间的关系，揭示了温度的微观本质，即**气体的绝对温度是气体分子平均平动动能的量度，而分子平均平动动能的大小又是分子热运动剧烈程度的反映**。分子的平均平动动能越大，分子热运动的强度越剧烈，则温度就越高。所以，**温度是气体内分子热运动剧烈程度的量度**。分子的平均平动动能是大量分子的统计结果，是集体表现。对于个别或少量分子，温度是无意义的。

由式(7-4)可知，如果不同的气体有相同的温度，则它们的分子平均平动动能均相等。如果一种气体的温度高些，则这种气体分子的平均平动动能要大些，按照这个观点，热力学温度零度将是理想气体分子热运动停止时的温度。然而实际上，分子运动是永远不会停息的，**热力学温度零度也是永远不可能达到的**，这称为**热力学第三定律**。

7.3.2　气体分子的方均根速率

根据理想气体的温度公式，可求出给定气体在一定温度下，分子运动速率平方的平均值。如果把该平方的平均值开方，就可得出气体速率的另一种平均值，称为气体分子的**方均根速率**。由 $\frac{1}{2}m\overline{v^2} = \frac{3}{2}k_B T$，有

$$\sqrt{\overline{v^2}} = \sqrt{\frac{3k_B T}{m}} = \sqrt{\frac{3RT}{M_{mol}}} \tag{7-5}$$

式中，M_{mol} 是给定气体的摩尔质量。由式(7-5)可知，方均根速率和气体热力学温度的平方根成正比，与气体的摩尔质量的平方根成反比。对于同一种气体，温度越高，方均根速率越大。在同一温度下，气体的分子质量或摩尔质量越大，方均根速率就越小。在 0 ℃ 时，氢气的方均根速率为 1 830 $\mathrm{m \cdot s^{-1}}$，氧气的方均根速率为 461 $\mathrm{m \cdot s^{-1}}$，空气的方均根速率为 485 $\mathrm{m \cdot s^{-1}}$。

§7.4　能量均分定理　理想气体的内能

前面讨论的理想气体的压强公式和温度公式，只考虑了分子的平动，把分子当作质点处理。这与实验事实并不是完全相符的，必须考虑分子的结构。分子由原子组成，分为单原子分子、双原子分子和多原子分子。分子的运动不仅有平动，还有转动和振动，而理想气体的内能包括所有的这些运动的能量，要想得到理想气体的内能，就需探寻气体分子无规则运动的能量所遵循的统计规律，为此引入自由度的概念。

7.4.1　自由度

确定一个物体的空间位置所需要的独立坐标数,称为物体的**自由度**。

气体分子按其结构可分为单原子分子(如 He、Ne 等)、双原子分子(如 H_2、O_2 等)和多原子分子(如 H_2O、NH_3 等),其结构如图 7-3 所示。若分子内原子间距离保持不变(不振动),这种分子称为刚性分子,否则称为非刚性分子,以下只讨论刚性分子的自由度。

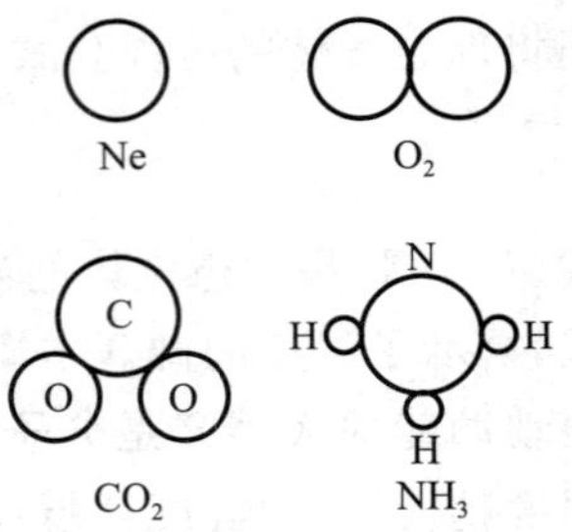

图 7-3　气体分子的结构

如图 7-4(a) 所示,单原子分子可视为质点,空间中一个自由的单原子分子,只有 3 个平动自由度。如果这类分子被限制在平面或曲面上运动,则自由度降为 2;如果这类分子被限制在直线或曲线上运动,则自由度降为 1。

刚性双原子分子可视为两个质点通过一个刚性键联结的模型(哑铃型)来表示,确定其质心在空间的位置要由 3 个坐标(x,y,z)来表示,故有 3 个平动自由度,另外,还要两个方位角 β、γ 来决定其键联(联结两个原子的轴)的方位(3 个方位角 α、β、γ 满足 $\cos^2\alpha+\cos^2\beta+\cos^2\gamma=1$,故只有两个是独立的)。由于两个原子均视为质点,故绕轴的转动不存在,如图 7-4(b) 所示,因此刚性双原子分子有 3 个平动自由度和 2 个转动自由度,共计 5 个自由度。

刚性多原子分子除了具有双原子的 3 个平动自由度和 2 个转动自由度外,还有 1 个绕轴自转的自由度,常用转角 φ(相对于所选参考方位)表示,如图 7-4(c) 所示。因此,刚性多原子分子有 3 个平动自由度和 3 个转动自由度,共计 6 个自由度。

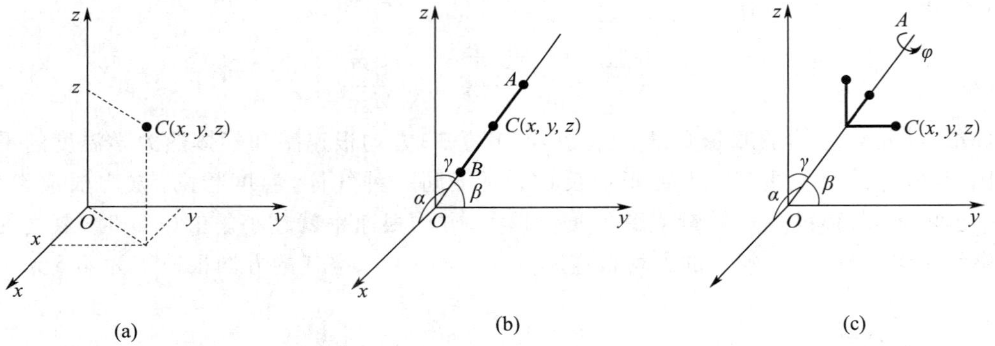

图 7-4　刚性分子的自由度

用 i 表示刚性分子自由度,t 表示平动自由度,r 表示转动自由度,则刚性气体的自由度为

$$i=t+r$$

在常温下,大多数气体分子都属于刚性分子。在高温下,气体分子的原子间会发生振动,则应视为非刚性分子,此时还应考虑增加振动自由度。

7.4.2　能量均分定理

由理想气体统计假设,气体分子沿各个方向运动的机会均等,即 $\overline{v^2}=\overline{v_x^2}+\overline{v_y^2}+\overline{v_z^2}$ 及 $\overline{v_x^2}=$

$\overline{v_y^2}=\overline{v_z^2}=\frac{1}{3}\overline{v^2}$。已知在平衡态下，理想气体分子的平均平动动能为$\frac{1}{2}m\overline{v^2}=\frac{3}{2}k_BT$，于是有

$$\frac{1}{2}m\overline{v_x^2}=\frac{1}{2}m\overline{v_y^2}=\frac{1}{2}m\overline{v_z^2}=\frac{1}{3}\left(\frac{1}{2}m\overline{v^2}\right)=\frac{1}{3}\left(\frac{3}{2}k_\mathrm{B}T\right)=\frac{1}{2}k_\mathrm{B}T$$

即对于3个平动自由度而言，在平衡态下，分子每一个平动自由度具有相同的平均平动动能，且大小均等于$\frac{1}{2}k_\mathrm{B}T$。

在平衡态下，气体分子做无规则热运动，任何一种运动形式都应是机会均等的。没有哪一种运动形式比其他运动形式占优势。因此，可以把平动动能的统计规律推广到其他运动形式上去，即一般来说，不论平动、转动或振动，在平衡态下，相应于每一个平动自由度、转动自由度或振动自由度，其平均动能都应等于$\frac{1}{2}k_\mathrm{B}T$。简言之，**气体处于平衡态时，分子的每个自由度的平均动能都相等，均为$\frac{1}{2}k_\mathrm{B}T$，这就是能量按自由度均分定理**。

如果气体分子有i个自由度，则分子的平均动能为

$$\overline{\varepsilon_\mathrm{k}}=\frac{i}{2}k_\mathrm{B}T \tag{7-6}$$

所以可得，刚性单原子分子的平均动能为$\overline{\varepsilon_\mathrm{k}}=\frac{3}{2}k_\mathrm{B}T$，刚性双原子分子的平均动能为$\overline{\varepsilon_\mathrm{k}}=\frac{5}{2}k_\mathrm{B}T$，刚性多原子分子的平均动能为$\overline{\varepsilon_\mathrm{k}}=3k_\mathrm{B}T$。

必须指出，式(7-6)为对大量分子的统计平均结果。对个别分子而言，它的动能随时间而变，并不等于$\frac{i}{2}k_\mathrm{B}T$，而且它的各种运动形式的动能也不按自由度均分；但对大量分子整体而言，由于分子的无规则热运动及频繁的碰撞，能量可以从一个分子转移到另一个分子中，从一种自由度的能量转化成另一种自由度的能量，这样，在平衡态时，就形成能量按自由度均匀分配的统计规律。

7.4.3　理想气体的内能

在热学中，气体的内能是指气体所有分子各种运动形式的动能(平动动能、转动动能和振动动能)以及分子之间、分子内各原子之间相互作用势能的总和。通常把物体中所有分子的热运动动能与分子势能的总和，称为物体的**内能**。

对于理想气体，分子势能可忽略不计，因此，理想气体的内能仅是其所有分子热运动动能的总和。

由式(7-6)可知，每一个分子的平均动能为$\frac{i}{2}k_\mathrm{B}T$，则1 mol理想气体的内能为

$$E_0=N_\mathrm{A}\left(\frac{i}{2}k_\mathrm{B}T\right)=\frac{i}{2}RT \tag{7-7}$$

因此，质量为M的理想气体的内能为

$$E=\frac{M}{M_\mathrm{mol}}E_0=\frac{M}{M_\mathrm{mol}}\frac{i}{2}RT \tag{7-8}$$

式中,M_{mol} 为气体的摩尔质量。由式(7-8) 可知,对给定气体而言,其内能仅与温度有关,与体积、压强无关,是温度的单值函数。当温度改变 ΔT 时,相应内能的改变量为

$$\Delta E = \frac{M}{M_{mol}} \frac{i}{2} R \Delta T \tag{7-9}$$

式(7-9) 表明,一定量的某种理想气体在状态变化过程中,内能的改变量只取决于初态和终态的温度,而与具体过程无关。

例 7-1 求:(1) 温度为 27 ℃ 时,一个刚性氧气分子的平均平动动能、平均转动动能和平均总动能;

(2) 温度为 27 ℃ 时,1 mol 氧气分子温度升高 1 ℃ 的内能增加量。

(3) 温度为 273 K 时,4×10^{-3} kg 的氧气的内能。

解 氧气分子为双原子分子,其平动自由度为 $t = 3$,转动自由度为 $r = 2$,总自由度为 $i = 5$。

(1)
$$\overline{\varepsilon_{kt}} = \frac{3}{2} k_B T = \frac{3}{2} \times 1.38 \times 10^{-23} \times (273 + 27)\ \text{J} = 6.21 \times 10^{-21}\ \text{J}$$

$$\overline{\varepsilon_{kr}} = \frac{2}{2} k_B T = \frac{2}{2} \times 1.38 \times 10^{-23} \times (273 + 27)\ \text{J} = 4.14 \times 10^{-21}\ \text{J}$$

$$\overline{\varepsilon_{k}} = \frac{5}{2} k_B T = \frac{5}{2} \times 1.38 \times 10^{-23} \times (273 + 27)\ \text{J} = 1.04 \times 10^{-20}\ \text{J}$$

(2)
$$\Delta E = \frac{i}{2} R \Delta T = \frac{5}{2} \times 8.31 \times 1\ \text{J} \approx 20.8\text{J}$$

(3)
$$E = \frac{M}{M_{mol}} \cdot \frac{i}{2} RT = \frac{4 \times 10^{-3}}{32 \times 10^{-3}} \times \frac{5}{2} \times 8.31 \times 273\ \text{J} = 7.09 \times 10^{2}\ \text{J}$$

§7.5 麦克斯韦速率分布律

麦克斯韦
速率分布律

由于分子热运动,分子任一时刻的速度具有偶然性,但大量分子从整体上会出现一些统计规律。1859 年,英国物理学家麦克斯韦从理论上导出气体分子速度分布规律,这个规律称为麦克斯韦速度分布律。若不考虑分子速度的方向,则可称为麦克斯韦速率分布律。

7.5.1 气体分子的速率分布函数

为了描述平衡态下气体分子的速率分布情况,先将速率分成若干区间,长度均为 Δv,然后通过实验或理论推导出分布在各个速率区间 $v \sim v + \Delta v$ 内分子数 ΔN 与总分子数 N 的比值 $\frac{\Delta N}{N}$,这些比值反映了分子的速率分布情况。

例如,表 7-1 是在 0 ℃ 时氧气分子速率的分布情况,所列数据为实验测定值,从表中可以看出低速或高速运动的分子数目较少(如速率在 100 $\text{m} \cdot \text{s}^{-1}$ 以下的分子的数目只占总分子数的 1.4%,800 $\text{m} \cdot \text{s}^{-1}$ 以上的分子的数目只占总分子数的 2.9%),速率在 300 ~ 400 $\text{m} \cdot \text{s}^{-1}$ 范

围内的分子的数目最多，占总分子数的 21.4%，比这一速率大或小的相应的分子数目都依次递减。在大量分子的热运动中，像上述这样低速或高速运动的分子较少，而多数分子以中等速率运动的分布情况，对于任何温度下的任意一种气体来说，大体上都是如此。这就是气体分子速率分布的规律性。

表 7-1　在 0 ℃ 时氧气分子速率的分布情况

速率区间 /($m\cdot s^{-1}$)	分子数的百分比 /%
(0,100]	1.4
(100,200]	8.1
(200,300]	16.5
(300,400]	21.4
(400,500]	20.6
(500,600]	15.1
(600,700]	9.2
(700,800]	4.8
(800,900]	2.0
(900,＋∞)	0.9

为了精确描述分子速率的分布，需把速率区间尽可能取小，当 $\Delta v\to 0$ 时，即取 $dv=\Delta v$ 为分子速率区间，其相应分子数为 dN，比值$\dfrac{dN}{N}$表示速率分布在 $v\sim v+dv$ 内的分子数占总分子数的百分比，或分子速率处于 $v\sim v+dv$ 内的概率。

$\dfrac{dN}{N}$ 是速率 v 的函数，与 dv 成正比，表示为

$$\frac{dN}{N}=f(v)dv$$

则有

$$f(v)=\frac{dN}{Ndv} \tag{7-10}$$

式(7-10)中，函数 $f(v)$ 就是速率分布函数，其物理意义是，速率在 v 附近单位区间内的分子的数目占总分子数的百分比，或速率在 v 附近单位区间内的概率。麦克斯韦速率分布函数的曲线如图 7-5 所示，图中对应于速率区间 $v\sim v+dv$ 的小长方形的面积在数值上等于在该速率区间内的分子数占总分子数的百分比；图中的一个较大面积在数值上等于 $\int_{v_1}^{v_2}f(v)dv=\int_{v_1}^{v_2}\dfrac{dN}{Ndv}dv=\dfrac{\Delta N}{N}$，表示在平衡态下，理想气体分子速率在 $v_1\sim v_2$ 区间的分子数占总分子数的百分比。

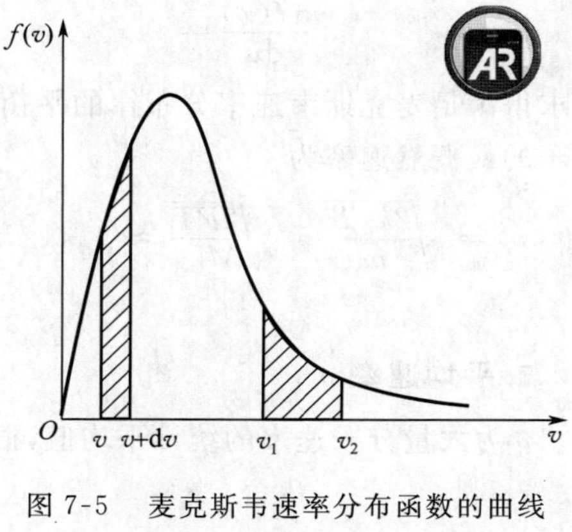

图 7-5　麦克斯韦速率分布函数的曲线

由式(7-10)可得，分布在速率 $v_1 \sim v_2$ 区间内的分子的数目为

$$\Delta N = \int \mathrm{d}N = \int_{v_1}^{v_2} Nf(v)\mathrm{d}v$$

麦克斯韦

而分布在整个速率区间的分子的数目为 N，则

$$N = \int \mathrm{d}N = \int_0^{\infty} Nf(v)\mathrm{d}v$$

即

$$\int_0^{\infty} f(v)\mathrm{d}v = 1 \tag{7-11}$$

式(7-11)为速率分布函数的**归一化条件**。

7.5.2　麦克斯韦速率分布规律

1860年，麦克斯韦从理论上推导出了理想气体在平衡态下气体分子按速率分布的分布函数

$$f(v) = 4\pi\left(\frac{m}{2\pi k_{\mathrm{B}} T}\right)^{\frac{3}{2}} \mathrm{e}^{-\frac{mv^2}{2k_{\mathrm{B}}T}} v^2 \tag{7-12}$$

式中，T 为气体的热力学温度；m 为分子的质量；k_{B} 为玻尔兹曼常量。由式(7-12)可得到分子速率在 $v \sim v+\mathrm{d}v$ 区间内的概率为

$$\frac{\mathrm{d}N}{N} = 4\pi\left(\frac{m}{2\pi k_{\mathrm{B}} T}\right)^{\frac{3}{2}} \mathrm{e}^{-\frac{mv^2}{2k_{\mathrm{B}}T}} v^2 \mathrm{d}v \tag{7-13}$$

分布函数 $f(v)$ 或比率 $f(v)\mathrm{d}v$ 表达式的分布称为**麦克斯韦速率分布**，式(7-13)称为**麦克斯韦速率分布律**，其分布曲线与实验曲线相符。

空气中为什么氮气多而其他气体少？

7.5.3　三种统计速率

1. 最概然速率 v_{p}

气体分子速率分布曲线有个极大值，该极大值对应的速率称为气体分子的最概然速率，常用 v_{p} 表示，如图7-6所示。

最概然速率的物理意义是：对所有的相同速率区间而言，在含有 v_{p} 的速率区间的分子数占总分子数的百分比最大，由函数的极值条件

$$\frac{\mathrm{d}f(v)}{\mathrm{d}v} = 0$$

可求得满足麦克斯韦速率分布律的平衡态下气体分子的最概然速率为

$$v_{\mathrm{p}} = \sqrt{\frac{2k_{\mathrm{B}}T}{m}} = \sqrt{\frac{2RT}{M_{\mathrm{mol}}}} \approx 1.41\sqrt{\frac{RT}{M_{\mathrm{mol}}}} \tag{7-14}$$

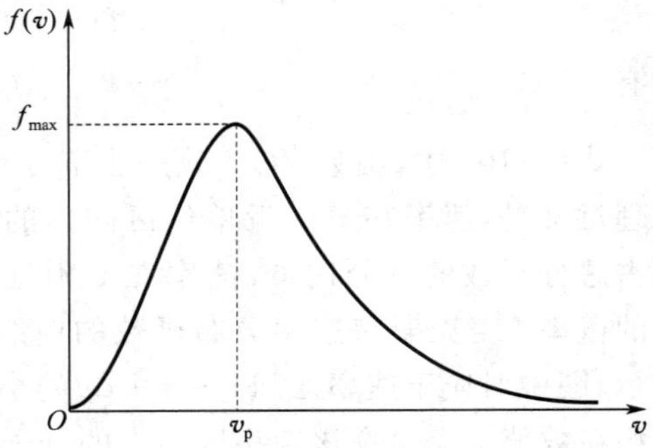

图7-6　最概然速率

2. 平均速率 $\bar{v}$

$\bar{v}$ 为大量分子速率的统计平均值，根据求平均值的定义有

$$\bar{v} = \frac{\sum v_i \Delta N_i}{N}$$

对于连续分布,上式有

$$\bar{v} = \frac{\int_0^\infty v\mathrm{d}N}{N} = \int_0^\infty vf(v)\mathrm{d}v$$

将麦克斯韦速率分布函数 $f(v)$ 代入,可得理想气体速率从 0 到 ∞ 区间内的算术平均速率为

$$\bar{v} = \sqrt{\frac{8k_B T}{\pi m}} = \sqrt{\frac{8RT}{\pi M_{mol}}} \approx 1.60\sqrt{\frac{RT}{M_{mol}}} \tag{7-15}$$

3. 方均根速率 $\sqrt{\overline{v^2}}$

$\sqrt{\overline{v^2}}$ 为大量分子速率的平方的平均值的平方根,根据求平均值的定义,有

$$\overline{v^2} = \frac{\sum v_i^2 \Delta N_i}{N}$$

及

$$\overline{v^2} = \frac{\int_0^\infty v^2\mathrm{d}N}{N} = \int_0^\infty v^2 f(v)\mathrm{d}v$$

将麦克斯韦速率分布函数 $f(v)$ 代入,可得理想气体分子的方均根速率为

$$\sqrt{\overline{v^2}} = \sqrt{\frac{3k_B T}{m}} = \sqrt{\frac{3RT}{M_{mol}}} \approx 1.73\sqrt{\frac{RT}{M_{mol}}} \tag{7-16}$$

由上述三种速率公式可以发现,这三种速率都含有统计平均的意义,且对少量分子无意义,它们都与 $\sqrt{T}$ 成正比,与 $\sqrt{M_{mol}}$ 成反比。在同一温度下,三者大小之比为 $\sqrt{\overline{v^2}} : \bar{v} : v_p = 1.73 : 1.60 : 1.41$,由此可知,$\sqrt{\overline{v^2}} > \bar{v} > v_p$。

三种统计速率各有不同的含义,也各有不同的用处。最概然速率 v_p 用于讨论分子速率的分布问题;平均速率 $\bar{v}$ 用于计算气体分子的平均碰撞频率和平均自由程;方均根速率 $\sqrt{\overline{v^2}}$ 用于计算分子的平均平动动能。

7.5.4　麦克斯韦分布曲线的性质

1. 温度与分子速率

当温度升高时,气体分子的速率普遍增大,速率分布曲线中的最概然速率 v_p 向量值增大的方向迁移,函数极大值 $f_{max}(v_p)$ 减小,曲线高度降低,但归一化条件要求曲线下总面积不变,因此分布曲线宽度增大,整个曲线变得较平坦些,如图 7-7 所示。

2. 质量与分子速率

在相同温度下,对于不同种类的气体,分子质量大的,速率分布曲线中的最概然速率 v_p 向量值减小的方向迁移,函数极大值 $f_{max}(v_p)$ 增大,曲线高度增大,但要求曲线下总面积不变,因此分布曲线宽度减小,整个曲线与分子质量小的相比显得陡些,即曲线随分子质量的变大而左移,如图 7-8 所示。

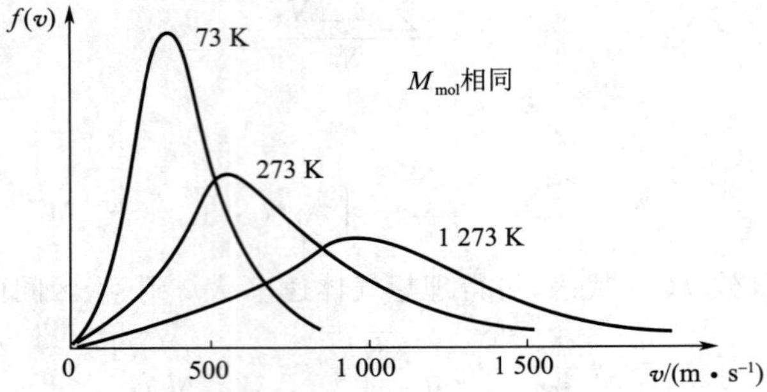

图 7-7　不同温度下分子速率分布

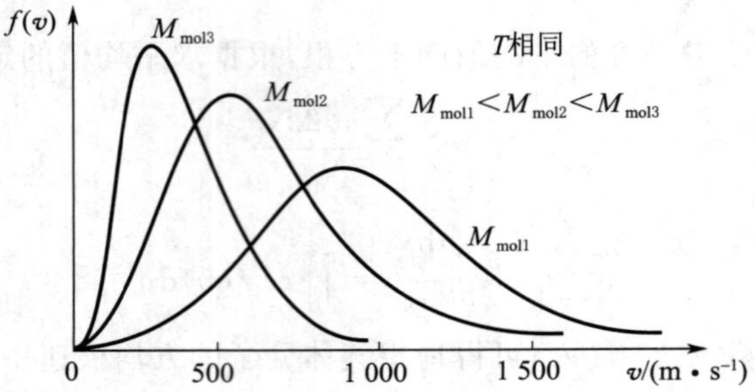

图 7-8　不同质量的气体分子速率分布

例 7-2　设有 N 个粒子,其速率分布函数为

$$f(v)=\begin{cases}\dfrac{a}{v_0}v & (0<v<v_0)\\ 2a-\dfrac{a}{v_0}v & (v_0<v<2v_0)\\ 0 & (2v_0<v)\end{cases}$$

(1) 作出速率分布曲线;(2) 由 N 和 v_0 求 a 值;(3) 求 v_p;(4) 求 N 个粒子的平均速率 $\bar{v}$;(5) 求速率介于0 和$\dfrac{v_0}{2}$之间的粒子的数目;(6) 求$\dfrac{v_0}{2}\sim v_0$ 区间内粒子的平均速率 $\bar{v}$。

解　(1) 速率分布曲线如图 7-9 所示。

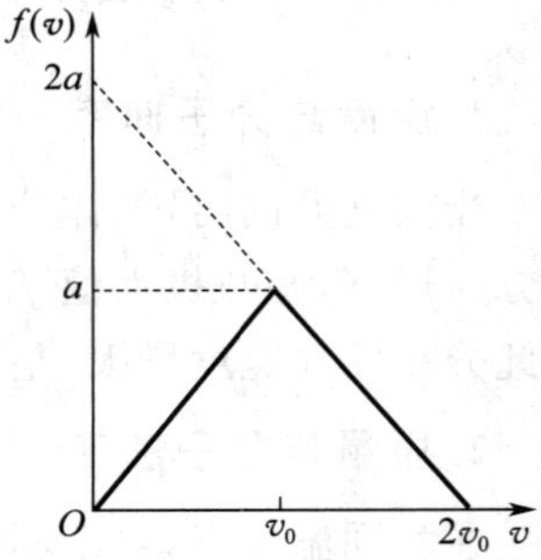

图 7-9　速率分布曲线

(2) 由于分布函数满足归一化条件,即$\int_0^\infty f(v)\mathrm{d}v=1$,有

$$\int_0^\infty f(v)\mathrm{d}v=\frac{1}{2}a\cdot 2v_0=1$$

所以

$$a=\frac{1}{v_0}$$

(3) 由 v_p 的物理意义知 $v_p=v_0$。

(4)N 个粒子的平均速率

$$\bar{v}=\frac{\int_0^\infty v\mathrm{d}N}{N}=\int_0^\infty vf(v)\mathrm{d}v$$

$$= \int_0^{v_0} v\left(\frac{a}{v_0}v\right)dv + \int_{v_0}^{2v_0} v\left(2a - \frac{a}{v_0}v\right)dv$$
$$= v_0$$

(5) 速率介于 0 和$\frac{v_0}{2}$之间的粒子的数目为

$$\Delta N = \int_0^{\frac{v_0}{2}} dN = \int_0^{\frac{v_0}{2}} Nf(v)dv = \int_0^{\frac{v_0}{2}} N\left(\frac{a}{v_0}v\right)dv$$
$$= N\int_0^{\frac{v_0}{2}} \frac{a}{v_0}v dv = \frac{N}{8}$$

(6) $\frac{v_0}{2} \sim v_0$ 区间内粒子的平均速率

$$\bar{v} = \frac{\int_{\frac{v_0}{2}}^{v_0} v dv}{\Delta N} = \frac{\int_{\frac{v_0}{2}}^{v_0} vNf(v)dv}{\int_{\frac{v_0}{2}}^{v_0} Nf(v)dv} = 0.778v_0$$

---

§7.6　分子的平均碰撞频率和平均自由程

打开一瓶香水后，香味要经过十几秒才能传过几米的距离，那么如何理解气体分子的热运动速率高，而扩散速度小呢？克劳修斯认为，由于常温常压下分子数密度达 $10^{23} \sim 10^{25}$ m^{-3} 数量级，因此，一个分子以每秒几百米的速率在如此密集的分子中运动，必然要与其他分子进行频繁的碰撞，而每碰撞一次，分子运动方向就发生改变。香水分子在空气分子中不断碰撞而迂回曲折前进，如图 7-10 所示，因此，气体分子的扩散速率相较于分子的平均速率小得多。

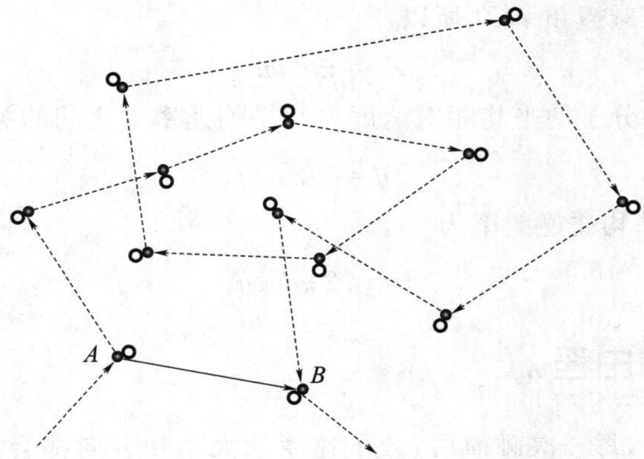

图 7-10　气体分子的碰撞

分子在任意两次连续碰撞之间自由通过的路程称为分子的**自由程**。单位时间内一个分子与其他分子碰撞的次数称为分子的**碰撞频率**。分子的自由程有长有短，任意两次碰撞所需时间的多少也具有偶然性。自由程和碰撞频率的大小是随机变化的，但是大量分子无规则热运动的结果，会使分子的自由程与碰撞频率服从一定的统计规律。可采用统计平均方法分别计算出平均自由程和平均碰撞频率。

7.6.1　平均碰撞频率 $\overline{Z}$

碰撞是气体分子运动的基本特征之一，分子间通过碰撞来实现动量或动能的交换，使热力学系统由非平衡态向平衡态过渡，并保持平衡态的宏观性质不变。单位时间内一个分子与其他分子发生碰撞的平均次数，称为**平均碰撞频率**，用 $\overline{Z}$ 表示。

为了确定分子的平均碰撞频率，跟踪某一个运动分子，假定每个分子都是有效直径为 d 的刚性小球，且只有某一个分子 A 以平均相对速率 $\overline{u}$ 运动，而其余分子都相对静止不动。在分子 A 的运动过程中，其球心轨迹是一条折线。设想以分子 A 的中心所经过的轨迹为轴，以分子的有效直径 d 为半径作一圆柱体，如图 7-11 所示。显然，凡是球心位于该圆柱体内的分子都将和分子 A 相碰，$\sigma = \pi d^2$ 为碰撞截面的面积；球心位于该圆柱体外的分子就不会和分子 A 相碰。

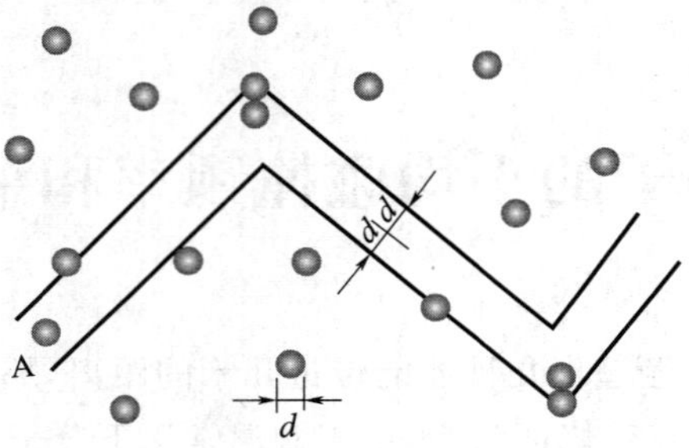

图 7-11　碰撞区域示意图

设分子数密度为 n，因为在单位时间内，分子 A 平均经过的路程为 $\overline{u}$，相应的圆柱体体积为 $\pi d^2 \overline{u}$，则平均而言，圆柱体内的分子数为 $\pi d^2 \overline{u} n$。显然，这就是分子 A 在 1 s 内和其他分子发生碰撞的平均次数，即平均碰撞频率 $\overline{Z}$，所以

$$\overline{Z} = \pi d^2 \overline{u} n$$

根据统计理论，气体分子的平均相对速度 $\overline{u}$ 与平均速率 $\overline{v}$ 之间的关系为

$$\overline{u} = \sqrt{2}\,\overline{v} \tag{7-17}$$

将式(7-17)代入，可得平均碰撞频率为

$$\overline{Z} = \sqrt{2}\,\pi d^2 \overline{v} n \tag{7-18}$$

7.6.2　平均自由程 $\overline{\lambda}$

分子的平均自由程

从图 7-10 可以看出，每一次碰撞后，分子速度的大小和方向都会发生变化，分子的运动轨迹为折线。分子在与其他分子频繁碰撞的过程中，连续两次碰撞之间自由通过的路程的长度具有偶然性，把这一路程的平均值称为**平均自由程**，用 $\overline{\lambda}$ 表示。由于 1 s 内分子平均走过的路程为 $\overline{v}$，一个分子与其他分子的平均碰撞频率为 $\overline{Z}$，因此平均自由程 $\overline{\lambda}$ 为

$$\bar{\lambda}=\frac{\bar{v}}{\bar{Z}}=\frac{1}{\sqrt{2}\pi d^2 n} \tag{7-19}$$

由式(7-19)可知分子的平均自由程与分子的有效直径的平方和分子数密度成反比。又因为 $p=nk_{\mathrm{B}}T$，所以式(7-19)可写为

$$\bar{\lambda}=\frac{k_{\mathrm{B}}T}{\sqrt{2}\pi d^2 p} \tag{7-20}$$

式(7-20)表明，当温度一定时，平均自由程与气体的压强成反比，压强越小(空气越稀薄)，平均自由程越长。

例 7-3　已知空气分子的有效直径 $d=3.7\times10^{-10}$ m，试估算空气分子在 0 ℃ 时的平均自由程，分别考虑压强为(1) $p_1=1.013\times10^5\,\mathrm{Pa}$；(2) $p_2=1.33\times10^{-3}\,\mathrm{Pa}$ 的情况。

解　(1) $\overline{\lambda_1}=\dfrac{k_{\mathrm{B}}T}{\sqrt{2}\pi d^2 p_1}=\dfrac{1.38\times10^{-23}\times273}{\sqrt{2}\times3.14\times(3.7\times10^{-10})^2\times1.013\times10^5}\,\mathrm{m}=6.12\times10^{-8}\,\mathrm{m}$

(2) $\overline{\lambda_2}=\dfrac{k_{\mathrm{B}}T}{\sqrt{2}\pi d^2 p_2}=\dfrac{1.38\times10^{-23}\times273}{\sqrt{2}\times3.14\times(3.7\times10^{-10})^2\times1.33\times10^{-3}}\,\mathrm{m}=4.66\,\mathrm{m}$

由例7-3可知，在低气压下，平均自由程较大。(2)中计算得到的 $\overline{\lambda_2}=4.66$ m 数值很大，表明在此低气压下，容器中分子间几乎不发生碰撞。由此可见，在真空时，可以得到较大的平均自由程，这种估算对真空容器件及传热器均有实际应用。

思　考　题

1. 气体在平衡态时有何特征？气体的平衡态与力学中的平衡态有何不同？

2. 热力学第零定律的内容是什么？水的三相点温度是多少？热力学温度与摄氏温度之间有什么关系？

3. 气体动理论的研究对象是什么？理想气体的宏观模型和微观模型分别是什么？

4. 何谓微观量？何谓宏观量？它们之间有什么联系？

5. 压强公式及其意义是什么？温度公式及其温度微观本质是什么？

6. 能量均分定理的内容是什么？

7. 何谓理想气体的内能？为什么理想气体的内能是温度的单值函数？

8. 如果盛有气体的容器相对某坐标系运动，容器内的分子速度相对此坐标系也增大了，那么温度也会因此而升高吗？

9. 最概然速率的物理意义是什么？方均根速率、最概然速率和平均速率，它们各有何用处？

10. 容器中盛有温度为 T 的理想气体，该气体分子的平均速率是多少？为什么？

11. 在同一温度下，不同气体分子的平均平动动能相等，将氢气分子和氧气分子比较，氧气分子的质量比氢气分子大，所以氢气分子的速率一定比氧气分子大，这种说法对吗？

12. 有两种不同的理想气体，同压、同温但体积不等，判断下述各量是否相同。

(1) 分子数密度;(2) 气体质量密度;(3) 单位体积内气体分子总平动动能;(4) 单位体积内气体分子的总动能。

13. 如果氢气和氦气的物质的量和温度相同,则下列各量是否相等?为什么?

(1) 分子的平均平动动能;(2) 分子的平均动能;(3) 内能。

习　题　7

一、选择题

1. 置于容器中的气体,在内部各处压强相等和内部各处温度相等这两种情况下,(　　)。

A. 二者一定是平衡态

B. 二者不一定是平衡态

C. 前者一定是平衡态,后者一定不是平衡态

D. 后者一定是平衡态,前者一定不是平衡态

2. 现有一瓶氢气和一瓶氦气,它们的温度相同,则它们(　　)。

A. 分子的平均动能相同　　B. 分子的平均能量相同

C. 分子的平均平动动能相同　　D. 内能相同

3. 氦气与氮气的质量相同,方均根速率相等,则氦气与氮气的内能之比为(　　)。

A. 1∶1　　B. 3∶5　　C. 5∶3　　D. 3∶2

4. 已知 1 mol 刚性双原子理想气体分子,当温度为 T 时,其内能为(　　)。

A. $\frac{3}{2}RT$　　B. $\frac{3}{2}k_B T$　　C. $\frac{5}{2}RT$　　D. $\frac{5}{2}k_B T$

5. 若 $f(v)$ 为气体分子速率分布函数,N 为分子总数,m 为分子质量,则 $\int_{v_1}^{v_2} \frac{1}{2}mv^2 Nf(v)\mathrm{d}v$ 的物理意义是(　　)。

A. 速率为 v_2 的各分子的总平动动能与速率为 v_1 的各分子的总平动动能之差

B. 速率为 v_2 的各分子的总平动动能与速率为 v_1 的各分子的总平动动能之和

C. 速率处在速率间隔 $v_1 \sim v_2$ 的分子的平均平动动能

D. 速率处在速率间隔 $v_1 \sim v_2$ 的分子的平动动能之和

6. $\bar{v}$、v_p、$\sqrt{\overline{v^2}}$ 分别代表气体分子的平均速率、最概然速率、方均根速率,对处于平衡态下的理想气体,三种速率的关系为(　　)。

A. $\sqrt{\overline{v^2}} = \bar{v} = v_p$　　B. $\sqrt{\overline{v^2}} < \bar{v} < v_p$

C. $\sqrt{\overline{v^2}} > \bar{v} > v_p$　　D. $\sqrt{\overline{v^2}} < v_p < \bar{v}$

7. 容器中存储有一定量的理想气体,气体分子的质量为 m,当温度为 T 时,根据理想气体的分子模型和统计假设,分子速度在 x 方向的分量的平方的平均值是(　　)。

A. $\overline{v_x^2} = \frac{1}{3}\sqrt{\frac{3k_B T}{m}}$　　B. $\overline{v_x^2} = \sqrt{\frac{3k_B T}{m}}$

C. $\overline{v_x^2} = \dfrac{3k_B T}{m}$　　D. $\overline{v_x^2} = \dfrac{k_B T}{m}$

8. 一瓶氦气和一瓶氮气的密度相同，分子平均平动动能相同，而且都处于平衡状态，则它们（　　）。

A. 温度、压强都相同

B. 温度、压强都不相同

C. 温度相同，但氦气的压强大于氮气的压强

D. 温度相同，但氦气的压强小于氮气的压强

9. 在标准状态下，氧气和氦气体积比为 $V_1/V_2 = 1/2$，都可视为刚性分子理想气体，则其内能之比 E_1/E_2 为（　　）。

A. 3/10　　B. 1/2　　C. 5/6　　D. 5/3

10. 一定量的理想气体的内能 E 随体积 V 的变化关系为一直线，其延长线过了 E-V 图的原点，如图 7-12 所示，则此直线表示的过程为（　　）。

A. 等温过程　　B. 等压过程　　C. 等容过程　　D. 绝热过程

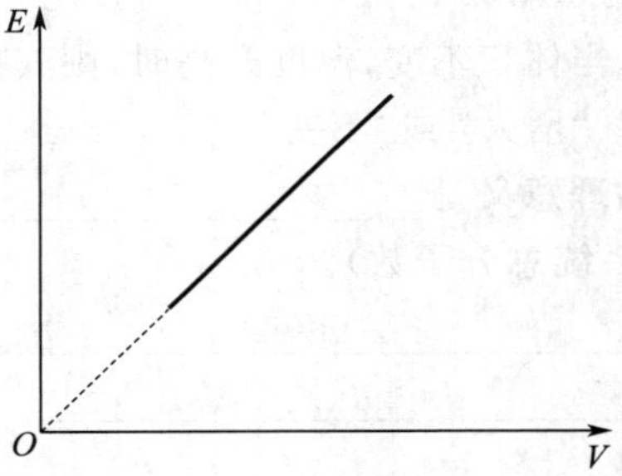

图 7-12　选择题 10 图

11. 温度、压强相同的氦气和氧气，其分子平均动能和平均平动动能的关系为（　　）。

A. 分子平均动能和平均平动动能相等　　B. 分子平均动能相等，平均平动动能不相等

C. 分子平均动能不相等，平均平动动能相等　D. 分子平均动能和平均平动动能都不相等

12. 关于温度的意义，有下列几种说法：

① 气体的温度是分子平均平动动能的量度；

② 气体的温度是大量气体分子热运动的集体反映，具有统计意义；

③ 温度的高低反映物质内部分子运动的剧烈程度的不同；

④ 从微观上看，气体的温度表示每个气体分子的冷热程度。

这些说法中正确的是（　　）。

A. ①、②、③、④　　B. ①、②、③　　C. ①、②、④　　D. ①、③、④

13. 速率分布函数 $f(v)$ 的物理意义为（　　）。

A. 具有速率 v 的分子的数目占总分子数的百分比

B. 速率分布在 v 附近的单位速率间隔中的分子的数目占总分子数的百分比

C. 具有速率 v 的分子的数目

D. 速率分布在 v 附近的单位速率间隔中的分子的数目

14. 在恒定不变的压强下，气体分子的平均碰撞频率 $\overline{Z}$ 与气体的热力学温度 T 的关系

为(　　)。

A. $\overline{Z}$ 与 T 无关　　B. $\overline{Z}$ 与 T 成正比　　C. $\overline{Z}$ 与 $\sqrt{T}$ 成反比　　D. $\overline{Z}$ 与 $\sqrt{T}$ 成正比

二、填空题

1. 有一瓶质量为 M 的氢气，温度为 T，可视为刚性分子理想气体，则氢气分子的平均平动动能为________，氢气分子的平均动能为________，该瓶氢气的内能为________。

2. 当温度为 127 ℃ 时，1 mol 氧气(视为刚性分子气体)的内能为________ J，其中分子的平动动能为________ J，分子的平均总动能为________ J。

3. 一定量的某种理想气体，先在体积不变的情况下使其热力学温度升高为原来的 2 倍，再在压强不变的情况下使其体积膨胀为原来的 2 倍，则分子的平均自由程变为原来的________倍。

4. 容积为 3.0×10^{-2} m的容器内储有某种理想气体 20 g，设气体的压强为 0.5 atm，则气体分子的最概然速率为________，平均速率为________，方均根速率为________。(1 atm = 1.013×10^5 Pa)

5. 一定量的某种理想气体，当体积不变，温度升高时，则其平均自由程 $\bar{\lambda}$ ________，平均碰撞频率 $\overline{Z}$ ________。(填“减少”、“增大”或“不变”)

6. 速率分布函数 $f(v)$ 的物理意义是________，并试说明下列各量的物理意义(n 为分子数密度，N 为系统总分子数)。

(1) $f(v)\mathrm{d}v$：________；

(2) $nf(v)\mathrm{d}v$：________；

(3) $Nf(v)\mathrm{d}v$：________；

(4) $\int_0^v f(v)\mathrm{d}v$：________；

(5) $\int_0^\infty f(v)\mathrm{d}v$：________；

(6) $\int_{v_1}^{v_2} Nf(v)\mathrm{d}v$：________。

7. 图 7-13(a) 所示是氢气和氧气在同一温度下的两条麦克斯韦速率分布曲线，其中曲线________代表氢气；图 7-13(b) 所示是某种气体在不同温度下的两条麦克斯韦速率分布曲线，其中曲线________代表的温度更高。

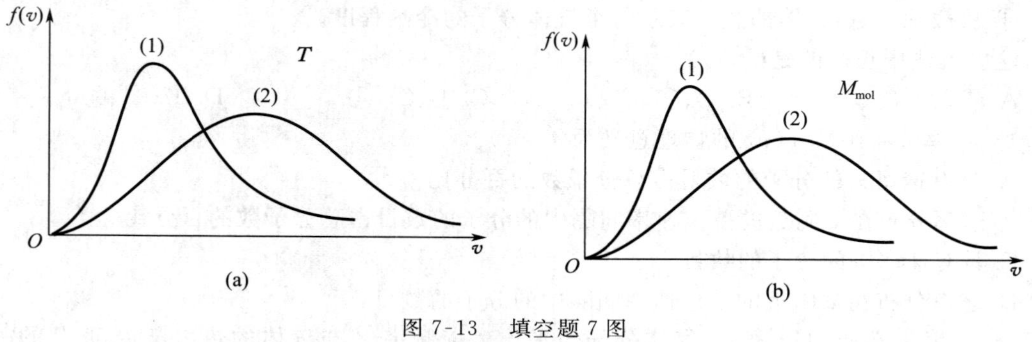

图 7-13　填空题 7 图

8. 用总分子数 N、气体分子速率 v 和速率分布函数 $f(v)$ 表示下列各量。

(1) 速率大于 v_0 的分子的数目：________；

(2) 速率大于 v_0 的分子的平均速率：________；

(3) 速率大于 v_0 的概率：________；

(4) 速率为 $v_0 \sim v_p$ 的分子的平均速率：________。

9. 计算下列系统的自由度。

(1) 在一平面上滑动的粒子：________；

(2) 可以在一平面上滑动并可围绕垂直于平面的轴转动的硬币：________；

(3) 一弯成三角形的金属棒在空间自由运动：________。

10. 试说明下列各量的物理意义。

(1) $\frac{1}{2}k_B T$：________；

(2) $\frac{3}{2}k_B T$：________；

(3) $\frac{i}{2}k_B T$：________；

(4) $\frac{M}{M_{mol}}\frac{i}{2}RT$：________；

(5) $\frac{i}{2}RT$：________；

(6) $\frac{3}{2}RT$：________。

三、计算题

1. 在温度为 27 ℃ 时，1 mol 氢气的平动动能、转动动能和内能各是多少？

2. 2 L 容器中有某种刚性双原子的气体，在常温下，其压强为 1.5×10^5 Pa，求该气体的内能。

3. 2.0 g 的氢气装在容积为 20 L 的容器内，当容器内的压强为 300 mmHg 时，氢分子的平均平动动能是多少？

4. 物体逃离地球引力作用所需的逃逸速率为 $v=\sqrt{2gr}$，其中 r 为地球半径。(1) 若使氢气分子、氧气分子的平均速率与逃逸速率相等，则应达到多高的温度？(2) 简要说明大气层中为什么氢气比氧气少。(取 $r=6.4\times10^6$ m)。

5. 设有 N 个粒子的系统，其速率分布如图 7-14 所示。求：

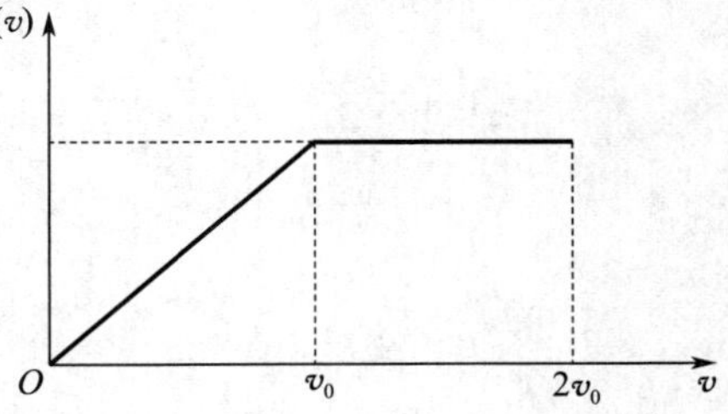

图 7-14　计算题 5 图

(1) 分布函数 $f(v)$ 的表达式;

(2)a 与 v_0 之间的关系;

(3) 速度在 $1.5v_0$ 和 $2.0v_0$ 之间的粒子的数目;

(4) 粒子的平均速率;

(5)$0.5v_0$ 到 v_0 区间内粒子平均速率。

6. 有一水银气压计,当水银柱的高为 0.76 m 时,管顶离水银柱液面 0.12 m,管的截面积为 2.0×10^{-4} m^2。当有少量氦气混入水银管内顶部时,水银柱高度下降为 0.6 m,此时温度为 27 ℃,试计算有多少质量氦气在管顶?(氦气的摩尔质量为 0.004 $kg\cdot mol^{-1}$)

7. 容器中储有氧气,其压强为 $p=1$ atm,温度为 27 ℃,求:(1) 单位体积的分子数 n;(2) 氧分子的质量 m;(3) 气体密度 ρ;(4) 分子间的平均距离 $\bar{e}$;(5) 平均速率 $\bar{v}$;(6) 方均根速率 $\sqrt{\overline{v^2}}$;(7) 分子的平均动能 $\bar{\varepsilon}$。

8. 现有一瓶氧气和一瓶氢气,在等压、等温条件下,氧气体积是氢气体积的 2 倍,求:(1) 氧气和氢气的分子数密度之比;(2) 氧气分子和氢气分子的平均速率之比。

9. 一真空管的真空度约为 0.138 Pa,试求在 27 ℃ 时单位体积的分子数及分子的平均自由程。(设分子的有效直径 $d=3\times10^{-10}$m)

10. 1 mol 氧气从初态出发,在体积不变的条件下,压强增大为原来的 2 倍。然后在湿度不变的条件下,体积增大为原来的 2 倍,求末态与初态之间:(1) 气体分子方均根速率之比;(2) 分子平均自由程之比。

11. 计算标准状态下氢气分子的平均自由程和平均碰撞频率。(氢气分子的有效直径为 2×10^{-10} m)

习题解答

第 8 章

热力学基础

热力学是研究热现象的宏观理论，它以实验为依据，从能量的观点分析和研究物质状态变化过程中有关热、功和内能变化的关系和条件。热力学不考虑物质的微观结构和微观变化过程。热力学得到的物质的宏观性质，可用分子动理论的观点揭示和阐明其微观本质；同时，气体分子动理论的结论，也可在热力学中得到检验。

热力学的理论基础是热力学第一定律和热力学第二定律，热力学第一定律是包括热现象在内的能量守恒定律；热力学第二定律讨论热功转换的条件和热力学过程的方向性。

§8.1　准静态过程　功和热量　内能

8.1.1　准静态过程

一个热力学系统，在外界影响（做功或传热）下，其状态将发生变化。系统从一个状态变化到另一个状态的过程称为**热力学过程**，简称**过程**。状态变化过程中的任一时刻，系统的状态都不是平衡态，但为了能利用平衡态的性质来研究热力学过程，引入准静态过程的概念。

设系统从某一平衡态开始，经过一系列变化后到达另一平衡态。如果此过程中所有中间状态全都可以近似地看作平衡态，则这样的过程称为**准静态过程**（**或平衡过程**）。如果中间状态为非平衡态（系统无确定的 p、V、T 值），则这样的过程称为**非静态过程**（**或非平衡过程**）。

一系统从某一平衡态变到相邻平衡态时，通常是原来的平衡态遭到破坏，出现非平衡态，经过一定时间后达到一个新的平衡态，把系统从一个平衡态变到相邻平衡态所经过的时间称为系统的**弛豫时间**。弛豫时间也可定义为一个系统由最初的非平衡态过渡到平衡态所经历的时间。如果系统的外界条件(例如压强、体积或温度等)发生一微小变化所经历的时间比系统的弛豫时间长得多，那么在外界条件的变化过程中，系统有充分的时间达到平衡态，因此，这样的过程可以视为准静态过程。例如，内燃机气缸的实际过程中，压缩燃气的时间约为 10^{-2} s，而该燃气的弛豫时间只有 10^{-3} s，所以内燃机中燃气状态的变化过程可视为准静态过程。

准静态过程可以用 p-V 图上的一条曲线来表示。如图 8-1 所示，曲线上的每一个点都表示系统的一个平衡态，有确定的 p、V 值，于是整体曲线表示的是由一系列平衡态组成的准静态过程，这条曲线称为**过程曲线**，表示这条曲线的方程称为**过程方程**。非平衡态不能用一组确定的状态参数来表示，也就无法在 p-V 图上表示出来。

准静态过程是理想化的过程，是实际过程的近似，在实际中并不存在。热力学以准静态过程为研究基础，在本章中所讨论的过程均视为准静态过程。

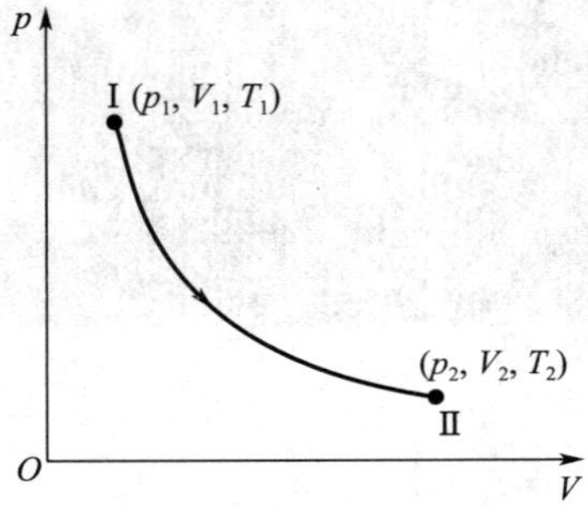

图 8-1　准静态过程

8.1.2　准静态过程的功和热量

在非静态过程中，由于状态参量 p、V、T 不确定，无法定量表述外界对系统做功。而在准静态过程中，外界对系统做功或系统对外界做功都可以用平衡态状态参量表示，外界对系统做功可以进行定量计算。

1. 体积功的计算

外界通过系统体积变化而做的功称为**体积功**。一般规定：系统对外界做功，系统做功为正，用 dW 或 W 表示；外界对系统做功，系统做功为负，用 $-$dW 或 $-W$ 表示。以气缸内气体体积变化时的做功为例，设气缸中气体的压强为 p，活塞面积为 S，活塞与气缸壁的摩擦不计，如图 8-2 所示。

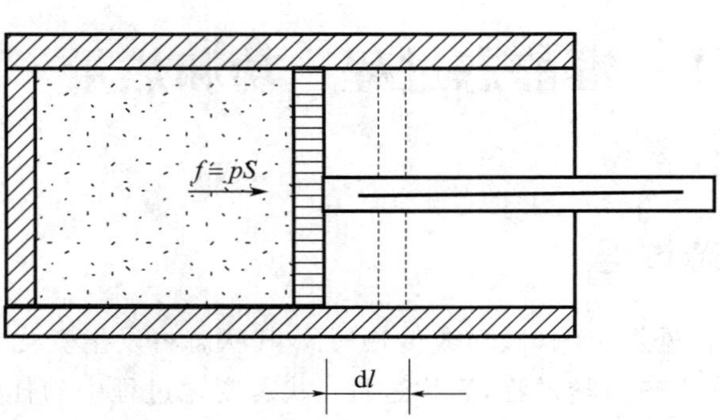

图 8-2　气体膨胀过程

取气体为系统，气缸、活塞及大气均视为外界，当气体作微小膨胀时，系统对外界做的功为

$$\mathrm{d}W = f\mathrm{d}l = pS\mathrm{d}l = p\mathrm{d}V \tag{8-1}$$

若系统从初态 Ⅰ 经过一个准静态过程变化到末态 Ⅱ，则系统对外界做的总功为

$$W = \int_{\mathrm{I}}^{\mathrm{II}} \mathrm{d}W = \int_{V_1}^{V_2} p\mathrm{d}V \tag{8-2}$$

对应的外界对系统做的功为

$$-\mathrm{d}W = -p_e S\mathrm{d}l = -p_e \mathrm{d}V$$

因为对准静态过程有 $p_e = p$，代入上式，得

$$-W = -\int_{V_1}^{V_2} p\mathrm{d}V$$

式中，V_1 与 V_2 分别表示系统在初态和末态的体积；p 为系统压强的绝对值；$\mathrm{d}V$ 为代数值，系统膨胀时 $\mathrm{d}V > 0$，系统被压缩时 $\mathrm{d}V < 0$。可知系统膨胀时，$\mathrm{d}V > 0$，$\mathrm{d}W > 0$，即系统对外界做正功；系统压缩时，$\mathrm{d}V < 0$，$\mathrm{d}W < 0$，即系统对外做负功，或外界对系统做正功。总之，在同一个准静态过程中，系统对外界做的功与外界对系统做的功，总是大小相等，符号相反。若系统体积不变，则 $\mathrm{d}V = 0$，$\mathrm{d}W = 0$，即外界或系统均不做功。

2. 体积功的图示

系统在一个准静态过程中做的体积功，可以在 p-V 图上直观地表示出来。在微小过程中，元功 $\mathrm{d}W$ 的大小为图 8-3 中 $V \sim V+\mathrm{d}V$ 范围内曲线下斜线所示的窄条面积。整个过程中系统做功的大小，如 Ⅰ → a → Ⅱ 过程中功的大小，为过程曲线 Ⅰ → a → Ⅱ 下、横坐标 V_1 到 V_2 之间的面积。如果系统的初态与终态仍为 Ⅰ、Ⅱ，但所经历的过程不同，如图 8-3 中 Ⅰ → b → Ⅱ 过程，显然沿 Ⅰ → b → Ⅱ 过程系统做的功大于沿 Ⅰ → a → Ⅱ 过程系统做的功。这表明，系统由一个状态变化到另一个状态时，系统对外所做功的大小与系统经历的过程有关，也就是说功是一个与过程有关的量，即功是过程量。

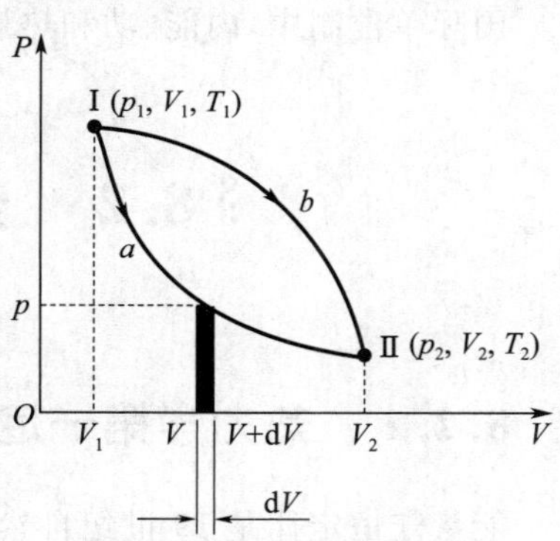

图 8-3　功的示意图

3. 热量

如果状态的改变源于热学平衡条件的破坏，即系统与外界存在温度差，这时系统就与外界存在热相互作用，其结果是能量从高温物体传递到低温物体，这些传递的能量就是**热量**。系统经不同的热力学过程从一个初态过渡到一个末态时，系统从外界吸收的热量是不同的，与具体的热力学过程有关。热量和功是系统状态变化过程中伴随发生的两种不同的能量传递形式，它们都与中间经历的过程有关，即热量和功都是过程量。

准静态过程中热量的计算有两种方法：一是热容量法，可使用公式 $\mathrm{d}Q = \dfrac{M}{M_{\mathrm{mol}}} C_{\mathrm{m}} \mathrm{d}T$ 或 $Q = \dfrac{M}{M_{\mathrm{mol}}} C_{\mathrm{m}} (T - T_0)$，其中 C_{m} 为物质在某一过程中的摩尔热容，即 1 mol 物质的热容，其值由物质和过程确定，$\mathrm{d}T$ 及 $(T - T_0)$ 均为系统温度的改变量；二是通过热力学第一定律计算过程中的热量，这将在下一节中讨论。

8.1.3　内能

对于给定的理想气体，其内能仅是温度的单值函数，即 $E = E(T)$。理想气体的内能表达

式为

$$E = \frac{M}{M_{\mathrm{mol}}} \frac{i}{2} RT \tag{8-3}$$

对于实际气体也是如此,只是当实际气体在压强较大时,气体的内能中还包括分子间的势能,该势能与气体体积有关。所以一般地讲,实际气体的内能是温度 T 和气体体积 V 的函数,即 $E = E(T,V)$。

实践表明,要改变一个热力学系统的状态,即改变其内能,有两种方式:一是外界对系统做功(做机械功或电磁功);二是向系统传递热量。例如,将一杯水从某一温度升到另一温度,可通过加热,即热传递的方法;也可用搅拌做功的方法,使该杯水升高到同一温度。两者方式虽然不同,但都使得相同的内能增加。这表明做功和传递热量是等效的,因此,**做功和传递热量均可作为内能变化的量度**。

做功与传递热量对内能的改变具有等效性,但它们在本质上存在差异。"做功"改变内能,是外界有序运动的能量与系统内分子无序热运动能量之间的转换;"传递热量"改变内能,是外界分子无序热运动的能量与系统内分子无序热运动能量之间的传递。

焦耳

国际单位制中,内能、功和热量的单位均为 J(焦耳)。

§8.2　热力学第一定律及其应用

8.2.1　热力学第一定律

能量守恒定律是 19 世纪自然科学的伟大发现之一,热力学第一定律就是关于热现象的能量守恒定律。在热力学系统状态变化时,系统能量的改变量等于系统与外界交换的能量。在准静态过程中,系统改变的仅为内能,一般情况下,与外界可能同时有功和热量的交换,即

$$\Delta E = Q + (-W)$$

或

$$Q = \Delta E + W \tag{8-4}$$

式(8-4)表示**系统吸收的热量,一部分转化成系统的内能;另一部分转化为系统对外所做的功**。这就是**热力学第一定律**的数学表达式,热力学第一定律适用于任何系统的任何过程。

在式(8-4)中,规定系统从外界吸热时,Q 为正,向外界放热时,Q 为负;系统对外界做功时,W 为正,外界对系统做功时,W 为负。

如果系统经历一微小变化,即所谓微过程,则热力学第一定律为

$$\mathrm{d}Q = \mathrm{d}E + \mathrm{d}W \tag{8-5}$$

式(8-4)与式(8-5)对准静态过程普遍成立,对非静态过程,则仅当初态和末态为平衡态时才适用。如果系统通过体积变化做功,则式(8-4)与式(8-5)可以分别写为

$$Q = \Delta E + \int_{V_1}^{V_2} p \mathrm{d}V$$

$$\mathrm{d}Q = \mathrm{d}E + p\mathrm{d}V \tag{8-6}$$

由热力学第一定律可知，要使系统对外做功，可以消耗系统的内能，也可以吸收外界的热量，或者两者兼有。历史上曾有人企图制造一种能对外不断自动做功，而不需要消耗任何燃料，也不需要提供其他能量的机器，人们称这样的机器为**第一类永动机**。然而，由于违反了热力学第一定律均告失败，因此，热力学第一定律又可表述为：**第一类永动机是不可能的**。

8.2.2　热力学第一定律在等值过程中的应用

热力学第一定律在理想气体等值过程中的应用

1. 等容过程

气体等容过程的特征是气体的体积保持不变，即 $dV = 0$。

设封闭气缸内有一定质量的理想气体，令活塞保持不动，把气缸连续地与一系列有微小温差的恒温热源相接触，使气体经历一个准静态升温过程，压强增大，但体积不变，这就是一个准静态的等容过程。

等容过程在 p-V 图上表示为一条平行于 p 轴的直线段，称为等容线，如图 8-4 所示。

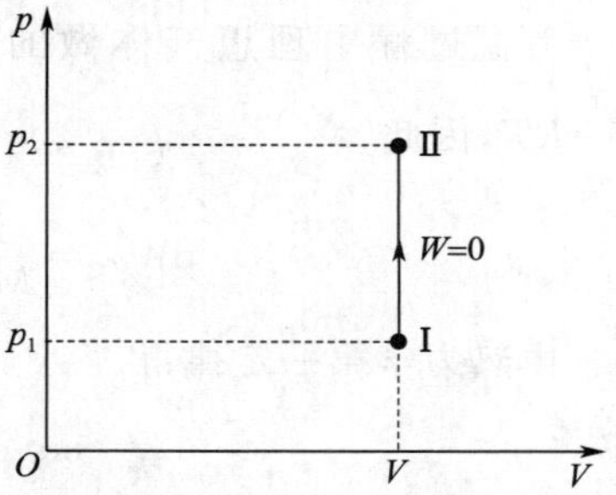

图 8-4　等容过程

等容过程中 $dV = 0$，因此系统做功 $dW = pdV = 0$。根据热力学第一定律，$dQ_V = dE$，有

$$Q_V = \Delta E = E_2 - E_1 \tag{8-7}$$

式(8-7)表明，在等容过程中，外界传给气体的热量全部用来增加气体的内能，系统对外不做功。

2. 等压过程

等压过程的特征是系统的压强保持不变，即 $dp = 0$。

设封闭气缸存储有一定质量的理想气体，与一系列恒温热源连续接触，热源的温度依次较前一个热源高，但温度相差极微。接触过程中活塞上所加外力保持不变，将有微小的热量传给气体，使气体温度略升高，压强也略增加一微小量，于是推动活塞对外做功，体积随之膨胀。体积膨胀反过来使气体压强降低，这样就保证气缸内、外的压强时刻保持不变。这样，系统经历的就是一个准静态等压过程。

等压过程在 p-V 图上表示为一条平行于 V 轴的直线段，称为等压线，如图 8-5 所示。

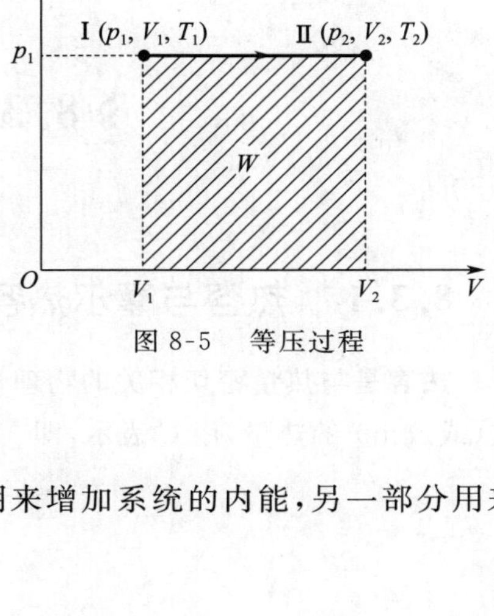

图 8-5　等压过程

在等压过程中，系统对外做功为

$$W_p = \int_{V_1}^{V_2} p dV = p(V_2 - V_1) \tag{8-8}$$

根据理想气体物态方程，可将式(8-8)写为

$$W_p = \int_{V_1}^{V_2} p dV = p(V_2 - V_1) = \frac{M}{M_{mol}} R(T_2 - T_1)$$

所以，在整个等压过程中系统所吸收的热量为

$$Q_p = \Delta E + p(V_2 - V_1) = E_2 - E_1 + \frac{M}{M_{mol}} R(T_2 - T_1) \tag{8-9}$$

式(8-9)表明，在等压过程中，系统所吸收的热量一部分用来增加系统的内能，另一部分用来

对外做功。

3. 等温过程

等温过程的特征是系统的温度保持不变,即 $dT = 0$。

设想一气缸,底部是绝对导热的,而四壁和活塞是绝对不导热的,气缸底部与恒温热源接触,当活塞上的外界压强无限缓慢地降低时,缸内气体随之逐渐膨胀,对外做功,气体内能缓慢减小,温度随之微微降低。由于气体与恒温热源相接触,当气体温度比热源温度略低时,就有微小的热量传给气体,使气体的温度维持原值不变。这样,气体就经历一个准静态等温过程。

理想气体等温过程在 p-V 图上表示为双曲线的一支,称为等温线,如图 8-6 中的 Ⅰ-Ⅱ 曲线所示。等温线把 p-V 图分为两个区域,等温线以上的区域气体的温度大于 T,等温线以下的区域气体的温度小于 T。在等温过程中,因为 $dT = 0$,所以 $dE = 0$,这表明等温过程中理想气体的内能保持不变。

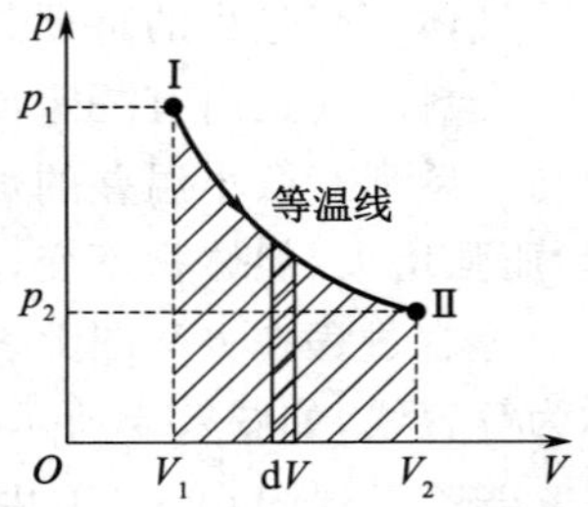

图 8-6 等温过程的功

等温过程中理想气体做的功为 $dW_T = p dV$,又有 $pV = \frac{M}{M_{mol}}RT$,因此,

$$dW_T = \frac{M}{M_{mol}}RT\frac{dV}{V}$$

由热力学第一定律得

$$dQ_T = dW_T = \frac{M}{M_{mol}}RT\frac{dV}{V} \tag{8-10}$$

理想气体在等温过程中对外界做的功为

$$W_T = \int_{V_1}^{V_2} p dV = \frac{M}{M_{mol}}RT\int_{V_1}^{V_2}\frac{dV}{V} = \frac{M}{M_{mol}}RT\ln\frac{V_2}{V_1} \tag{8-11}$$

由热力学第一定律,可得 $Q_T = W_T$,即

$$Q_T = \frac{M}{M_{mol}}RT\ln\frac{V_2}{V_1} = \frac{M}{M_{mol}}RT\ln\frac{p_1}{p_2} \tag{8-12}$$

式(8-12) 表明,在等温过程中,理想气体所吸收的热量全部用来对外界做功,系统内能保持不变。

§8.3　气体的摩尔热容

8.3.1　热容与摩尔热容的定义

热容是与热量密切相关的物理量,它的定义为某系统(物质) 温度升高(或降低)1 K 时吸收(或放出) 的热量,用 C 表示,即

$$C = \frac{dQ}{dT} \tag{8-13}$$

单位为 $J \cdot K^{-1}$。单位质量物质的热容称为比热容,用 c 表示,单位为 $J \cdot K^{-1} \cdot kg^{-1}$;热容与比热容的关系为 $C = Mc$。

摩尔热容是指1 mol物质温度升高(或降低)1 K时吸收(或放出)的热量,用 C_m 表示,单位为 $J \cdot mol^{-1} \cdot K^{-1}$。热容与摩尔热容之间的关系为 $C = \frac{M}{M_{mol}} C_m$,式中,$M$ 为物质的质量,M_{mol} 为物质的摩尔质量,比值 $\frac{M}{M_{mol}}$ 为对应的物质的量。由定义可知,不论是热容还是比热容,它们均是过程量,对于给定的系统(物质),进行的过程不同,其热容也不同。对于理想气体,最常用的是等容过程的摩尔热容和等压过程的摩尔热容。固体或液体也有这两种摩尔热容,但由于它们的体积膨胀系数比气体小得多,因膨胀而对外所做的功可以忽略不计,所以这两种摩尔热容实际差值很小,一般不予区别。

8.3.2　理想气体的摩尔热容

1. 理想气体的定容摩尔热容

在等容过程中,1 mol气体物质温度升高(或降低)1 K时吸收(或放出)的热量称为定容摩尔热容,即

$$C_{V,m} = \left(\frac{dQ}{dT}\right)_V$$

由等容过程公式 $dQ_V = dE$,则有

$$C_{V,m} = \left(\frac{dE}{dT}\right)_V \tag{8-14}$$

对理想气体有 $dE = \frac{i}{2} R dT$,代入式(8-14),可得理想气体定容摩尔热容为

$$C_{V,m} = \frac{i}{2} R \tag{8-15}$$

式中,i 为分子自由度;R 为普适气体常量。可见,理想气体定容摩尔热容只与分子自由度有关,而与气体的状态(p,T)无关。

对于单原子分子理想气体,$i = 3$,$C_{V,m} = \frac{3}{2} R$;对于刚性双原子分子气体,$i = 5$,$C_{V,m} = \frac{5}{2} R$;对于刚性多原子分子气体 $i = 6$,$C_{V,m} = \frac{6}{2} R$。

把式(8-15)代入理想气体的内能表达式(8-3),得

$$E = \frac{M}{M_{mol}} C_{V,m} T \tag{8-16}$$

2. 理想气体的定压摩尔热容

在等压过程中,1 mol物质温度升高(或降低)1 K时吸收(或放出)的热量称为定压摩尔热容,即

$$C_{p,m} = \left(\frac{dQ}{dT}\right)_p$$

由等压过程公式 $dQ_p = dE + p dV$,则有

$$C_{p,\mathrm{m}}=\frac{\mathrm{d}E}{\mathrm{d}T}+p\,\frac{\mathrm{d}V}{\mathrm{d}T}$$

对于 1 mol 理想气体,因 $\mathrm{d}E=C_{p,\mathrm{m}}\mathrm{d}T$ 及 $p\mathrm{d}V=R\mathrm{d}T$,则有

$$C_{p,\mathrm{m}}=C_{V,\mathrm{m}}+R \tag{8-17}$$

式(8-17)称为**迈耶公式**,表示 1 mol 理想气体的定压摩尔热容比定容摩尔热容大一个恒量 R。也就是说,在等压过程中,温度升高 1 K 时,1 mol 理想气体比在等容过程中多吸取 8.31 J 的热量,用来转换为膨胀时对外做的功。

3. 比热容比

系统的定压摩尔热容 $C_{p,\mathrm{m}}$ 与定容摩尔热容 $C_{V,\mathrm{m}}$ 的比值,称为系统的比热容比,用 γ 表示,工程上称为绝热系数,即

$$\gamma=\frac{C_{p,\mathrm{m}}}{C_{V,\mathrm{m}}}$$

由于 $C_{p,\mathrm{m}}>C_{V,\mathrm{m}}$,所以 $\gamma>1$。

对于理想气体,由 $C_{p,\mathrm{m}}=C_{V,\mathrm{m}}+R$ 及 $C_{V,\mathrm{m}}=\frac{i}{2}R$,所以有

$$\gamma=\frac{C_{p,\mathrm{m}}}{C_{V,\mathrm{m}}}=\frac{C_{V,\mathrm{m}}+R}{C_{V,\mathrm{m}}}=\frac{\frac{i}{2}R+R}{\frac{i}{2}R}=\frac{i+2}{i} \tag{8-18}$$

式(8-18)表明,理想气体的比热容比只与分子的自由度有关,而与气体状态无关。对于单原子分子气体,$\gamma=\frac{5}{3}=1.67$;对于刚性双原子分子气体,$\gamma=\frac{7}{5}=1.40$;对于刚性多原子分子气体,$\gamma=\frac{8}{6}=1.33$。

§8.4　绝热过程和绝热方程的推导

8.4.1　绝热过程

如果气体在状态变化过程中,始终和外界没有热量交换,即 $\mathrm{d}Q=0$,则这个过程就是**绝热过程**。在一个被良好的绝热材料所包围的系统中进行的过程,或由于进行得很快,系统来不及和外界交换热量的过程(如内燃机中的爆炸过程等),都可近似地看作准静态绝热过程。

由于绝热过程 $\mathrm{d}Q=0$,因此根据热力学第一定律,系统对外界做功为

$$p\mathrm{d}V=-\mathrm{d}E$$

由此可见,绝热过程中系统对外做功全部是以系统内能减少为代价的。当气体由初态(温度为 T_1)绝热地膨胀到末态(温度为 T_2)时,气体对外做功为

$$\int_{V_1}^{V_2}p\mathrm{d}V=-\frac{M}{M_{\mathrm{mol}}}C_{V,\mathrm{m}}(T_2-T_1) \tag{8-19}$$

从式(8-19)可看出，当气体绝热膨胀对外做功时，气体内能减少，温度要降低，而压强也在减小，所以在绝热过程中，气体的温度、压强、体积这 3 个参量都同时改变。可以证明，p、V、T 之间的关系为

$$pV^{\gamma} = \text{恒量} \tag{8-20}$$

$$TV^{\gamma-1} = \text{恒量} \tag{8-21}$$

$$p^{\gamma-1}T^{-\gamma} = \text{恒量} \tag{8-22}$$

式(8-20)、式(8-21)和式(8-22)均称为绝热过程方程，简称**绝热方程**。式中指数 γ 为理想气体的比热容比($C_{p,\mathrm{m}}/C_{V,\mathrm{m}}$)。三个方程中的各恒量均不相同，使用时可根据问题的方便任取一个方程来应用。

p-V 图上的绝热曲线是根据绝热方程 $pV^{\gamma}=$ 恒量绘制的。图 8-7 所示为过一点 A 的同一气体的绝热线和等温线。可以看出，通过同一点的绝热线比等温线陡些，对两条曲线交点 A 处的斜率进行计算，也证实了这一点。

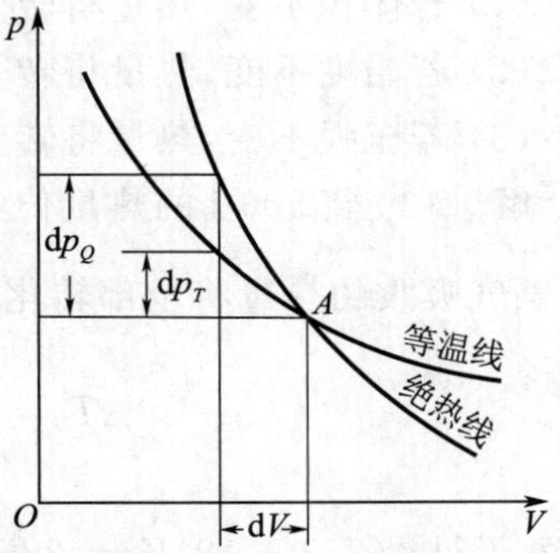

图 8-7 绝热线比等温线陡

等温线：由 $pV=C$，等式两边微分，整理后，斜率为 $\dfrac{\mathrm{d}p}{\mathrm{d}V_T}=-\dfrac{p}{V}$，则点 A 处的斜率为

$$\frac{\mathrm{d}p}{\mathrm{d}V_T}=-\frac{p_A}{V_A}$$

绝热线：由 $pV^{\gamma}=C$，等式两边微分，整理后，斜率为 $\dfrac{\mathrm{d}p}{\mathrm{d}V_Q}=-\gamma\dfrac{p}{V}$，则点 A 处的斜率为

$$\frac{\mathrm{d}p}{\mathrm{d}V_Q}=-\gamma\frac{p_A}{V_A}$$

由于 $\gamma>1$，比较以上两式，因此绝热线比等温线陡。因为等温过程中压强的减小量 $(\Delta p)_T$ 仅是体积增大引起的，而在绝热过程中压强的减小量 $(\Delta p)_Q$，是由体积增大和温度降低两个原因引起的，所以 $(\Delta p)_Q$ 的值比 $(\Delta p)_T$ 的值要大。

8.4.2 绝热方程的推导

根据热力学第一定律及绝热过程特征 $\mathrm{d}Q=0$，可得

$$p\mathrm{d}V=-\frac{M}{M_{\mathrm{mol}}}C_{V,\mathrm{m}}\mathrm{d}T$$

将理想气体物态方程 $pV=\dfrac{M}{M_{\mathrm{mol}}}RT$ 两边取微分，得

$$p\mathrm{d}V+V\mathrm{d}p=\frac{M}{M_{\mathrm{mol}}}R\mathrm{d}T$$

将上述两个方程联立，得

$$(C_{V,\mathrm{m}}+R)p\mathrm{d}V=-C_{V,\mathrm{m}}V\mathrm{d}p$$

因 $C_{p,\mathrm{m}}=C_{V,\mathrm{m}}+R$，$\gamma=\dfrac{C_{p,\mathrm{m}}}{C_{V,\mathrm{m}}}$，则有

$$\frac{\mathrm{d}p}{p}+\gamma\frac{\mathrm{d}V}{V}=0$$

将上式两边积分,得

$$\ln p + \ln V^{\gamma} = 恒量$$

$$pV^{\gamma} = 恒量$$

得到绝热方程(8-20)。应用 $pV = \frac{M}{M_{\text{mol}}}RT$ 和式(8-20) 分别消去 p 或 V,可得

$$TV^{\gamma-1} = 恒量$$

$$p^{\gamma-1}T^{-\gamma} = 恒量$$

例 8-1　在标准状态下,2 mol 的氢气吸收 500 J 的热量,问:

(1) 若体积不变,热量将转变成什么?氢气的温度是多少?

(2) 若温度不变,热量将转变成什么?氢气的压强和体积是多少?

(3) 若压强不变,热量将转变成什么?氢气的温度和体积是多少?

解　(1) 将 500 J 的热量传给 2 mol 的氢气,在体积保持不变的情况下,根据热力学第一定律,氢气吸收的热量将全部转化为内能,即 $Q = \Delta E = \frac{M}{M_{\text{mol}}}C_{V,\text{m}}(T_2 - T_1)$,得

$$\Delta T = \frac{Q}{\frac{M}{M_{\text{mol}}}C_{V,\text{m}}} = \frac{500}{2 \times \frac{5}{2} \times 8.31}\text{K} \approx 12\ \text{K}$$

从而,$T_2 = (273 + 12)\text{K} = 285\ \text{K}$。

(2) 温度保持不变时,根据热力学第一定律,氢气吸收的热量将全部转化为气体对外做的功,即

$$Q = W = \frac{M}{M_{\text{mol}}}RT\ln\frac{V_2}{V_1}$$

而
$$\ln\frac{V_2}{V_1} = \frac{Q}{\frac{M}{M_{\text{mol}}}RT} = \frac{500}{2 \times 8.31 \times 273} \approx 0.11$$

则
$$V_2 = V_1 e^{0.11} = 2 \times 22.4 \times 10^{-3} \times e^{0.11}\ \text{m}^3 \approx 5.0 \times 10^{-2}\ \text{m}^3 = 50\ \text{L}$$

$$p_2 = \frac{p_1V_1}{V_2} = \frac{1.0 \times 2 \times 22.4}{50}\text{atm} = 0.9\ \text{atm}$$

(3) 压强保持不变时,根据热力学第一定律,氢气吸收的热量将一部分转变为内能的增量,一部分转变成气体对外做的功,即

$$Q = \Delta E + W = \frac{M}{M_{\text{mol}}}C_{V,\text{m}}(T_2 - T_1) + \frac{M}{M_{\text{mol}}}R(T_2 - T_1) = \frac{M}{M_{\text{mol}}}C_{p,\text{m}}(T_2 - T_1)$$

而
$$T_2 - T_1 = \frac{Q}{\frac{M}{M_{\text{mol}}}C_{p,\text{m}}} = \frac{500}{2 \times \frac{i+2}{2}R} = \frac{500}{7 \times 8.31}\text{K} \approx 8.6\ \text{K}$$

则
$$T_2 = (273 + 8.6)\text{K} = 281.6\ \text{K}$$

$$V_2 = \frac{T_2}{T_1}V_1 = \frac{281.6}{273} \times 2 \times 22.4\ \text{m}^3 = 0.046\ \text{m}^3 = 46\ \text{L}$$

例 8-2　1 mol 单原子理想气体，由状态 $a(p_1, V_1)$，先等容加热使压强增大 1 倍，再等压加热使体积增大 1 倍，最后再经绝热膨胀，使其温度降至初始温度，如图 8-8 所示。试求：

(1) 状态 d 的体积 V_d；

(2) 整个过程对外做的功；

(3) 整个过程吸收的热量。

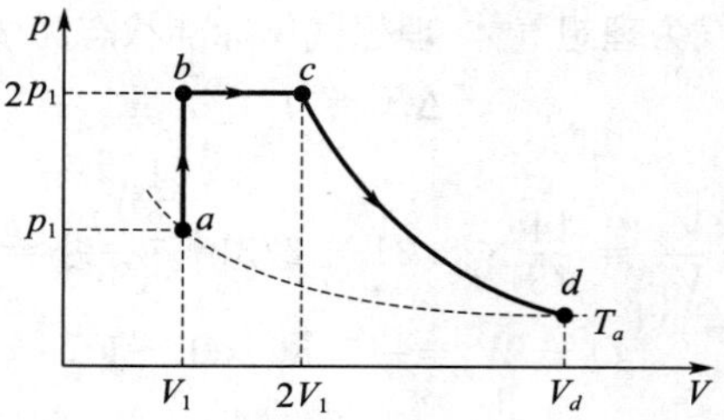

图 8-8　例 8-2 图

解　(1) 根据状态方程 $T_a = \frac{p_1 V_1}{R}$，依题意得，$T_d = T_a = \frac{p_1 V_1}{R}$，$T_c = \frac{p_c V_c}{R}$，则

$$T_c = \frac{(2p_1)(2V_1)}{R} = \frac{4p_1 V_1}{R} = 4T_a$$

c 点与 d 点在同一绝热线上，由绝热方程 $T_c V_c^{\gamma-1} = T_d V_d^{\gamma-1}$，得

$$V_d = \left(\frac{T_c}{T_d}\right)^{\frac{1}{\gamma-1}} V_c = 4^{\frac{1}{1.67-1}} \times 2V_1 = 15.8V_1$$

(2) 先求各分过程的功，即

$$W_{ab} = 0$$

$$W_{bc} = 2p_1(2V_1 - V_1) = 2p_1 V_1$$

$$W_{cd} = -\Delta E_{cd} = -C_{V,\mathrm{m}}(T_d - T_c) = C_{V,\mathrm{m}}(T_c - T_d)$$

$$= \frac{3}{2}R(4T_a - T_a) = \frac{9}{2}RT_a = \frac{9}{2}p_1 V_1$$

则整个过程对外做的总功为

$$W = W_{ab} + W_{bc} + W_{cd} = \frac{13}{2}p_1 V_1$$

(3) 计算整个过程吸收的总热量有两种方法。

方法一：根据整个过程吸收的总热量等于各分过程吸收热量的和，先求各分过程热量为

$$Q_{ab} = C_{V,\mathrm{m}}(T_b - T_a) = \frac{3}{2}R(T_b - T_a) = \frac{3}{2}p_1 V_1$$

$$Q_{bc} = C_{p,\mathrm{m}}(T_c - T_b) = \frac{5}{2}R(T_c - T_b) = \frac{5}{2}(p_c V_c - p_b V_b) = 5p_1 V_1$$

$$Q_{cd} = 0$$

所以

$$Q = Q_{ab} + Q_{bc} + Q_{cd} = \frac{13}{2}p_1 V_1$$

方法二：对 $abcd$ 整个过程应用热力学第一定律，得

$$Q_{abcd}=\Delta E_{ad}+W_{abcd}$$

依题意,由于 $T_a=T_d$,故 $\Delta E_{ad}=0$,则

$$Q_{abcd}=W_{abcd}=\frac{13}{2}p_1V_1$$

例 8-3　质量为0.014 kg的氮气在标准状态下经下列过程压缩为原体积的一半:(1) 等温过程;(2) 等压过程;(3) 绝热过程。试计算在这些过程中气体内能的改变量,传递的热量和系统做功的多少(设氮气为理想气体;理想气体标准状态为 $p=101.3\ \text{kPa}$,$T=273.15\ \text{K}$)

解　(1) 对等温过程,有　　$\Delta E=0$

$$W=\frac{M}{M_{\text{mol}}}RT\ln\frac{V_2}{V_1}=\frac{14}{28}\times 8.31\times 273\ln\frac{\frac{1}{2}V_1}{V_1}\ \text{J}=-7.86\times 10^2\ \text{J}$$

$$Q=W=-7.86\times 10^2\ \text{J}$$

(2) 对等压过程,由理想气体物态方程 $pV=\dfrac{M}{M_{\text{mol}}}RT$,可得

$$T_2=\frac{1}{2}T_1$$

$$\Delta E=\frac{M}{M_{\text{mol}}}C_{V,\text{m}}(T_2-T_1)=\frac{14}{28}\times\frac{5}{2}\times 8.31\times\left(\frac{1}{2}\times 273-273\right)\text{J}=-1.42\times 10^3\ \text{J}$$

$$Q=\frac{M}{M_{\text{mol}}}C_{p,\text{m}}(T_2-T_1)=\frac{14}{28}\times\frac{7}{2}\times 8.31\times\left(\frac{1}{2}\times 273-273\right)\text{J}=-1.99\times 10^3\ \text{J}$$

$$W=Q-\Delta E=[-1.99\times 10^3-(-1.42\times 10^3)]\text{J}=-5.7\times 10^2\ \text{J}$$

(3) 对绝热过程,有　　$Q=0$

由绝热方程 $V_1^{\gamma-1}T_1=V_2^{\gamma-1}T_2$,代入 $\gamma=\dfrac{C_{p,\text{m}}}{C_{V,\text{m}}}=\dfrac{7}{5}$,$V_2=\dfrac{1}{2}V_1$,得

$$T_2=T_1\sqrt[5]{4}=273\sqrt[5]{4}\ \text{K}=360.4\ \text{K}$$

所以内能的增量为

$$\Delta E=\frac{M}{M_{\text{mol}}}C_{V,\text{m}}(T_2-T_1)=\frac{14}{28}\times\frac{5}{2}\times 8.31\times(360.4-273.15)\ \text{J}=906.1\ \text{J}$$

$$W=-\Delta E=-906.1\ \text{J}$$

§8.5　循环过程　卡诺循环

8.5.1　循环过程

循环过程的意义在于实际应用的需要。在生产技术上需要将热与功之间的转换持续下去,这就需要利用循环过程。系统从某一状态出发,经过一系列状态变化过程后,又回到原来出发时的状态,这样的过程称为**循环过程**,简称**循环**。由于系统的内能是状态的单值函数,系

统经历一个循环过程回到原始状态时，内能没有改变，因此循环过程的重要特征是 $\Delta E = 0$。如果系统所经历的循环过程中各部分过程都是准静态过程，则整个过程就是准静态循环过程，在 p-V 图上即为一条闭合曲线。

如果循环沿着顺时针方向进行，称为正循环(热机循环)，如图 8-9 所示。在正循环中，系统膨胀过程对外界做的功，大于系统压缩过程外界对系统做的功，整个正循环中，系统对外所做的净功 $W > 0$，在数值上等于循环曲线包围的面积。由于循环过程 $\Delta E = 0$，则由热力学第一定律可知，系统从外界吸收的热量 Q_1 大于放出的热量 Q_2，差值就等于系统对外做的净功，即

$$W = Q_1 - Q_2$$

式中，Q_1 和 Q_2 表示在循环过程中吸收和放出的热量的绝对值。

如果循环是逆时针方向进行，则称为逆循环(致冷机循环)，如图 8-10 所示。在逆循环中，系统膨胀过程对外界做的功，小于系统压缩过程外界对系统做的功。整个逆循环中，系统对外界所做的净功 $W < 0$，在数值上等于循环曲线包围的面积。

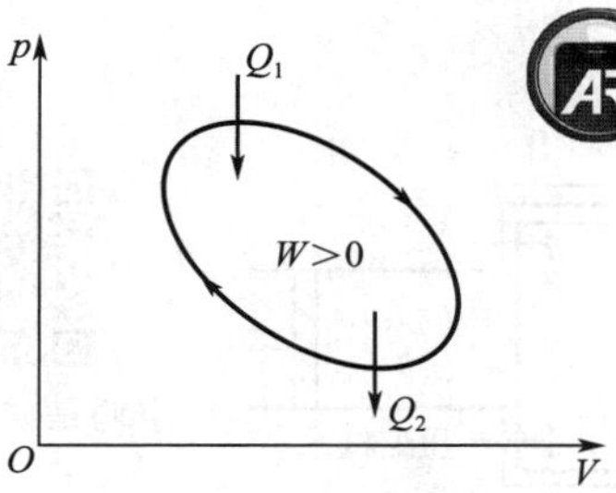

图 8-9　正循环(热机循环)

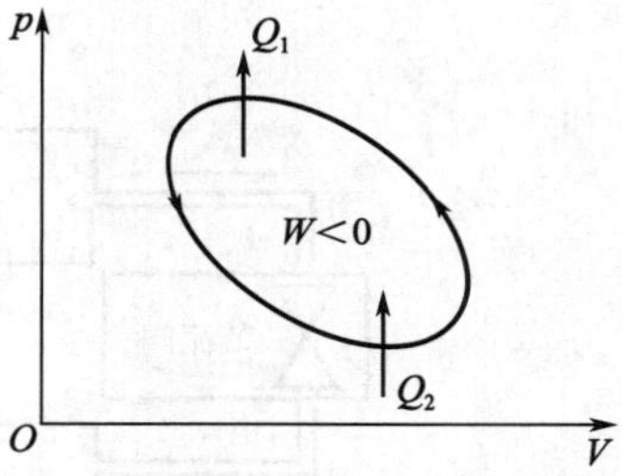

图 8-10　逆循环(致冷机循环)

8.5.2　热机　热机的效率

所谓**热机**就是指通过正循环把热量不断转换为功的机器。例如，蒸汽机、内燃机、汽轮机、喷气发动机等都是常用的热机。现以蒸汽机为例来说明热机的工作原理，图 8-11 所示为蒸汽机的工作示意图。

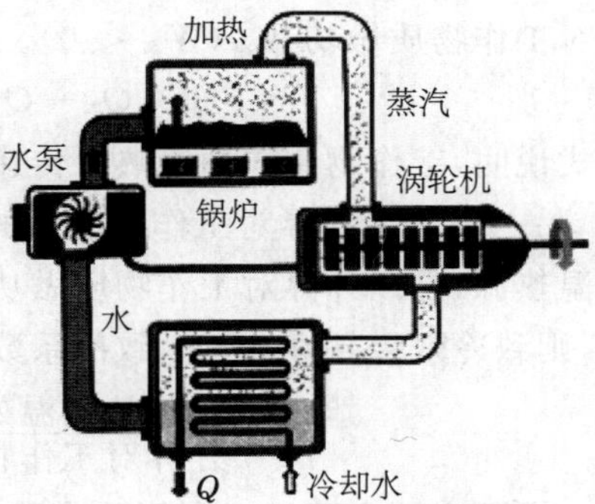

图 8-11　蒸汽机的工作示意图

水在锅炉加热变成高温高压的蒸汽，然后通过管道推动涡轮机对外做功，当蒸汽对外做功时，其温度和压强相继降低，同时变成废气，便进入冷凝器放热从而凝结为水，然后再用水泵打入锅炉开始下一个循环。在热机工作中被用来吸收热量并对外做功的物质称为工作物质，简称**工质**。对蒸汽机来说，蒸汽或水就是工作物质。

从能量转化的角度看，工作物质(蒸汽)从高温热源(锅炉)吸收热量 Q_1，内能增加，然后一部分内能通过对外做功 W 转化为机械能，另一部分内能在低温(冷凝器)放热 Q_2 传给外界，整个循环过程满足

$$Q_1 = Q_2 + W_{净}$$

在实际问题中，从高温热源吸收的热量有多少转化为对外做的功更加重要。因此，把一次循环中工作物质对外做的净功占它从高温热源吸收热量的比定义为热机效率，用 η 表示为

$$\eta=\frac{\text{输出功}}{\text{吸收的热量}}=\frac{W_{净}}{Q_1}=1-\frac{Q_2}{Q_1} \tag{8-23}$$

式中，Q_1 为整个循环过程中吸收热量的总和；Q_2 为放出热量总和的绝对值；$W_{净}$ 为系统对外做的功。显然，当工作物质吸收相同的热量时，对外做的功越多，热机效率越高。

8.5.3 致冷机 致冷系数

所谓的致冷机就是通过逆循环，利用外界对工作物质做功，使从低温热源吸收的热量不断地传递给高温热源的机器。

冰箱就是一种致冷机。它的工作物质称为致冷剂，常用的致冷剂有氟利昂、氨等。图 8-12 所示为电冰箱的工作原理示意图。液化后的致冷剂从蒸发器(低温热源) 中吸热蒸发，经压缩机急速压缩为高温高压气体，然后通过冷凝器向大气(高温热源) 放热并凝结为液体，经节流阀的小口通道，进一步降温降压后再进入蒸发器，然后进行下一个循环。

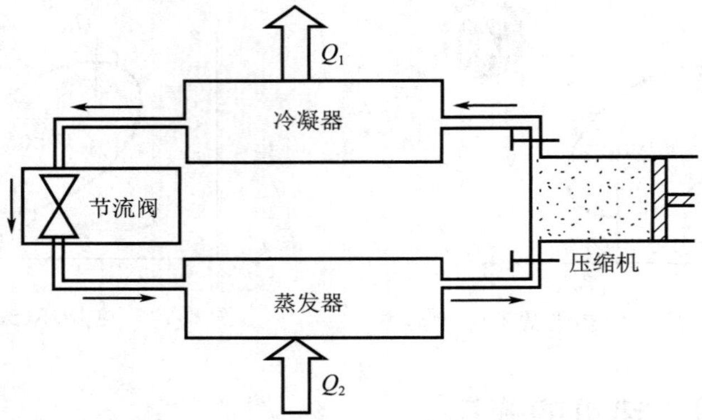

空调是如何工作的？

图 8-12 电冰箱的工作原理示意图

在整个过程中，工作物质从低温热源吸热 Q_2，向高温热源放热 Q_1，要实现这一点，外界必须对工作物质做功 $W_{净}$($W_{净}<0$)。由于循环过程中 $\Delta E=0$，因此，根据热力学第一定律，可得

$$Q_2-Q_1=-W \quad \text{或} \quad Q_1=Q_2+W$$

上式说明，工作物质向高温热源传递的热量 Q_1 来自两部分：一部分是从低温热源吸收的热量 Q_2，另一部分是外界对工作物质做的功 $W_{净}$，换句话说，工作物质从低温热源吸收热量传递到高温热源，是以外界对工作物质做功为代价的。从低温热源吸热越多，外界对工作物质做功越少，则致冷效果越好，因此，致冷系数定义为

$$e=\frac{\text{从低温处吸取的热量}}{\text{外界对工作物质所做净功大小}}=\frac{Q_2}{|W_{净}|}=\frac{Q_2}{Q_1-Q_2} \tag{8-24}$$

实际应用中还可以利用致冷装置来提升温度，以此为目的制作的致冷机称为热泵。例如，冬天以室外大气为低温热源，室内为高温热源，热泵从室外吸热，连同外界的功一起向室内供热，使室内温度升高；夏天以室内为低温热源，室外大气为高温热源，则可使室内温度降低。这就是冷暖空调的工作原理。

8.5.4　卡诺循环

19 世纪初，蒸汽机在工业上的应用越来越广泛，但当时蒸汽机的效率很低，只有 3% ～ 5%。大部分热量没有得到充分利用，许多人都为提高热机效率而努力。1824 年，年仅 28 岁的法国青年工程师卡诺提出了一种理想循环的热机 —— 卡诺热机，并从理论上得出这种热机效率的极限。卡诺的研究不仅为提高热机效率指明了方向，而且对热力学第二定律的建立起了重要的作用。

卡诺热机的循环过程称为**卡诺循环**，卡诺循环是在两个恒定的热源(一个高温热源、一个低温热源)之间工作的准静态循环过程，是由两个准静态等温过程和两个准静态绝热过程所组成的循环，卡诺热机的工作物质可以是固体、液体或气体。

下面分析以理想气体为工作物质的卡诺正循环，并求出其效率。卡诺循环在 p-V 图上是分别由温度为 T_1 和 T_2 的两条等温线和两条绝热线组成的封闭曲线，如图 8-13 所示。

(1)1 → 2：等温膨胀过程。气体体积由 V_1 增大到 V_2，它从高温热源吸收的热量为

$$Q_1 = \frac{M}{M_{\text{mol}}} R T_1 \ln \frac{V_2}{V_1}$$

(2)2 → 3：绝热膨胀过程。气体温度降到 T_2，体积增大到 V_3。过程中无热量交换，但对外界做功。

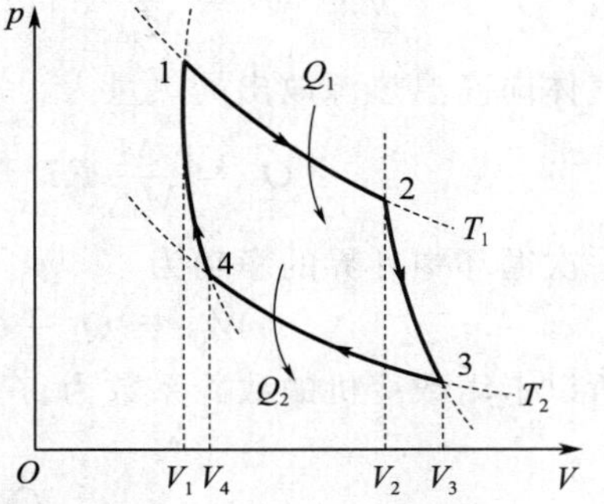

图 8-13　卡诺正循环

(3)3 → 4：等温压缩过程。气体体积缩小到一适当值，使状态 4 和状态 1 位于同一条绝热线上。过程中外界对气体做功，气体向温度为 T_2 的低温热源放热 Q_2，Q_2 的大小为

$$Q_2 = \frac{M}{M_{\text{mol}}} R T_2 \ln \frac{V_3}{V_4}$$

(4)4 → 1：绝热压缩过程。回到原来的状态 1，完成一次循环。过程中无热量交换，而外界对气体做功。

根据循环效率定义可得，以理想气体为工作物质的卡诺循环的效率为

$$\eta = 1 - \frac{Q_2}{Q_1} = 1 - \frac{T_2 \ln \frac{V_3}{V_4}}{T_1 \ln \frac{V_2}{V_1}}$$

对绝热过程 2 → 3 和 4 → 1 分别应用绝热方程，有

$$T_1 V_2^{\gamma-1} = T_2 V_3^{\gamma-1}$$

$$T_1 V_1^{\gamma-1} = T_2 V_4^{\gamma-1}$$

对以上两式比较，则有

$$\frac{V_2}{V_1} = \frac{V_3}{V_4}$$

代入效率公式后，可得

$$\eta_{\text{卡}} = 1 - \frac{T_2}{T_1} = \frac{T_1 - T_2}{T_2} \tag{8-25}$$

由上可知：

(1) 要完成一次卡诺循环，必须有温度一定的高温和低温两个热源(也称为温度一定的热源和冷源)；

(2) 卡诺循环的效率只与两个热源温度有关，高温热源温度越高，低温热源温度越低，卡诺循环的效率越高；

(3) 由于不能实现 $T_1=\infty$ 或 $T_2=0$，因此，卡诺循环的效率总是小于 1；

(4) 在相同高温热源和低温热源之间工作的一切热机中，卡诺热机的效率最高。

若卡诺循环按逆时针方向进行，则构成卡诺致冷机，如图 8-14 所示。

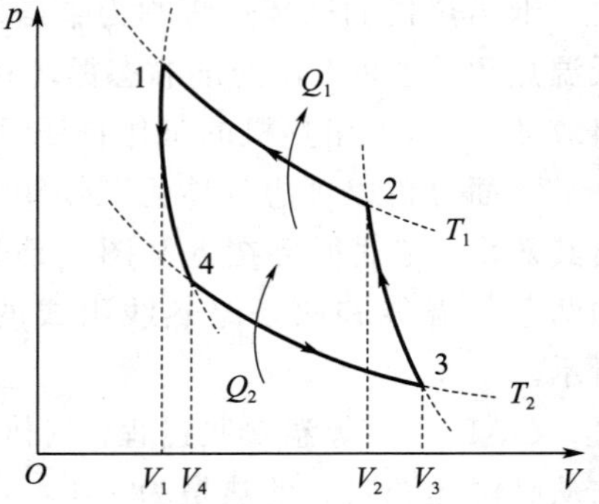

图 8-14　卡诺逆循环

气体和低温热源接触，从低温热源吸收的热量为

$$Q_2=\frac{M}{M_{\mathrm{mol}}}RT_2\ln\frac{V_3}{V_4}$$

气体向高温热源放出的热量为

$$Q_1=\frac{M}{M_{\mathrm{mol}}}RT_1\ln\frac{V_2}{V_1}$$

一次循环中外界的净功为

$$W_{净}=Q_1-Q_2$$

所以卡诺致冷机的致冷系数为

$$e_{卡}=\frac{Q_2}{|W_{净}|}=\frac{\frac{M}{M_{\mathrm{mol}}}RT_2\ln\frac{V_3}{V_4}}{\frac{M}{M_{\mathrm{mol}}}RT_1\ln\frac{V_2}{V_1}-\frac{M}{M_{\mathrm{mol}}}RT_2\ln\frac{V_3}{V_4}}$$

同理，利用关系 $\frac{V_2}{V_1}=\frac{V_3}{V_4}$ 代入上式后，可得

$$e_{卡}=\frac{T_2}{T_1-T_2} \tag{8-26}$$

可见，卡诺致冷机的致冷系数也只与两个热源的温度有关。与效率不同的是，高温热源温度越高，低温热源温度越低，则致冷系数越小，这意味着从温度越低的冷源中吸取相同的热量 Q_2，外界需要消耗更多的功 $W_{净}$。致冷系数可以大于 1，如一台致冷机输入功率为 830 W，致冷量为 2 300 W 的空调，其致冷系数约为 2.77。

例 8-4　1 mol 单原子理想气体所经历的循环过程如图 8-15 所示，其中 AB 为等温过程，BC 为等压过程，CA 为等容过程，已知 $V_A=3.00$ L，$V_B=6.00$ L，求此循环过程的效率。

解　AB 为等温过程，设 $T_A=T_B=T$，由 BC 为等压过程，有

$$T_C=\frac{V_C}{V_B}T_B=\frac{V_A}{V_B}T_B=\frac{1}{2}T$$

AB 为等温过程，有

$$Q_{AB}=\frac{M}{M_{\mathrm{mol}}}RT\ln\frac{V_B}{V_A}=RT\ln 2$$

BC 为等压过程，有

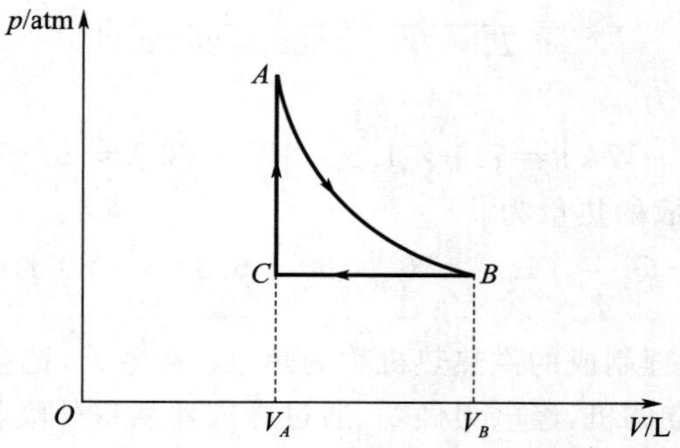

图 8-15　例 8-4 图

$$Q_{BC}=\frac{M}{M_{\mathrm{mol}}}C_{p,\mathrm{m}}(T_C-T_B)=\frac{5}{2}R(T_C-T_B)=-\frac{5}{4}RT$$

CA 为等体过程，有

$$Q_{CA}=\frac{M}{M_{\mathrm{mol}}}C_{V,\mathrm{m}}(T_A-T_C)=\frac{3}{2}R(T_A-T_C)=-\frac{3}{4}RT$$

则循环的效率为

$$\eta=1-\frac{Q_2}{Q_1}=1-\frac{|Q_{BC}|}{|Q_{AB}|+|Q_{CA}|}=1-\frac{\frac{5}{4}}{\ln 2+\frac{3}{4}}=13.4\%$$

例 8-5　以氢气为工作物质的卡诺循环，如果在绝热膨胀时，末态的压强是初态压强的一半，求循环的效率。

解　根据卡诺循环的效率 $\eta=1-\frac{T_2}{T_1}$，由绝热方程

$$\frac{p_1^{\gamma-1}}{T_1^{\gamma}}=\frac{p_2^{\gamma-1}}{T_2^{\gamma}}$$

得

$$\frac{T_2}{T_1}=\left(\frac{p_2}{p_1}\right)^{\frac{\gamma-1}{\gamma}}$$

因为氢气为双原子分子气体，$\gamma=1.40$，又因为 $\frac{p_2}{p_1}=\frac{1}{2}$，得

$$\frac{T_2}{T_1}=0.82$$

则循环效率

$$\eta=1-\frac{T_2}{T_1}=18\%$$

例 8-6　一卡诺致冷机从温度为 -10 ℃ 的冷库中吸取热量，释放到温度为 27 ℃ 的室外空气中，若致冷机耗费的功率是 1.5 kW，求：(1) 每分钟从冷库中吸收的热量；(2) 每分钟向室外空气中释放的热量。

解　(1) 根据卡诺致冷系数，有

$$e_{卡} = \frac{T_2}{T_1 - T_2} = \frac{263}{300 - 263} = 7.1$$

所以从冷库中吸收的热量为

$$Q_2 = e_{卡} |W_{净}| = 7.1 \times 1.5 \times 10^3 \times 60 \text{ J} = 6.39 \times 10^5 \text{ J}$$

(2) 向室外空气中释放的热量为

$$Q_1 = |W_{净}| + Q_2 = (1.5 \times 10^3 \times 60 + 6.39 \times 10^5) \text{ J} = 7.29 \times 10^5 \text{ J}$$

根据致冷机的致冷原理制成的供热热机称为热泵。在冬天,把空调机的冷冻器放在室外,而散热器放在室内,开动空调机,经电力做功,通过冷冻器从室外吸收热量,通过散热器向室内放热,即达到供热取暖的目的。热泵供热获得的热量大于消耗的电功,例8-6中消耗的电功为

$$W_{净} = 1.5 \times 10^3 \times 60 \text{ J} = 9.0 \times 10^4 \text{ J}$$

提供的热量为

$$Q_1 = |W_{净}| + Q_2 = 7.29 \times 10^5 \text{ J}$$

可知 $Q_1 > |W_{净}|$,这是最经济的供热方式。在夏天,只需将冷冻器与散热器位置互换,经空调机做功,从室内吸取热量,向室外释放热量,即达到室内降温的目的。可见致冷机可以致冷,也可以供热,供热时即为热泵。

§8.6　热力学第二定律　卡诺定理

热力学第一定律指出了热力学过程中的能量守恒关系。然而,人们在研究热机工作原理时发现,满足能量守恒的热力学过程不一定都能进行。实际的热力学过程都只能按一定的方向进行,而热力学第一定律并没有阐述系统变化进行的方向。热力学第二定律就是关于自然过程方向性的规律。

8.6.1　开尔文表述

分析热机循环效率公式 $\eta = 1 - \frac{Q_2}{Q_1}$,显然,如果向低温热源放出的热量 Q_2 越少,效率 η 就越大;当 $Q_2 = 0$ 时,即不需要低温热源,只存在一个单一温度的热源,即从单一热源吸收的热量全部转化为功(这不违反能量守恒定律),循环效率就可达到100%。然而长期实践表明,循环效率达100%的热机是无法实现的。在这个基础上,开尔文于1851年提出了一条重要规律,称为**热力学第二定律**。这一定律表述为:**不可能制成一种循环动作的热机只从一个单一温度的热源吸取热量,并使其全部变为有用功,而不引起其他变化**。这就是热力学第二定律的开尔文表述,如图8-16所示。

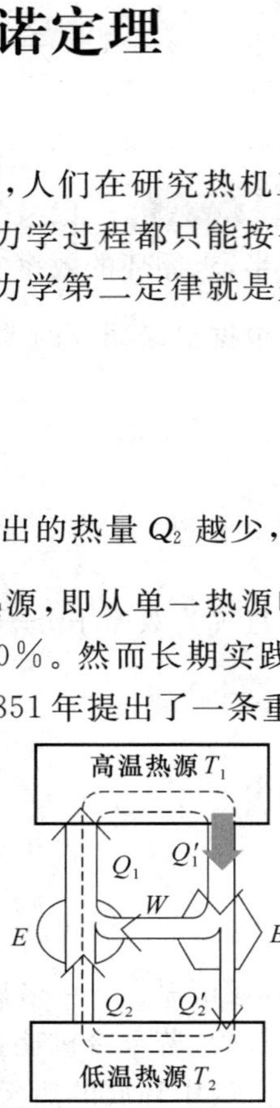

图8-16　热力学第二定律

在开尔文叙述中,“循环动作”“单一热源”“不引起其他变化”是三个关键条件。理想气体等温膨胀过程,固然能把吸收的热量完全转变为功,但它不是循环动作的热机,而且又产生了其他变化(如气体膨胀,活塞位置变动),并未回到初始状态。如果

热源系统内部温度不均，有高、低温部分，就有放热出现，这与放热为零的要求不符，且相当于多个热源。

从单一热源吸热并将热量全部转变为功的热机通常称为**第二类永动机**，所以热力学第二定律也可表达为：**第二类永动机是不可能实现的**。

根据热力学第二定律的开尔文叙述，各个工作热机必然会排出余热。伴随着排出废水、废气，形成所谓的热污染，这给环境保护带来了威胁。因此，在热力学第二定律允许范围内提高热机效率，减少热机释放的余热，不仅使有限的能源得到更充分的利用，同时对环保也具有重大的意义。目前热机的效率最高只能达到近 50%。液流涡轮机的效率为 48%、蒸汽涡轮机的效率为 46%、内燃机的效率为 37%、蒸汽机的效率为 8%，离热力学第二定律规定的极限都相差甚远。为此，在热能工程领域工作的现代科技人员，仍十分关注提高热机效率问题，并已形成一门独立学科分支 —— 热力经济学。

8.6.2　克劳修斯表述

克劳修斯

分析致冷系数 $e_{卡}=\dfrac{Q_2}{|W_{净}|}$，可以看出，在 Q_2 一定的情况下，外界对系统做功越少，致冷系数越高。若 $W_{净}\to 0, e\to\infty$，即外界不对系统做功，热量可以不断地从低温热源传到高温热源，但现实中不可能实现。1850 年，德国物理学家克劳修斯在总结前人大量观察和实验的基础上提出：**热量不可能自动地由低温物体传向高温物体**。这就是热力学第二定律的**克劳修斯表述**。在克劳修斯表述中，“自动地”是一个关键词，意思是不需消耗外界能量，热量可直接从低温物体传向高温物体。但这是不可能的，致冷机是通过外力做功才迫使热量从低温物体流向高温物体的。

热力学第二定律的两种表述，表面上看来各自独立，内在实质其实是一致的，所以这两种表述是等价的，也可以证明两种表述的等价性，如图 8-17 和图 8-18 所示。

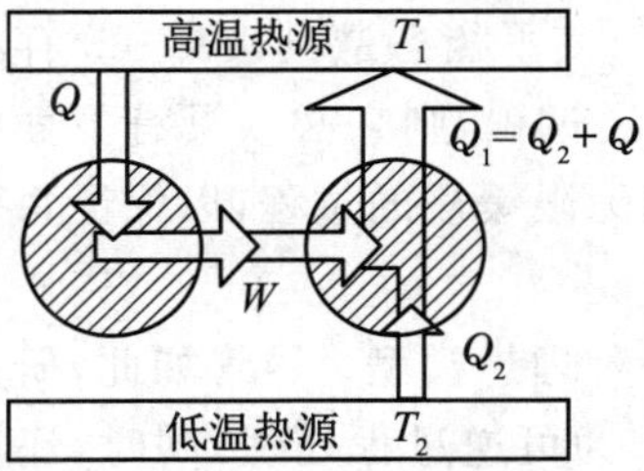

(a) 违反开尔文表述的机器＋致冷机

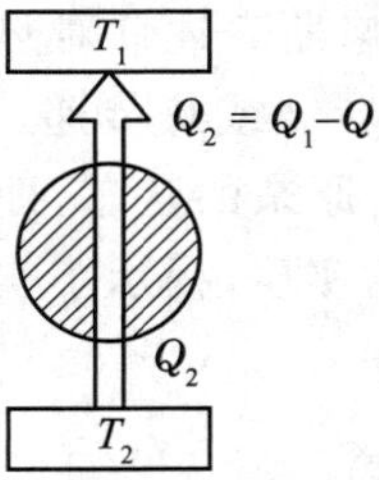

(b) 违反克劳修斯表述的机器

图 8-17　违反开尔文表述，也必然违反克劳修斯表述

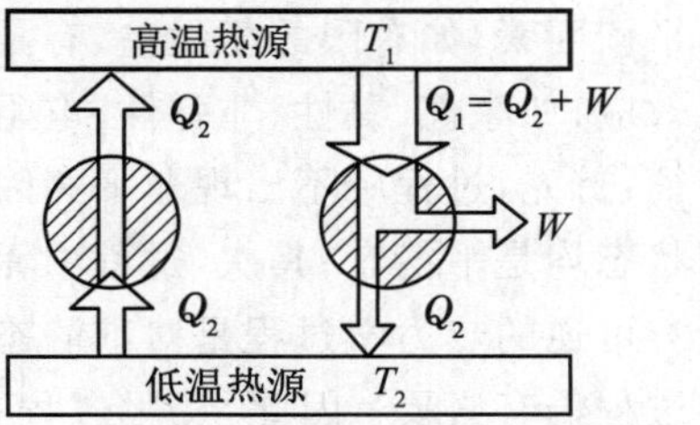

(a) 违反克劳修斯表述的机器＋热机

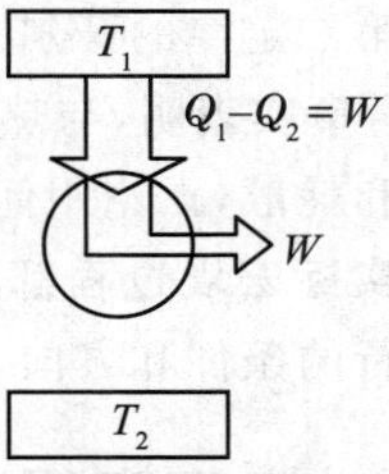

(b) 违反开尔文表述的机器

图 8-18　违反克劳修斯表述，也必然违反开尔文表述

8.6.3 可逆过程与不可逆过程

在一个不受外界影响的孤立系统内自动进行的过程称为**自然过程**。开尔文表述指出,在不引起其他变化或不产生其他影响的情况下,不可能把吸收的热量全部变为有用功,但是相反的过程,功全部变为热是完全可能发生的。例如,单摆在摆动过程中,由于空气阻力及摩擦力的作用,振幅逐渐减小,直到静止,过程中功变热是自动进行的,机械能全部转化为内能。这种能量形式的逆向转换,即热变功虽然不违反热力学第一定律,但不会自动发生。这说明功热转换的过程是有方向性的。

当两个温度不同的物体相互接触时,热量总是自动地从高温物体传到低温物体,不会自动地从低温物体传到高温物体,说明热传导过程也具有方向性,尽管热量从低温物体传到高温物体的过程也不违反热力学第一定律。这与克劳修斯的表述完全一致。

关于自然过程具有方向性的例子还有很多,例如,气体向真空绝热自由膨胀的过程是自然过程,而相反的过程不能自动进行;两种不同气体放在一个容器里,它们能自发地混合,却不能自发地再度分离成两种气体;一滴墨水滴入水中,墨水会自动进行扩散,直至达到均匀分布,而已经分布均匀的墨水不会自动浓缩回它扩散前的状态。这些例子的共同特点是:系统可以从某一初态自动地过渡到某一末态,但逆过程不能自动进行。

为了分析过程的方向性,进一步从理论上研究热力学过程的规律,需要引入可逆过程与不可逆过程的概念。

设一个系统,由某一状态出发,经过任意过程达到另一状态,如果存在一个逆过程,该逆过程能使系统和外界同时完全复原(即系统回到原来状态,同时消除了原来过程对外界引起的一切影响),则原来的过程称为**可逆过程**;反之,如果逆过程不具有上述性质,也就是用任何方法都不可能使系统和外界同时完全复原,则原来的过程称为**不可逆过程**。

分析自然界中各种不可逆过程,人们发现,不可逆过程产生的原因是:① 系统内部出现了非平衡因素,如有限的压强差、有限的密度差、有限的温度差等,使平衡态遭到破坏;② 存在耗散效应,如摩擦、黏性、非弹性、电阻等。因此,若一个过程是可逆过程,则它必须具有下面两个特征:首先,过程中不出现非平衡因素,即过程必须是准静态的无限缓慢的过程,以保证每一中间状态均是平衡态;其次,过程中无耗散效应。

可逆的热力学过程是对准静态过程的进一步理想化,是一种理想模型。尽管如此,研究可逆过程仍有必要。因此,实际过程在一定条件下可以近似地作为可逆过程处理;同时,还可以通过可逆过程的研究去寻求实际过程的规律。

热力学第二定律的开尔文表述针对功热转换的不可逆性,克劳修斯表述针对热传递的不可逆性。大量事实表明,与热现象有关的实际宏观过程都涉及功热转换或热传递。实际上存在各种差异和耗散,无论用何方法,都不可能使系统和外界同时回到原来的状态,即**一切与热现象有关的实际宏观过程都是不可逆的**。这就是热力学第二定律的实质,揭示了实际宏观热力学过程进行的条件和方向。

8.6.4 卡诺定理

若组成循环的每一个过程都是可逆过程,则称该循环为可逆循环。由可逆循环过程组成的热机或致冷机分别称为可逆热机或可逆致冷机，否则称为不可逆机。

为了提高热机效率，卡诺从理论上进行了研究，提出了热机理论中非常重要的**卡诺定理**，具体内容如下。

(1) **在相同的高温热源和相同的低温热源之间工作的一切可逆热机，其效率都相等，与工作物质无关；**

(2) **在相同的高温热源和相同的低温热源之间工作的一切不可逆热机，其效率都不可能大于可逆热机的效率。**

根据内容(1) 可知，对于工作在高、低温热源 T_1、T_2 之间的可逆热机，有

$$\eta_{可逆}=1-\frac{Q_2}{Q_1}=1-\frac{T_2}{T_1}$$

根据内容(2) 可知，对于不可逆热机，有

$$\eta_{不可逆}=1-\frac{Q_2}{Q_1}<1-\frac{T_2}{T_1}$$

卡诺定理给出了提高热机效率的途径，若要提高热机效率，应该提高高温热源的温度，降低低温热源的温度。若要获取低于室温的低温热源，就必须用致冷机，但这是不经济的，所以在实用上只有从提高高温热源温度着手。例如，蒸汽机锅炉温度约为 320 ℃，内燃机汽油爆炸温度约为 1 530 ℃。

§8.7　热力学第二定律的统计意义　玻尔兹曼熵

熵的理解和应用

8.7.1　热力学第二定律的微观意义

热力学第二定律指出一切与热现象有关的实际宏观过程都是不可逆的。从分子动理论的观点来看，热力学过程的不可逆是由大量分子的无规则运动决定的，而大量分子的无规则运动遵循着统计规律，可以从微观角度用统计的概念说明其微观本质，揭示热力学第二定律的统计意义。

下面用前面的几个自然过程实例来定性说明。

单摆在摆动过程中，功转变成热，机械能转化为内能。功可看作是大量分子定向运动的结果，内能相当于大量分子无规则的热运动。从微观看，在功转变成热的过程中，自然过程是大量分子从有序运动状态向无序运动状态转化的过程。但其逆过程却不能自动进行，即不可能由大量分子无规则的热运动自动转变为有序运动。

当两个存在一定温差的物体相互接触时，热量可以自动地从高温物体传向低温物体，最后达到相同的温度。而温度是大量分子无规则热运动平均平动动能的量度，温度高的物体分子无序运动的平均平动动能大，温度低的物体分子无序运动的平均平动动能小。虽然两个物体都做无序运动，但还能根据分子平均平动动能区分开两个物体。经过一段时间后，两个物体温度相同，这时已不能按分子平均平动动能的不同来区分两个物体了，这是由于大量分子无规则的热运动使得无序程度增加了。从微观看，在热传导的过程中，自然过程是大量分子从无序程

度小的运动状态向无序程度大的运动状态转化的过程，其逆过程不能自动进行。

对于气体的绝热自由膨胀过程，首先是气体占据的空间小，膨胀后气体占据的空间大。在空间小时，整体上气体分子的位置不确定性小，无序性小；在空间大时，气体分子的位置不确定性大，分子的运动状态更加无序，无序性相对地比较大。因此，从微观看，在气体的绝热自由膨胀过程中，自然过程也是大量分子从无序程度小的运动状态向无序程度大的运动状态转化的过程，其逆过程也不能自动进行。

从以上分析可知，大量分子无序运动的状态变化总是向无序性增大的方向进行，即**一切宏观自然过程总是沿着无序性增大的方向进行**。这就是热力学第二定律的微观意义。

8.7.2　热力学概率与玻尔兹曼熵

熵与信息

如何定量描述自然过程的方向性呢？玻尔兹曼首先把态函数熵和无序性联系起来，用数学形式来表示热力学第二定律的微观本质。为了引入熵，先初步了解热力学概率的知识。

1. 热力学概率

以单原子称理想气体为例。如图 8-19 所示，用隔板将容器分成容积相等的 A、B 两室。给 A 室充以某种气体，B 室为真空。设容器内只有 a、b、c、d 4 个分子，在抽掉隔板气体自由膨胀后，4 个分子的可能宏观态及相应的微观态如表 8-1 所示。对于气体的宏观热力学性质，并不需要确定每一个分子所处的微观位置和速度，只需要确定气体分子数的分布。例如 A 室中 3 个分子、B 室中 1 个分子的一种分布，就属于一种宏观态。因此，把每个容器中分子数的分布称为一种宏观态。表中第一行表示有 5 种宏观态(此例只考虑分子位置，未考虑分子速度的不同作为微观态的标志)。而对于气体的每一种确定的微观态，必须指出每个分子所处的具体微观位置和速度。对应于每一个宏观态，由于分子的微观组合不同，还可能包含有若干种微观态，例如，宏观态 A3B1，其包含有 4 种微观态.

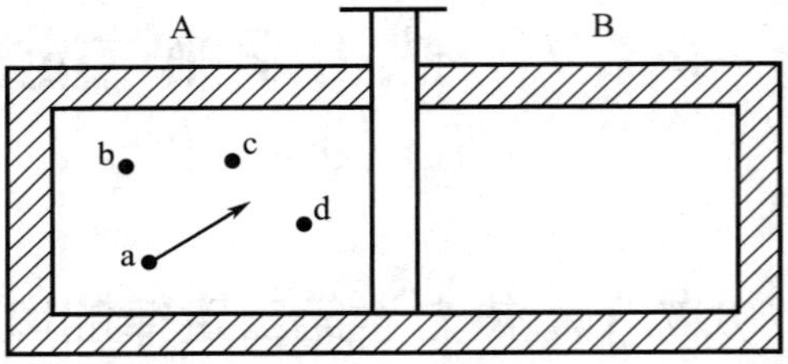

图 8-19　气体向真空自由膨胀

表 8-1　4 个分子的可能宏观态及相应的微观态

宏观态		A4B0	A3B1				A2B2						A1B3				A0B4
微观态	A	a b c d	a b c	b c d	c d a	d a b	a c	a b	b c	b c	b d	c d	a	b	c	d	
	B		d	a	b	c	b d	c d	b c	a d	a c	a b	b c d	c d a	d a b	a b c	a b c d
宏观态包含的微观态数 Ω		1	4				6						4				1

统计理论认为，在孤立系统内，各微观态出现的机会是相同的，即等概率的。在给定的宏观条件下，系统存在大量各种不同的微观态，每一种宏观态可以包含有许多微观态，统计物理学中定义：宏观态所对应的微观态数称为该宏观态的**热力学概率**，用Ω表示。各宏观态所包含的微观态数是不相等的，因而各宏观态的出现就不是等概率的。由表8-1可知，微观态总共有$16=2^4$个。对于分子全都集中在A室的宏观态，只含1个微观态，出现概率最小，只有$\frac{1}{16}=\frac{1}{2^4}$；而两室内分子均匀分布的A2B2宏观态，所含微观态最多，为6个，出现概率最大，有$\frac{6}{16}=\frac{6}{2^4}$。如果上述系统有$N$个分子，同样分成容积相等的A、B两部分，可以推论，其总微观态数应为2^N，N个分子自动退回A室的宏观态，概率仅为$\frac{1}{2^N}$。由于一般热学系统所包含的分子数巨大，例如，1 mol气体的分子数为6.023×10^{23}，所以气体自由膨胀后，所有分子退回到A室的概率为$\frac{1}{2^{6.023\times10^{23}}}$，这个概率如此之小，实际上根本观察不到；而A室和B室分子各半的均匀分布以及附近的宏观态出现的概率最大。所以自由膨胀过程实际上是由包含微观态少的宏观态向包含微观态多的宏观态进行，或者说由概率小的宏观态向概率大的宏观态进行。这一结论对所有自然过程都是成立的。

前面从微观上定性地分析了一切宏观自然过程总是沿着无序性增大的方向进行，这里定量地说明了自然过程总是由热力学概率小的宏观态向热力学概率大的宏观态进行，这就是热力学第二定律的统计意义。由此可知，热力学概率是分子运动无序性的一种量度。

2. 玻尔兹曼熵

表8-2所示为20个微观粒子的分布情况与熵。从表中可以看出全部分布在A室或B室的宏观态热力学概率最小，而在A室和B室各半的均匀分布的微观态最多，热力学概率最大。计算可证明，当微观粒子数增多时，A室和B室各半的均匀分布及其附近的微观态数占总微观态的绝大部分，因此在热力学系统处于均匀分布的平衡态及其附近宏观态的热力学概率完全占据了统治地位，接近百分之百，而其他宏观态的热力学概率几乎可以忽略。

表8-2　20个微观粒子的分布情况与熵

宏观态		微观态数(Ω)	熵 $S=S=k_B\ln\Omega$
左20	右0	1	0
左18	右2	190	$5.25k_B$
左15	右5	15 504	$9.65k_B$
左11	右9	167 960	$12.03k_B$
左10	右10	184 765	$12.13k_B$
左9	右11	167 960	$12.03k_B$
左5	右15	15 504	$9.65k_B$
左2	右18	190	$5.25k_B$
左0	右20	1	0

一般情况下，宏观自然过程总是往热力学概率Ω增大的方向进行，为了便于理论上进行处

理,1877 年玻尔兹曼引入一个态函数熵,用 S 表示,其与热力学概率 Ω 的关系为

$$S = k_B \ln \Omega \tag{8-27}$$

称为玻尔兹曼熵,k_B 为玻尔兹曼常量,熵的单位是 $J \cdot K^{-1}$。

对于热力学系统的每一个宏观态,都有一个热力学概率 Ω 对应,也都有一个熵 S 对应,故熵是系统状态函数。热力学概率 Ω 是分子运动无序性的一种量度,同样地,熵的微观意义也是系统内分子热运动无序性的一种量度。

在一定条件下,两个子系统有热力学概率 Ω_1 和 Ω_2,对应的状态函数分别为 S_1、S_2,则在相同条件下,根据概率的性质,整个系统的热力学概率 $\Omega = \Omega_1\Omega_2$,所以

$$S = k_B \ln \Omega = k_B \ln \Omega_1\Omega_2 = k_B \ln \Omega_1 + k_B \ln \Omega_2 = S_1 + S_2$$

也就是说熵具有可加性,若一系统由两个子系统组成,则

$$S = S_1 + S_2$$

当引入态函数熵 S 后,热力学第二定律可用熵来描述。一切宏观自然过程总是沿着无序性增大的方向进行,也就是沿着熵增加的方向进行,即**在孤立系统中所进行的自然过程总是沿着熵增大的方向进行,平衡态对应于熵最大的状态**,这就是**熵增加原理**。其数学表达式为

$$\Delta S \geqslant 0 \tag{8-28}$$

式中等号仅适用于可逆过程。熵增加原理给出了热力学第二定律的数学表述,为判断过程进行的方向提供了可靠的依据,应当指出,熵增加原理仅适用于孤立系统,对于非孤立系统,熵可增可减。

思 考 题

1. 下列表述是否正确?为什么?若错误请将错误更正。

(1)$\Delta Q = \Delta E + \Delta W$;　　(2)$Q = E + \int p\mathrm{d}V$;

(3)$\eta \neq 1 - \frac{Q_2}{Q_1}$;　　(4)$\eta_{不可逆} < 1 - \frac{Q_2}{Q_1}$。

2. p-V 图上封闭曲线所包围的面积表示什么?是否该面积越大,效率就越高?

3. 有 3 个循环过程,如图 8-20 所示,$R > r$,指出每一循环过程所做的功是正的、负的,还是零,并说明理由。

4. 分别用热力学第一定律和热力学第二定律证明,在 p-V 图上一绝热线与一等温线不能有两个交点。

5. 一循环过程如图 8-21 所示。

(1)ab、bc、ca 各是什么过程?

(2) 画出对应的 p-V 图;

(3) 该循环是否是正循环?

(4) 循环做的功是否等于直角三角形面积?

(5) 用图中的热量 Q_{ab}、Q_{bc}、Q_{ca} 表述其热机效率或致冷系数。

6. 两个卡诺循环如图 8-22 所示,它们的循环面积相等,试问:

(1) 它们吸热和放热的差值是否相同?

(2) 对外做的净功是否相等？

(3) 效率是否相同。

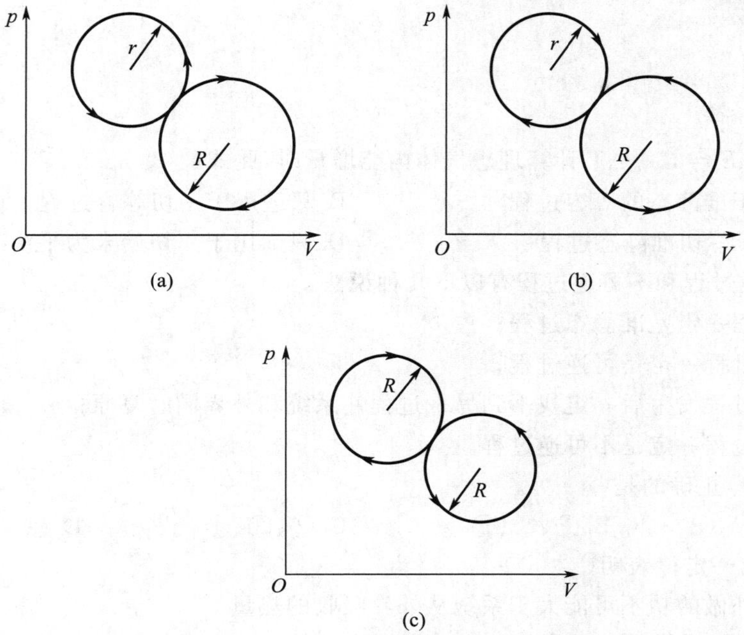

图 8-20 图　思考题 3 图

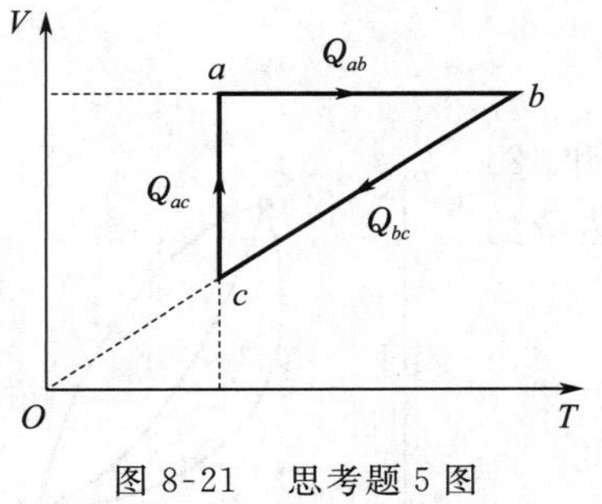

图 8-21　思考题 5 图

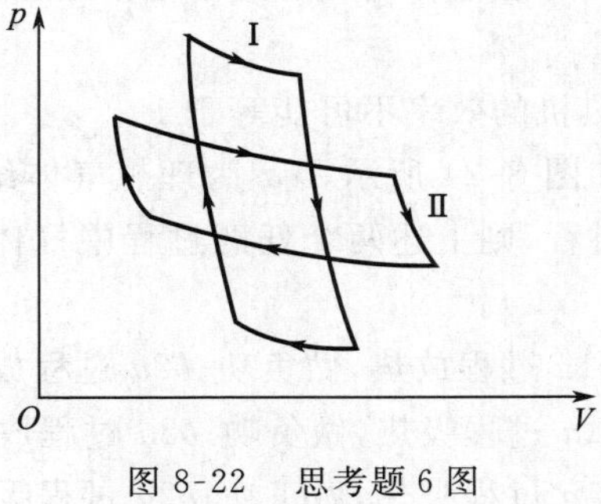

图 8-22　思考题 6 图

7. 判断下述说法是否正确：

(1) 功可以完全变成热，但热不能完全变成功；

(2) 热量只能从高温物体传到低温物体，不能从低温物体传到高温物体；

(3) 可逆过程就是能沿反方向进行的过程，不可逆过程就是不能沿反方向进行的过程。

8. 图 8-23 所示是一理想气体所经历的循环过程，其中 AB 和 CD 是等压过程，BC 和 DA 为绝热过程，已知状态 B 和状态 C 的温度分别为 T_2 和 T_3，求此循环效率，并判断该循环是否为卡诺循环。

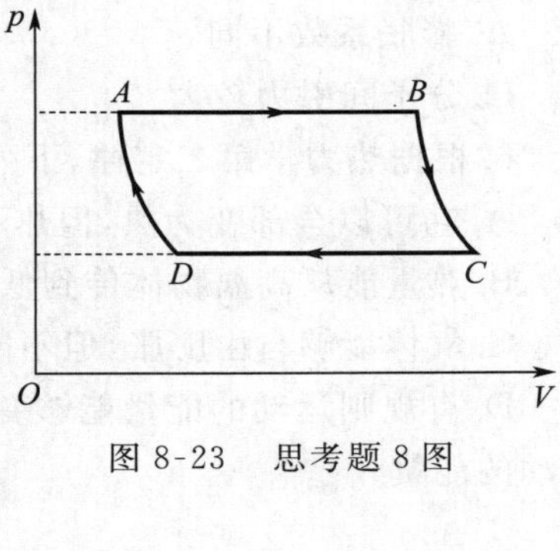

图 8-23　思考题 8 图

习　题　8

一、选择题

1. 用公式 $\Delta E = C_{V,\mathrm{m}}\Delta T$ 计算理想气体内能增量时，此式(　　)。

A. 只适用于准静态的等容过程　　B. 只适用于一切等容过程

C. 只适用于一切准静态过程　　D. 只适用于一切始末为平衡态的过程

2. 关于可逆过程和不可逆过程有以下几种说法：

① 可逆过程一定是准静态过程；

② 准静态过程一定是可逆过程；

③ 不可逆过程发生后一定找不到另一过程使系统和外界同时复原；

④ 非静态过程一定是不可逆过程。

以上说法中，正确的是(　　)。

A. ①、②、③、④　　B. ①、②、③　　C. ②、③、④　　D. ①、③、④

3. 热力学第一定律表明(　　)。

A. 系统对外做的功不可能大于系统从外界吸收的热量

B. 系统内能的增量等于系统从外界吸收的热量

C. 不可能存在这样的循环过程：在此循环过程中，外界对系统做的功不等于系统传给外界的热量

D. 热机的效率不可能等于 1

4. 如图 8-24 所示，bca 为理想气体绝热过程，$b1a$ 和 $b2a$ 是任意过程，则上述两个任意过程中气体做功与吸收热量的情况是(　　)。

A. $b1a$ 过程放热，做负功；$b2a$ 过程放热，做负功

B. $b1a$ 过程吸热，做负功；$b2a$ 过程放热，做负功

C. $b1a$ 过程吸热，做正功；$b2a$ 过程吸热，做负功

D. $b1a$ 过程放热，做正功；$b2a$ 过程吸热，做正功

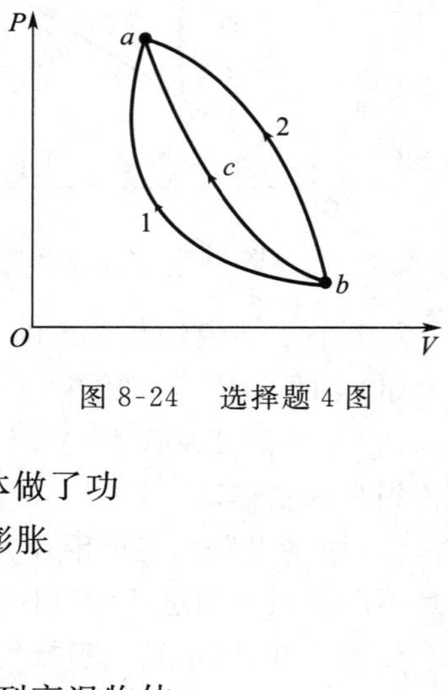

图 8-24　选择题 4 图

5. 理想气体的定压摩尔热容 $C_{p,\mathrm{m}}$ 大于定容摩尔热容 $C_{V,\mathrm{m}}$，是因为在定压条件下(　　)。

A. 膨胀系数不同　　B. 膨胀时气体做了功

C. 分子间引力较大　　D. 分子本身膨胀

6. 根据热力学第二定律，下列说法中正确的是(　　)。

A. 功可以全部变为热，但热不能全部变为功

B. 热量能从高温物体传到低温物体，但不能从低温物体传到高温物体

C. 气体能够自由膨胀，但不能自动收缩

D. 有规则运动的能量能够变为无规则运动的能量，但无规则运动的能量不能变为有规则运动的能量

7. 设有以下一些过程：

① 两种不同气体在等温下互相混合；

② 理想气体在等容条件下降温；

③ 液体在等温条件下汽化；

④ 理想气体在等温下条件压缩；

⑤ 理想气体绝热自由膨胀。

在这些过程中，使系统的熵增加的过程是(　　)。

A. ①、②、③　　B. ②、③、④　　C. ③、④、⑤　　D. ①、③、⑤

8. 在相同的高温热源和低温热源工作的两个卡诺循环1、2中，若循环1所围的面积比循环2所围的面积大，比较这两个循环的净功和效率，则有(　　)。

A. $W_1 > W_2, \eta_1 > \eta_2$　　B. $W_1 > W_2, \eta_1 = \eta_2$

C. $W_1 > W_2, \eta_1 < \eta_2$　　D. $W_1 < W_2, \eta_1 > \eta_2$

9. 在温度分别为327 ℃和27 ℃的高温热源和低温热源之间工作的热机，理论上的最大效率为(　　)。

A. 25%　　B. 50%　　C. 75%　　D. 91.74%

10. 一绝热容器被隔板分成两半，一半是真空，一半是理想气体。若把隔板抽出，气体将进行自由膨胀，达到平衡后(　　)。

A. 温度不变，熵增加　　B. 温度升高，熵增加

C. 温度降低，熵增加　　D. 温度不变，熵不变

二、填空题

1. 要使热力学系统的内能增加，可以分别通过__________和__________两种方式，或两种方式兼用完成。热力学系统的状态发生变化时，其内能的改变量只取决于__________，与__________无关。

2. 第一类永动机是指____________________，它不可能制成是因为违背了________________。

3. 第二类永动机是指____________________，它不可能制成是因为违背了________________。

4. 不规则地搅拌盛于绝热容器的液体，液体温度在升高，若将液体看作一系统，则外界传给系统的热量________零，外界对系统做的功________零，系统的内能的增量________零。(填“=”、“>”或“<”)

5. 一卡诺热机(可逆)低温热源的温度为27 ℃，热机效率为40%，其高温热源的温度为________ K。今欲将该热机效率提高到50%，若低温热源保持不变，则高温热源的温度为________ K。

6. 某理想气体等温压缩到给定体积时，外界对气体做功$|W_1|$，又经绝热过程返回原来体积时气体对外界做功$|W_2|$，则整个过程中气体从外界吸收的热量为________，内能增加了________。

7. 一气缸储有10 mol的单原子分子理想气体，在压缩过程中外界做功209 J，气体升温1 K，此过程中气体内能增量为________，外界传给气体的热量为________。

8. 一定量的某种理想气体在等压过程中对外界做功为 200 J,若此种气体为单原子分子气体,则需要吸热________;若为双原子分子气体,则需要吸热________。

9. 对一定量理想气体,从同一状态开始把其体积由 V_0 压缩到 $\frac{1}{2}V_0$,分别经历等压、等温、绝热三种过程,其中:________ 过程外界对气体做功最多;________ 过程气体内能减小最多;________ 过程气体放热最多。

10. 常温常压下,一定量的某种理想气体,其分子可视为刚性分子,自由度为 i,在等压过程中吸热为 Q,对外做功为 W,内能增加为 ΔE,则 $W/Q=$ ________,$\Delta E/Q=$ ________。

11. 一理想卡诺热机在温度为 300 K 和 400 K 的两个热源之间工作。若把高温热源温度提高 100 K,则其效率可提高为原来的________倍;若把低温热源温度降低 100 K,则其逆循环的致冷系数将降低为原来的________倍。

12. 有卡诺热机,用290 g空气作为工作物质,工作在27 ℃的高温热源与−73 ℃的低温热源之间,此热机效率为________。若在等温膨胀的过程中气缸体积增大到原来的 2.718 倍,则此热机每一循环所做的功为________J。(空气的摩尔质量为 $29\times10^{-3}\,\mathrm{kg\cdot mol^{-1}}$)

13. 对于给定的理想气体(比热容比 γ 已知),从标准状态(p_0,V_0,T_0)开始作绝热膨胀,体积增大到原来的 3 倍,膨胀后的温度为________,压强为________。

14. 绝热容器被隔板分成两半,一半是真空,另一半充满理想气体。如果把隔板撤去,气体将进行自由膨胀,达到平衡后气体的内能________,气体的熵________。(填“增加”、“减小”或“不变”)

15. 压强、体积、温度都相同的氢气和氦气(均视为刚性气体分子),它们的质量之比 m_1/m_2 为________,它们内能之比 E_1/E_2 为________,如果它们分别在等压过程中吸收了相同的热量,则它们对外做功之比 W_1/W_2 为________。(下标 1 表示氢气,2 表示氦气)

三、计算题

1. 1 mol 单原子的理想气体从 300 K 加热到 350 K,则它在下列两个过程中系统吸收了多少热量?增加了多少内能?对外做了多少功?

(1) 容积保持不变;(2) 压力保持不变。

2. 在等压过程中,0.28 kg 的氮气从温度 293 K 膨胀到 373 K,则对外做功和吸热多少?内能改变多少?

3. 一定量的理想气体,从 A 态出发,如图 8-25 所示,经 C 态再经 D 态到 B 态,试求在该过程中气体吸收的热量。

4. 一定量的理想气体,由 A 态经 B 态到达 C 态,如图 8-26 所示,ABC 为一直线,求此过程中:(1) 气体对外做的功;(2) 气体内能的增量;(3) 气体吸收的热量。

5. 2 mol 氢气(视为理想气体)开始时处于标准状态,后经过等温过程从外界吸收了 400 J 的热量达到末态,求末态的压强。

6. 为了使刚性双原子分子理想气体在等压膨胀过程中对外做功 2 J,必须传给气体多少热量?

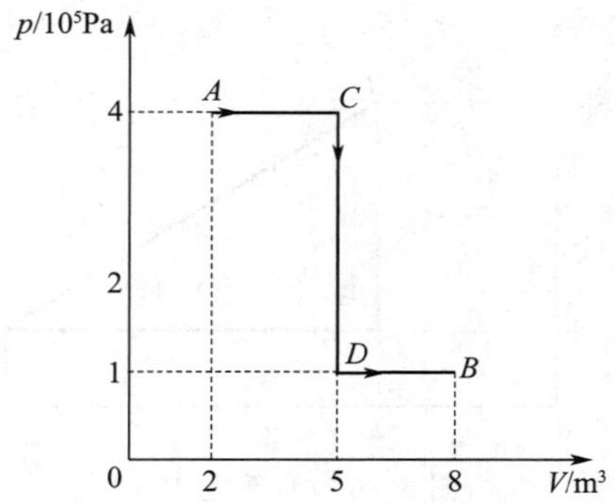

图 8-25　计算题 3 图

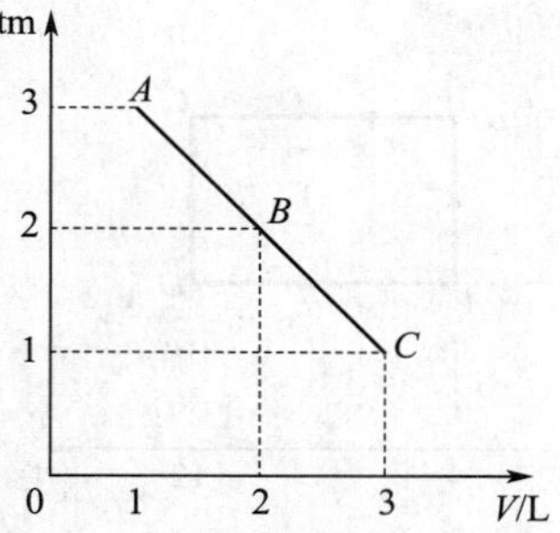

图 8-26　计算题 4 图

7. 0.01 m^3 氮气在温度为 300 K 时，由 0.1 MPa(1 atm) 压缩到 10 MPa。试分别求氮气经等温及绝热压缩后：(1) 体积；(2) 温度；(3) 各过程对外所做的功。

8. 1 mol 的理想气体的 T-V 图如图 8-27 所示，ab 为直线，延长线通过原点 O。求 ab 过程气体对外做的功。

9. 设有一以理想气体为工作物质的热机循环，如图 8-28 所示，试证其循环效率为

$$\eta = 1 - \gamma \frac{\dfrac{V_1}{V_2} - 1}{\dfrac{p_1}{p_2} - 1}$$

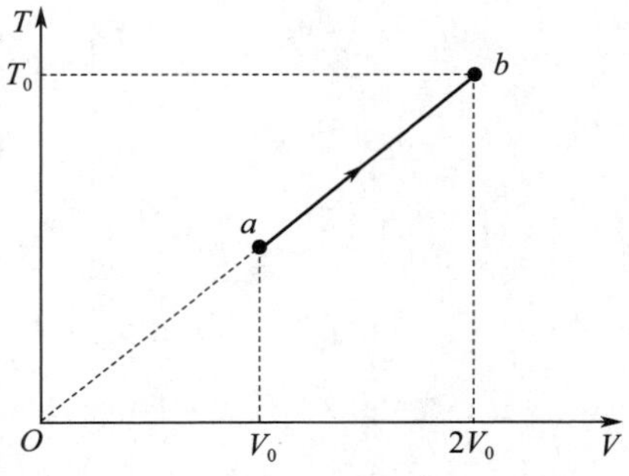

图 8-27　计算题 8 图

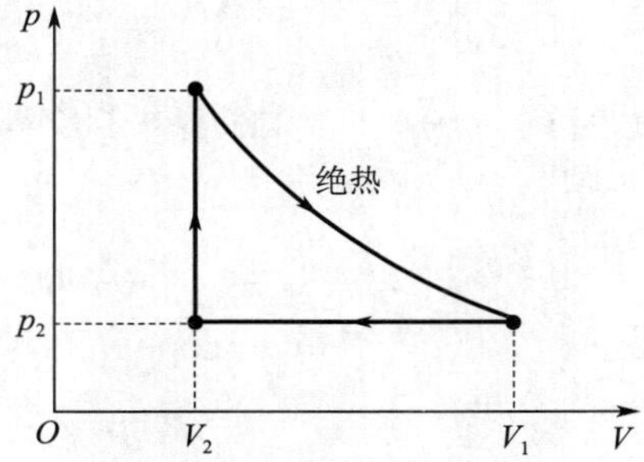

图 8-28　计算题 9 图

10. 一卡诺热机在 1 000 K 和 300 K 的两个热源之间工作，试计算：

(1) 热机效率；

(2) 若低温热源不变，要使热机效率提高到 80%，则高温热源温度需提高多少；

(3) 若高温热源不变，要使热机效率提高到 80%，则低温热源温度需降低多少。

11. 1 mol 单原子分子理想气体，如图 8-29 所示，其循环过程中 AB、CD 为等容过程，BC、DA 为等压过程，求：(1) 循环过程中吸收和放出的热量和所做的功；(2) 循环的效率。

12. 氮气(视为理想气体)进行如图 8-30 所示的 $ABCA$ 循环，状态 A 的温度为 1 000 K，求：(1) 状态 B 和 C 的温度；(2) 各分过程气体所吸收的热量、所做的功和内能的增量；(3) 循环效率。

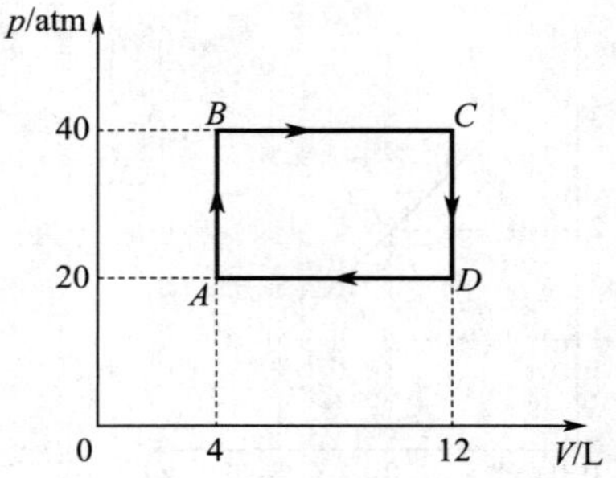

图 8-29　计算题 11 图

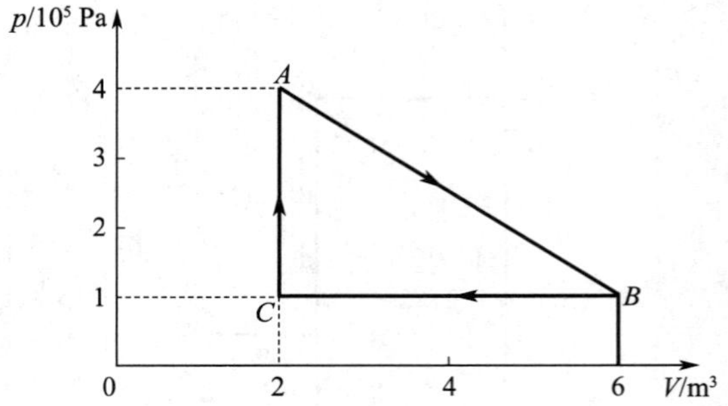

图 8-30　计算题 12 图

13. 气体做卡诺循环，高温热源温度 $T_1 = 400$ K，低温热源温度 $T_2 = 280$ K，设 $p_1 = 1$ atm，$V_1 = 1 \times 10^{-2}$ m^3，$V_2 = 2 \times 10^{-2}$ m^3，求(1) 气体从高温热源吸收的热量；(2) 循环的净功。

14. (1) 用一卡诺循环的致冷机从 7 ℃ 的热源中提取 1 000 J 的热量传向 27 ℃ 的热源，需要做多少功？温度变为从 −173 ℃ 传向 27 ℃ 呢？

(2) 一可逆的卡诺机当作热机使用时，如果工作的两个热源的温度差越大，则对做功就越有利。当作致冷机使用时，如果工作的两个热源的温度差越大，则对致冷是否也越有利吗？为什么？

习题解答

附录 A

工程案例(一)

A1 牛顿第三定律应用案例——喷气式飞机

牛顿运动定律和质点动力学的基本定理,广泛应用于各个领域的工程设计中,喷气式飞机就是根据这一原理设计的。喷气式飞机是一种使用喷气发动机作为推进力来源的飞机,所使用的喷气发动机靠燃料燃烧时产生的气体向后高速喷射的反冲作用使飞机向前飞行,它可使飞机获得更大的推力,飞得更快。

喷气式飞机的原理 喷气式飞机的发动机产生的推力是牛顿第三定律反作用力的实际应用。发动机靠燃料燃烧时产生的大量气体向后高速喷射,产生的反冲作用使飞机获得前进的动力,进而向前运动。一般的喷气式飞机都会装备两台喷气发动机,这种发动机是由风扇、外涵道、内涵道、进气道、压气机、燃烧室、涡轮机、喷口组成的。空气吸入后会经过压气机,被压缩的空气进入燃烧室内,这些空气在燃烧室内被点燃,经过涡轮机后喷出,这些喷出的高压气体为飞机提供动力。此外,飞机在空气中向前运动时会在机翼上表面产生吸力,在机翼下表面产生压力,在这两个力共同作用下克服重力产生向上的力而使飞机飞起来。这里面用到了物理学两个重要定理。其一,连续性定理:当流体连续不断而稳定地流过一个粗细不等的管道时,由于管道中任何一部分的流体都不能中断或挤压起来,因此在同一时间内,流进任一切面的流体的质量和从另一切面流出的流体的质量是相等的。其二,伯努利定理:流体在一个管道中流动时,流速大的地方压力小,流速小的地方压力大。连续性定理阐述了流体在流动中流速和管道切面之间的关系。流体在流动中,不仅流速和管道切面相互联系,而且流速和压力之间也相互联系。伯努利定理阐述了流体在流动中流速和压力之间的关系。空气流动到机翼前缘,分成上、下两股气流,分别沿机翼上、下表面流过,在机翼后缘重新汇合向后流去。机翼上表面比较凸出,流管较细,说明流速加快,压力减小;而在机翼下表面,气流受阻挡作用,流管变粗,说明流速减慢,压力增大。这里就用到了上述两个定理。机翼上、下表面出现了压力差,垂直于相对气流方向的压力差的总和就是机翼的升力大小。这样,密度大于空气的飞机借助机翼上获得的升力克服自身因地球引力形成的重力,从而翱翔在蓝天上。

A2　驻波原理应用案例——驻波比

波动学是大学物理的重要组成部分,波动学广泛应用在电子通信、水利建设、声音传输等诸多领域。

1. 驻波形成的理论

一根长为 L 的均匀细线,线密度为常数 ρ,置于 x 轴上拉紧后,让它离开平衡位置做微小振动。如图 A2-1 所示,t 时刻弦线的位移为 $u(x,t)$。

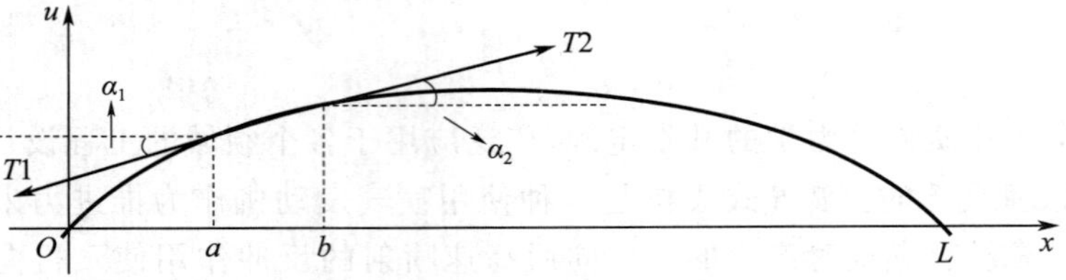

图 A2-1　弦振动受力图

设弦线张力为 $T(x,t)$,在弦线上任取微元段$[a,b]$进行受力分析。

根据牛顿第二定律,得

$$\begin{cases}\sum F_x = 0\\ \sum F_u = 0\end{cases} \tag{A1-1}$$

当角度 α 很小时,由式(A2-1)得

$$T\tan\alpha_2 - T\tan\alpha_1 - \rho g\,\mathrm{d}x = T[u_x(b,t)-u_x(a,t)]-\rho g(b-a) \tag{A2-2}$$

由动量定理得

$$\int_{t_1}^{t_2}\left\{T[u_x(b,t)-u_x(a,t)]-\rho g(b-a)\right\}\mathrm{d}t = \int_a^b \rho u_t(x,t_2)\mathrm{d}x - \int_a^b \rho u_t(x,t_1)\mathrm{d}x$$

$$T\int_{t_1}^{t_2}[u_x(b,t)-u_x(a,t)]\mathrm{d}t - \int_{t_1}^{t_2}\int_a^b \rho g\,\mathrm{d}x = \rho\int_a^b[u_t(x,t_2)-u_t(x,t_1)]\mathrm{d}x$$

$$\int_{t_1}^{t_2}\int_a^b[Tu_{xx}(x,t)-\rho g]\mathrm{d}x\mathrm{d}t = \rho\int_a^b\int_{t_1}^{t_2}u_{tt}(x,t)\mathrm{d}x\mathrm{d}t$$

交换积分次序,可得

$$\int_{t_1}^{t_2}\int_a^b[Tu_{xx}(x,t)-\rho g]\mathrm{d}x\mathrm{d}t = \rho\int_{t_1}^{t_2}\int_a^b u_{tt}(x,t)\mathrm{d}x\mathrm{d}t$$

$$Tu_{xx}(x,t)-\rho g = \rho u_{tt}(x,t) \tag{A2-3}$$

即

$$u_{tt}(x,t) = a^2 u_{xx}(x,t) - g \tag{A2-4}$$

式中,$a=\sqrt{\dfrac{T}{\rho}}$ 是波速。

当弦受到垂直于 x 轴方向的外加力强迫作用时,线密度为 $f(x,t)$,用同样的方法,可得

$$u_{tt}(x,t) = a^2 u_{xx}(x,t) + F(x,t) \tag{A2-5}$$

式中，

$$F(x,t) = \frac{f(x,t)}{\rho} - g \tag{A2-6}$$

当 $F(x,t)$ 为零时，有

$$u_{tt}(x,t) = a^2 u_{xx}(x,t) \tag{A2-7}$$

考虑一根紧绷的弦在不振动时是一条直线，取直线为 x 轴，在 $t=0$ 时刻将此弦拨动一下使其振动。令 $u(x,t)$ 代表对应 x 处的点在 t 时刻的横向位移，则用讨论张力的方法可以推得 $u(x,t)$ 满足偏微分方程

$$\frac{\partial^2 u}{\partial t^2} = a^2 \frac{\partial^2 u}{\partial x^2} \tag{A2-8}$$

式中，a 为常数，称为弦振动方程，试解此方程。

令

$$x = \frac{1}{2}(\xi + \eta)$$

$$t = \frac{1}{2a}(\xi - \eta)$$

即

$$\xi = (x + at)$$

$$\eta = (x - at)$$

代换，得

$$\frac{\partial u}{\partial x} = \frac{\partial u}{\partial \xi} \cdot \frac{\partial \xi}{\partial x} + \frac{\partial u}{\partial \eta} \cdot \frac{\partial \eta}{\partial x} = \frac{\partial u}{\partial \xi} + \frac{\partial u}{\partial \eta}$$

$$\frac{\partial^2 u}{\partial x^2} = \frac{\partial^2 u}{\partial \xi^2} \cdot \frac{\partial \xi}{\partial x} + \frac{\partial^2 u}{\partial \xi \partial \eta} \cdot \frac{\partial \eta}{\partial x} + \frac{\partial^2 u}{\partial \xi \partial \eta} \cdot \frac{\partial \xi}{\partial x} + \frac{\partial^2 u}{\partial \eta^2} \cdot \frac{\partial \eta}{\partial x} = \frac{\partial^2 u}{\partial \xi^2} + 2\frac{\partial^2 u}{\partial \xi \partial \eta} + \frac{\partial^2 u}{\partial \eta^2}$$

$$\frac{\partial u}{\partial t} = \frac{\partial u}{\partial \xi} \cdot \frac{\partial \xi}{\partial t} + \frac{\partial u}{\partial \eta} \cdot \frac{\partial \eta}{\partial t} = a\left(\frac{\partial u}{\partial \xi} - \frac{\partial u}{\partial \eta}\right)$$

$$\frac{\partial^2 u}{\partial x^2} = a\left(\frac{\partial^2 u}{\partial \xi^2} \cdot \frac{\partial \xi}{\partial t} + \frac{\partial^2 u}{\partial \xi \partial \eta} \cdot \frac{\partial \eta}{\partial t} - \frac{\partial^2 u}{\partial \xi \partial \eta} \cdot \frac{\partial \xi}{\partial t} - \frac{\partial^2 u}{\partial \eta^2} \cdot \frac{\partial \eta}{\partial t}\right) = a^2\left(\frac{\partial^2 u}{\partial \xi^2} - 2\frac{\partial^2 u}{\partial \xi \partial \eta} + \frac{\partial^2 u}{\partial \eta^2}\right)$$

代入原方程，得

$$\frac{\partial^2 u}{\partial \xi \partial \eta} = 0 \tag{A2-9}$$

先对 η 积分，得 $\frac{\partial u}{\partial \xi} = f(\xi)$；再对 ξ 积分，得到通解

$$u = \int f(\xi)\mathrm{d}\xi + f_2(\eta) = f_1(\xi) + f_2(\eta) = f_1(x + at) + f_2(x - at)$$

$$u = f_1(x + at) + f_2(x - at) \tag{A2-10}$$

式中，f_1、f_2 为任意函数。

通解(A2-10)的物理意义是 $f_1(x+at)$ 代表向 x 轴正向传播的波，$f_1(x-at)$ 代表向 x 轴反向传播的波，其波速为 a。

考虑长为 l 且两端固定的弦，所满足的方程为

$$u_{tt}(x,t) = a^2 u_{xx}(x,t) \quad (0 < x < l, t > 0)$$

$$u(0,t) = 0, \quad u(l,t) = 0 \quad (t \geqslant 0)$$

$$u(x,0) = \varphi(x), \quad u_t(x,0) = \psi(x) \quad (0 \leqslant x \leqslant l)$$

上式的通解为

$$u(x,t)=\sum_{n=1}^{\infty}\left(C_n\cos\frac{n\pi at}{l}+D_n\sin\frac{n\pi at}{l}\right)\sin\frac{n\pi x}{l} \tag{A2-11}$$

或

$$u(x,t)=\sum_{n=1}^{\infty}N_n\sin\frac{n\pi x}{l}\sin(\omega_n t+\delta_n) \tag{A2-12}$$

其中

$$N_n=\sqrt{C_n^2+D_n^2}\,,\quad \delta_n=\arctan\frac{C_n}{D_n},\quad \omega_n=\frac{n\pi a}{l}$$

弦上各点以同一圆频率做简谐振动,且当$\frac{n\pi x}{l}=m\pi$时,$m=0,1,\cdots,n$,则$x=0,\frac{l}{n},\cdots,l$处的振动振幅为零,称为节点或波节,如图 A2-2 所示。

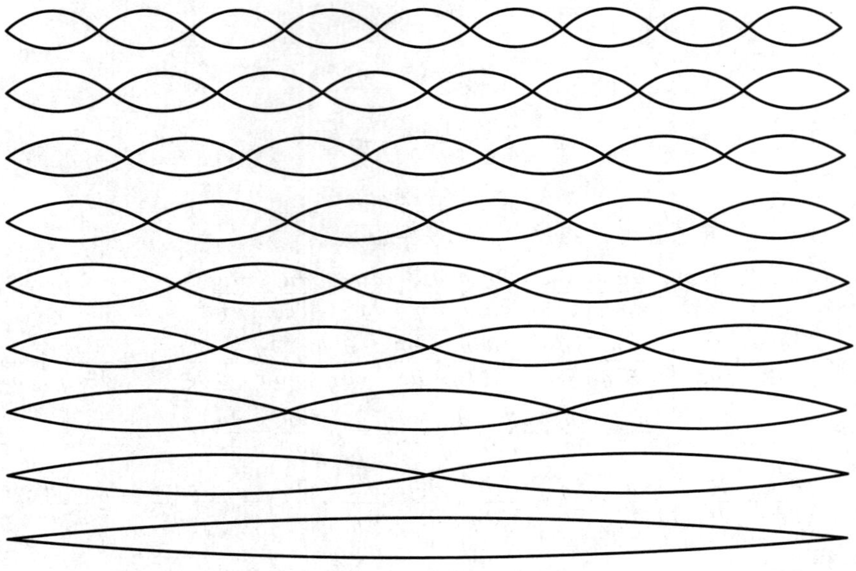

图 A2-2　不同频率的驻波波节

当弦线的密度、张力确定后,有

$$\omega_n=\frac{n\pi}{l}\sqrt{\frac{T}{\rho}}$$

第一谐振频率为

$$\omega_1=\frac{\pi}{l}\sqrt{\frac{T}{\rho}}$$

可见,当张力越大时,密度越小,基频越高。

2. 驻波比

驻波比全称为电压驻波比(voltage standing wave ratio,简写为 VSWR 或 SWR),指驻波波腹电压与波谷电压幅度之比,又称为驻波系数。驻波比等于 1 时,表示馈线和天线的阻抗完全匹配,此时高频能量全部被天线辐射出去,没有能量的反射损耗;驻波比为无穷大时,表示全反射,能量完全没有辐射出去。

在入射波和反射波相位相同的地方,电压振幅相加为最大电压振幅 V_{max},形成波腹;在入射波和反射波相位相反的地方,电压振幅相减为最小电压振幅 V_{min},形成波谷。其他各点的振幅值则介于波腹与波谷之间。这种合成波称为行驻波。驻波比是驻波波腹处的电压幅值 V_{max} 与波谷处的电压幅值 V_{min} 之比。在驻波算法中,测得驻波比,就可以求出吸声材料的声反射系数和吸声系数。

射频系统阻抗要匹配,特别要注意使电压驻波比达到一定要求,因为在宽带运用时频率范围很广,驻波比会随着频率变化,应使阻抗在宽范围内尽量匹配。

驻波比是一个数值,也能用来表示天线和电波发射台是否匹配。如果驻波比等于1,则表示发射传输给天线的电波没有任何反射,全部发射出去,这是最理想的情况。如果驻波比大于1,则表示有一部分电波被反射回来,最终变成热量,使得馈线升温。被反射的电波在发射台输出口也可产生相当高的电压,有可能损坏发射台。

A3　牛顿第二定律应用案例——跳台跳水泳池的深度

跳台跳水泳池的深度设计,既要考虑运动员的安全,又要考虑运动员顺利完成翻身后能以脚蹬池底上浮,合理设计跳台跳水泳池的深度,就要用到牛顿第二定律,分析研究运动员跳水过程中所受到的力和运动轨迹。下面以10 m跳台跳水进行简要分析,设计10 m跳台跳水泳池的深度。

运动员自起跳至落水前的运动可看成自由落体,其落到水面时的速度为

$$V_0 = \sqrt{2gh} = \sqrt{2\times 9.8\times 10}\ \mathrm{m\cdot s^{-1}} = 14.0\ \mathrm{m\cdot s^{-1}}$$

运动员入水后,除受到向下的重力外,还受到向上的浮力和水的阻力作用。重力与浮力大小几乎相等,则运动员所受合外力即为水的阻力。由阻力公式得

$$F = -bv^2 \tag{A3-1}$$

式(A3-1)中,考虑人与水的接触面积和皮肤与水的黏滞系数,取 $b = 20$。选水面为坐标原点,竖直向下为 x 轴正向,根据牛顿第二定律,有

$$m\frac{\mathrm{d}v}{\mathrm{d}t} = -bv^2 \tag{A3-2}$$

把 $\mathrm{d}t = \frac{\mathrm{d}x}{v}$ 代入式(A3-2),得

$$\frac{\mathrm{d}v}{v} = -\frac{b}{m}\mathrm{d}x \tag{A3-3}$$

式(A3-3)两边积分,得

$$\int_{v_0}^{v}\frac{\mathrm{d}v}{v} = -\frac{b}{m}\int_0^x \mathrm{d}x \tag{A3-4}$$

由式(A3-4)得

$$x = \frac{m}{b}\ln\frac{v_0}{v} \tag{A3-5}$$

如果运动员的质量 $m=50$ kg,当其速率减小到 $v=2.0\ \mathrm{m\cdot s^{-1}}$ 时翻身,并以脚蹬池底上浮,则由式(A3-5) 得 10 m 跳台跳水泳池的深度为 $x=4.9$ m。实际上,运动员从 10 m 跳台跳下,会深入到水中 4.8 ～ 5.0 m 处。以相同的办法,可得 3 m 跳台跳水泳池的深度为 $x=3.4$ m,因此,3 ～10 m 高台跳水前端下面的水深为 3.5 ～ 5.0 m。

A4 多普勒效应应用案例——雷达测速仪

多普勒效应指的是由于波源或观察者相对于介质的运动,而使观察者接收到的波的频率有所变化的现象,它是波动过程的共同特征。声波和电磁波都具有多普勒效应。

1. 电磁波的多普勒效应

由于电磁波的传播不依赖弹性介质,因此电磁波(波源) 和观察者之间的相对运动速度决定了接收到的频率。电磁波以光速传播,在涉及相对运动时,必须考虑相对论时空变换关系计算证明,当电磁波(波源) 和观察者在同一直线上运动时,实际接收到的频率为 ν,即

$$\nu=\nu_0\sqrt{\frac{c+v}{c-v}}\quad(\text{波源朝着观察者运动})\qquad(\text{A4-1})$$

式(A4-1) 表示当观察者与电磁波以相对速度 v 彼此趋近时,观测者所接受到的电磁波频率 ν 将大于波源所发射的电磁波频率 ν_0。

2. 雷达测速仪原理

高速路上用于检测车辆速度的雷达测速仪就是利用多普勒效应制成的。雷达测速仪是由微波雷达发射器、探测器及数据处理系统等组成。当微波雷达发射器发射频率为 ν_0 的微波被正以速度 v 向着雷达运动的车辆接收后,微波的频率变化为 ν'。由式(A4-1) 有

$$\nu'=\nu_0\sqrt{\frac{c+v}{c-v}}\qquad(\text{A4-2})$$

然后微波从运动的汽车上被反射回去。这时可将汽车作为运动的波源,那么从探测器处所测得的反射波的频率为 ν_0。由式(A4-1) 有

$$\nu=\nu'\sqrt{\frac{c+v}{c-v}}\qquad(\text{A4-3})$$

将式(A4-2) 代入式(A4-3),得

$$\nu=\nu_0\left(\sqrt{\frac{c+v}{c-v}}\right)^2=\nu_0\,\frac{c+v}{c-v}\qquad(\text{A4-4})$$

从式(A4-4) 可以得到,探测器所接收到的电磁波的频率 ν 与发射器所发射的电磁波频率 ν_0 之差为

$$\Delta\nu=\nu-\nu_0=\frac{2v}{c-v}\nu_0\approx\frac{2v}{c}\nu_0\qquad(\text{A4-5})$$

由于 $\nu\ll c$,故 $\Delta\nu\ll\nu_0$。这样,发射器发射的脉冲微波反射后被探测器接收,两者频率之差甚小,产生拍现象,$\Delta\nu$ 就是拍频。由式(A4-5) 可得

$$\nu = \frac{\Delta\nu}{2\nu_0}c \tag{A4-6}$$

通过测定拍频,可测定汽车运动的速率。例如,发射频率 $\nu_0 = 3\times10^9$ Hz的微波,从某运动汽车上反射回来后,产生的拍频为100 Hz,那么汽车的行驶速率为

$$\nu = \frac{\Delta\nu}{2\nu_0}c = 5\ \mathrm{m\cdot s^{-1}}$$

若拍频为 $\Delta\nu = 400$ Hz,则汽车的速率为 $\nu = 20\ \mathrm{m\cdot s^{-1}}$。

如果该路段对汽车最高速率限制为 ν_m,那么拍频的最大值为

$$\Delta\nu_m = 2\frac{\nu_m}{c}\nu_0 \tag{A4-7}$$

在雷达测速仪中,拍频可以被检测并在显示屏上直接显示成相应的车速。道路上方装有多普勒测速仪的监视器向行进中的车辆发射频率已知的电磁波,同时测量反射波的频率,根据反射波的频率变化的多少就能知道车辆的速度。在测速的同时把车辆牌号拍摄下来,并把测得的速度自动打印,由此就可以检测某汽车是否超速行驶。

3. 雷达测速仪的特点

雷达测速仪具有以下特点。

(1) 雷达波束较激光光束(射线)的照射面大,因此雷达测速易于捕捉目标,无须精确瞄准。

(2) 雷达测速仪可安装在巡逻车上,在运动中实现检测车速,是“流动电子警察”非常重要的组成部分。

(3) 固定时测速误差为 $\pm1\ \mathrm{km\cdot h^{-1}}$,运动时测速误差为 $\pm2\ \mathrm{km\cdot h^{-1}}$。

(4) 发射器发射的电磁波波束有一定的张角,故有效测速距离相对于激光测速较近。

(5) 雷达测速仪发射波束的张角是一个很重要的技术指标。张角越大,测速准确率越易受影响;反之,则影响较小。

(6) 如果天线放置不当,当地势为非平原状态时,会使目标车的读数被其他车的速度代替。

(7) 如果目标旁边有反射能力更强的物体存在,那么雷达测速仪只能测到反射能力强的物体。

(8) 当有两车并行时,雷达测速仪无法分辨出哪一辆车是超速车辆。

(9) 当测量信号经过多次反射后,雷达测速仪测出的结果也会出错。

(10) 无线电波会对雷达测速仪产生干扰,使测量结果失真。

附录 B

课后作业

课后作业 1

1. 一质点沿 x 轴做直线运动，t 时刻的坐标为 $x = 4.5t^2 - 2t^3$(SI)。试求：

(1) 第 2 s 内的平均速度；

(2) 第 2 s 末的瞬时速度；

(3) 第 2 s 内的路程。

2. 如图 B1-1 所示，质点 P 在水平面内沿一半径为 $R = 2$ m 的圆周运动。转动的角速度 ω 与时间 t 的函数关系为 $\omega = kt^2$(k 为常量)。已知 $t = 2$ s 时，质点 P 的速度大小为 32 $\mathrm{m \cdot s^{-1}}$。试求 $t = 1$ s 时，质点 P 的速度与加速度的大小。

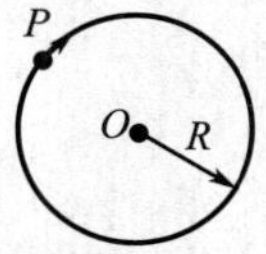

图 B1-1

3. 一质点在 xOy 平面内运动，其运动方程为 $x = 2t, y = 19 - 2t^2$，式中 x、y 以 m 为单位，t 以 s 为单位。求：

(1) 质点的轨迹方程；

(2) $t = 2$ s 时质点的位置、速度和加速度。

4. 一质点沿半径 $R = 1$ m 的圆周运动，其角位置 $\theta = 2 + t^2$，t 以 s 为单位。求 $t = 2$ s 时切向加速度和法向加速度各为多少。

5. 一艘正在沿直线行驶的电艇，在发动机关闭后，其加速度方向与速度方向相反，加速度大小与速度大小的平方成正比，即 $\mathrm{d}v/\mathrm{d}t=-kv^2$，式中 k 为常数。证明：电艇在关闭发动机后又行驶距离 x 时的速度大小为 $v=v_0\mathrm{e}^{-kx}$，其中 v_0 是发动机关闭时的速率。

课后作业 2

1. 如图 B2-1 所示，质量为 $M = 1.5$ kg 的物体，用一根长为 $l = 1.25$ m 的细绳悬挂在天花板上，今有一质量为 $m = 10$ g 的子弹以 $v_0 = 500\ \text{m}\cdot\text{s}^{-1}$ 的水平速度射穿物体，刚穿出物体时子弹的速度大小 $v = 30\ \text{m}\cdot\text{s}^{-1}$，设穿透时间极短，求：

(1) 子弹刚穿出时绳中张力的大小；

(2) 子弹在穿透过程中所受的冲量。

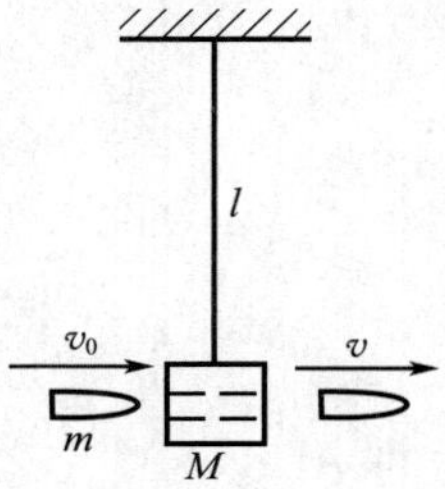

图 B2-1

2. 一颗子弹由枪口射出时速率为 v_0（单位为 $\text{m}\cdot\text{s}^{-1}$），当子弹在枪筒内被加速时，它所受的合力为 $F = a - bt$（a，b 为常数），其中 t 以 s 为单位，F 以 N 为单位：

(1) 假设子弹运行到枪口处合力刚好为零，试计算子弹走完枪筒全长所需的时间；

(2) 求子弹所受的冲量；

(3) 求子弹的质量。

3. 质量为 M 的大木块具有半径为 R 的四分之一弧形槽，如图 B2-2 所示。质量为 m 的小木块从弧形槽的顶端滑下，大木块放在光滑水平面上，二者都做无摩擦的运动，而且都从静止开始，求小木块脱离大木块时的速度。

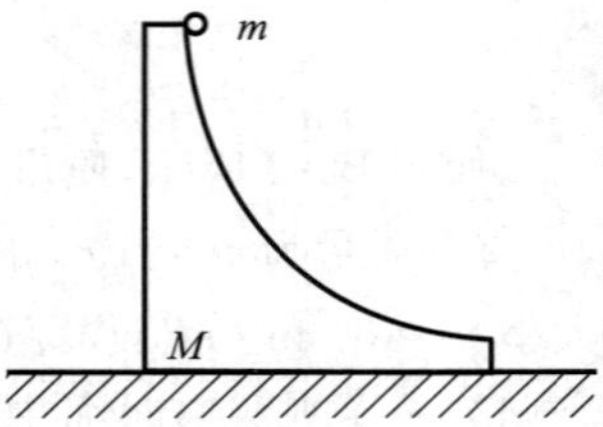

图 B2-2

4. 设 $\boldsymbol{F} = 7\boldsymbol{i} - 6\boldsymbol{j}$(N)，一质点从原点运动到 $\boldsymbol{r} = -3\boldsymbol{i} + 4\boldsymbol{j} + 16\boldsymbol{k}$(SI)。

(1) 求 $\boldsymbol{F}$ 所做的功；

(2) 如果质点到 $\boldsymbol{r}$ 处时需 0.6 s，试求平均功率；

(3) 如果质点的质量为 1 kg，试求动能的变化。

5. 如图 B2-3 所示，一质量为 m 的物体 A 放在一与水平面成 θ 角的固定光滑斜面上，并系于刚度系数为 k 的轻弹簧的一端，弹簧的另一端固定。设物体沿斜面的运动中，在平衡位置处的初动能为 E_{k0}，以弹簧原长处为坐标原点，沿斜面向下为 x 轴正向，试求：

(1) 物体 A 处于平衡位置时的坐标 x_0；

(2) 物体 A 在弹簧伸长量为 x 时的动能的表达式。

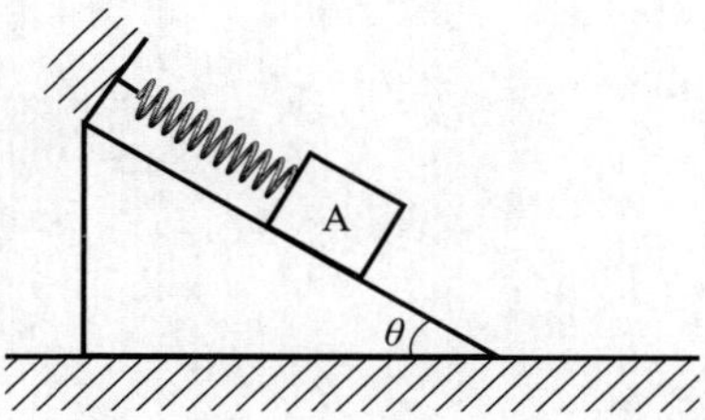

图 B2-3

6. 一人从 10 m 深的井中提水，起始时水桶中装有 10 kg 的水，水桶的质量为 1 kg，由于水桶漏水，每升高 1 m 要漏去 0.2 kg 的水。求水桶从井中匀速提到井口的过程中人所做的功。

课后作业 3

1. 半径为 30 cm 的飞轮，从静止开始以 0.5 rad · s^{-2} 的角加速度做匀角加速转动，则飞轮边缘上一点在飞轮转过 240° 时的切向加速度和法向加速度分别为多少？

2. 质量 $m = 1.1$ kg 的匀质圆盘，可以绕通过其中心且垂直盘面的水平光滑固定轴转动，对轴的转动惯量 $J = \frac{1}{2}mr^2$（r 为盘的半径）。圆盘边缘绕有绳子，绳子下端挂一质量 $m_1 = 1.0$ kg 的物体，如图 B3-1 所示。起初在圆盘上加一恒力矩使物体以速率 $v_0 = 0.6$ m · s^{-1} 匀速上升，若撤去所加力矩，经历多少时间圆盘开始做反方向转动。

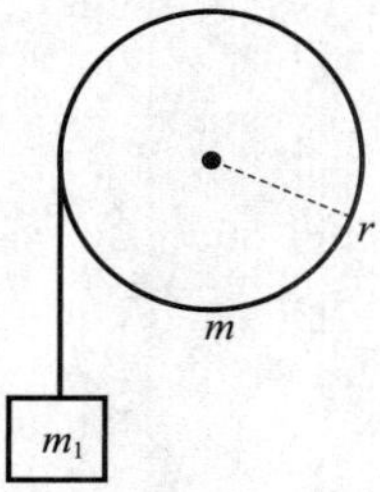

图 B3-1

3. 有一半径为 R 的水平圆转台，可绕通过其中心的竖直固定光滑轴转动，转动惯量为 J，开始时转台以匀角速度 ω_0 转动。此时有一质量为 m 的人站在转台中心，随后人沿半径向外跑去，当人到达转台边缘时，转台的角速度为多少？

4. 如图 B3-2 所示，一匀质细杆质量为 m，长为 l，可绕过一端 O 的水平轴自由转动，杆于水平位置由静止开始摆下释放。求：

(1) 初始时刻的角加速度；

(2) 杆转过 θ 角时的角速度。

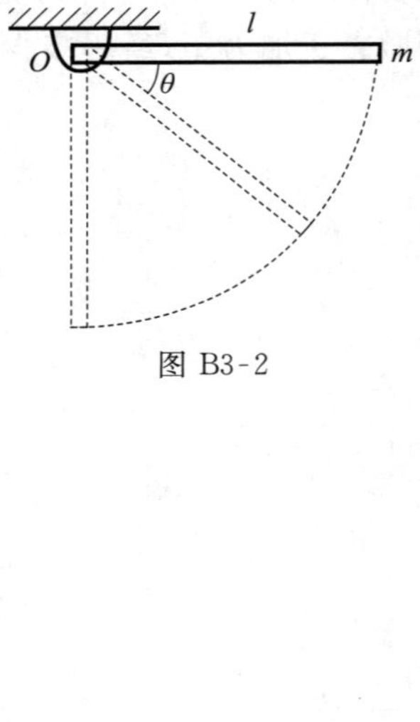

图 B3-2

5. 质量分别为 m 和 $2m$、半径分别为 r 和 $2r$ 的两个均匀圆盘同轴地粘在一起，它们可以绕通过盘心且垂直于盘面的水平光滑固定轴转动，对转轴的转动惯量为$\frac{9}{2}mr^2$。两个圆盘边缘都绕有绳子，绳子下端都挂有一质量为 m 的重物，如图 B3-3 所示。求盘的角加速度的大小。

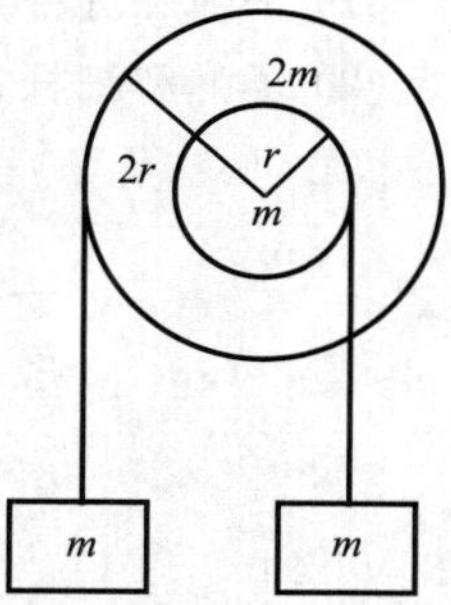

图 B3-3

6. 如图 B3-4 所示，一根质量为 m、长度为 l 的均匀细棒(两端分别为 A、B) 和一质量为 m 的小球牢固地连接在一起，棒可绕通过其 A 端的水平轴在竖直平面内自由摆动，现将棒由水平位置静止释放，求：

(1) 棒绕 A 端的水平轴的转动惯量；

(2) 当棒下摆至 θ 角时，棒的角速度。

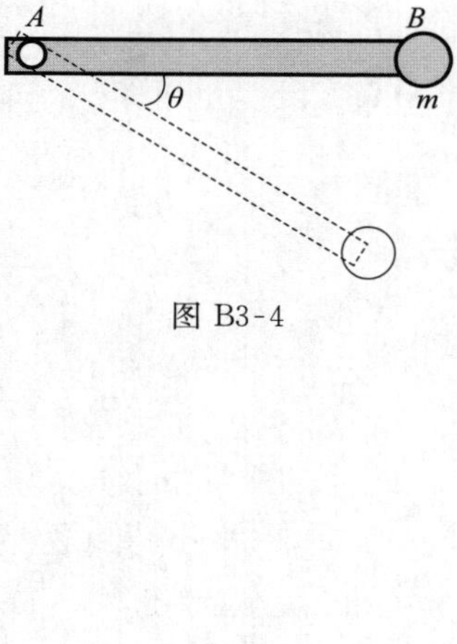

图 B3-4

7. 一均质细杆，长 $L=1\ \text{m}$，可绕通过一端的水平光滑轴 O 在铅垂面内自由转动，如图 B3-5 所示。开始时细杆处于铅垂位置，现有一子弹沿水平方向以大小 $v=10\ \text{m/s}$ 的速度射入细杆。设入射点到点 O 的距离为 $\frac{3}{4}L$，子弹的质量为细杆质量的 $\frac{1}{9}$。试求：

(1) 子弹和细杆开始共同运动的角速度；

(2) 子弹和细杆共同摆动能到达的最大角度。

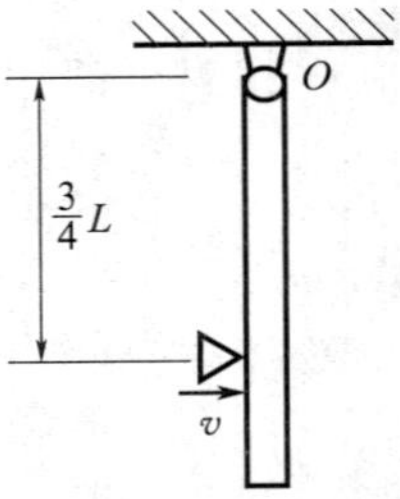

图 B3-5

课后作业 4

1. 宇航员要到离地球为 5 光年的星球去旅行，如果宇航员希望把该路程缩短为 3 光年，则他所乘的飞船相对于地球的速度应是多少？

2. 设有一飞船以 $0.8c$ 的速度在地球上空飞行。如果这时从飞船上沿飞行方向抛出一物体，该物体相对于飞船的速度为 $0.9c$，则从地面上的人看来该物体速度多大？

3. 一个质子的静质量为 $m_p = 1.67265 \times 10^{-27}$ kg，一个中子的静质量为 $m_n = 1.67495 \times 10^{-27}$ kg，一个质子和一个中子结合成的氘核的静质量为 $m_D = 3.34365 \times 10^{-27}$ kg。求结合过程中放出的能量(此能量称为氘核的结合能)是氘核静能量的百分之几?

4. 火箭静质量为 100 t，速度为第二宇宙速度，即 $11.2\ \mathrm{km \cdot s^{-1}}$。试计算火箭因运动而增加的质量。

5. 已知 μ 子的静止能量为 105.7 MeV，平均寿命为 2.2×10^{-8} s。试求动能为 150 MeV 的 μ 子的速度 v 与平均寿命 τ。

课后作业 5

1. 一个沿 x 轴做简谐振动的弹簧振子，振幅为 A，周期为 T，其振动方程用余弦函数表示。如果 $t=0$ 时质点的状态分别为：(1) $x_0=-A$；(2) 过平衡位置向正向运动；(3) 过 $x=A/2$ 处向负向运动；(4) 过 $x=-A/\sqrt{2}$ 处向正向运动。试求出相应的初相位，并写出振动方程。

2. 一质量为 10×10^{-3} kg 的物体做简谐振动，振幅为 24 cm，周期为 4.0 s，当 $t=0$ 时位移为 $+24$ cm。求：

(1) $t=0.5$ s 时，物体所在的位置及此时所受力的大小和方向；

(2) 由起始位置运动到 $x=12$ cm 处所需的最短时间；

(3) 在 $x=12$ cm 处物体的总能量。

3. 如图 B5-1 所示为两个简谐振动的 x-t 曲线,试分别写出其简谐振动的振动方程。

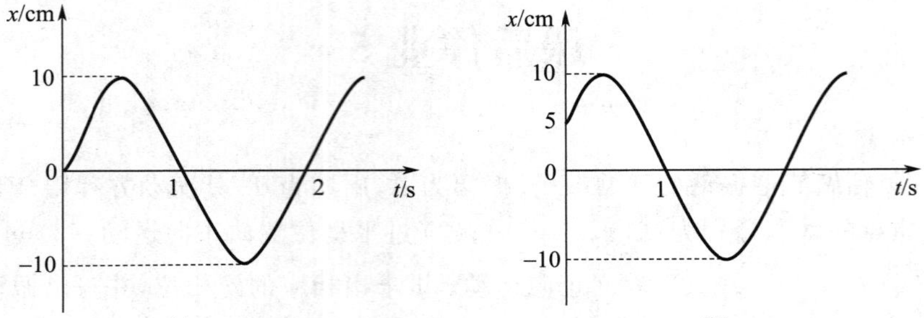

图 B5-1

4. 一轻弹簧的刚度系数为 k,其下端悬有一质量为 M 的盘子。现有一质量 m 的物体从距离盘底为 h 的高度处自由下落到盘中并和盘子粘在一起,之后盘子开始振动,则:

(1) 此时的振动周期与空盘子做振动时的周期有何不同?

(2) 此时的振动振幅多大?

(3) 取物体和盘子受力为零的位置为原点,位移以竖直向下为正,并以弹簧开始振动时作为计时起点,求初相位并写出物体与盘子的振动方程。

5. 质量为0.01 kg的小球与轻弹簧组成的系统，按$x=0.1\cos\left(8\pi t+\dfrac{2\pi}{3}\right)$(SI)的规律做简谐振动，求：

(1) 振动的周期、振幅、初相位及速度与加速度的最大值；

(2) 最大的回复力、振动能量、平均动能和平均势能，并找出在哪些位置上动能与势能相等；

(3)$t_1=1$ s与$t_2=5$ s两个时刻的相位差。

6. 如图B5-2所示，有两个同方向、同频率的简谐振动，可用旋转矢量表示为$\boldsymbol{A}_1$和$\boldsymbol{A}_2$，其合成振动(用旋转矢量表示为$\boldsymbol{A}$)的振幅为0.20 m，相位与第一个振动的相位差为$\pi/6$，已知第一个振动的振幅为0.173 m，求第二个振动的振幅以及两个振动的相位差。

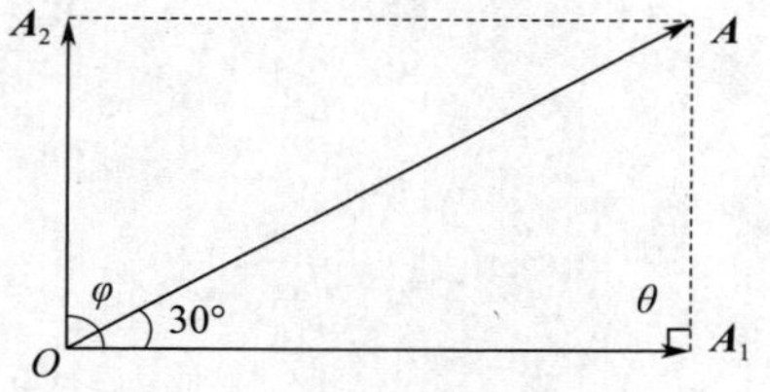

图 B5-2

课后作业 6

1. 已知波源在原点的一列平面简谐波。波函数为 $y = A\cos(Bt - Cx)$，其中 A、B、C 为正值恒量。求：(1) 波的振幅、波速、频率、周期与波长；(2) 传播方向上距离波源为 l 处一点的振动方程；(3) 在任一时刻，在波的传播方向上相距为 d 的两点的相位差。

2. 一列平面余弦波沿 x 轴正向传播，波速为 $5\ \mathrm{m \cdot s^{-1}}$，波长为 2 m，原点处质点的振动曲线如图 B6-1 所示。(1) 写出波函数；(2) 作出 $t = 0$ 时的波形图及距离波源 0.5 m 处质点的振动曲线。

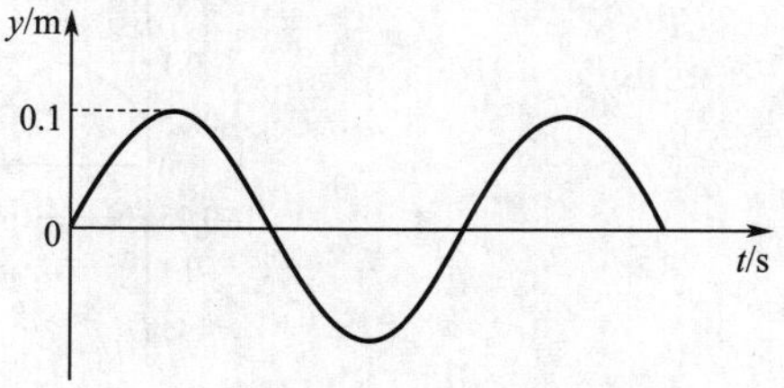

图 B6-1

3. 如图 B6-2 所示，已知 $t=0$ 和 $t=0.5$ s时的波形分别为图中曲线(a) 和(b)，周期 $T=0.5$ s，波沿着 x 轴正向传播，试根据图中给出的条件，求：(1) 波函数；(2) 点 P 的振动方程。

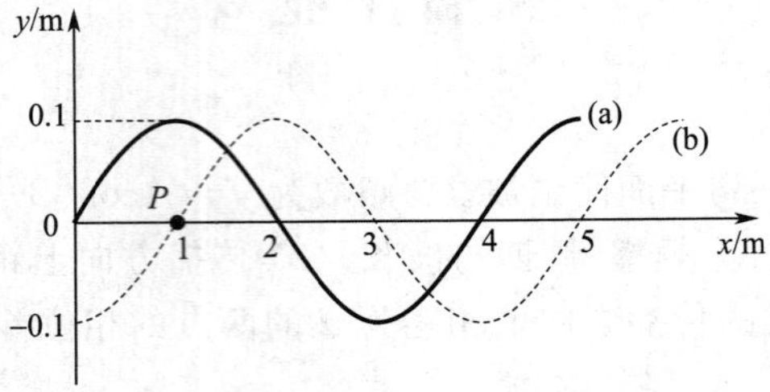

图 B6-2

4. 一列机械波沿 x 轴正向传播，$t=0$ s时的波形如图 B6-3 所示，已知波速为 $10\ \mathrm{m\cdot s^{-1}}$，波长为 2 m，求：(1) 波函数；(2) 点 P 的振动方程及振动曲线；(3) 点 P 的坐标；(4) 点 P 处质点回到平衡位置所需的最短时间。

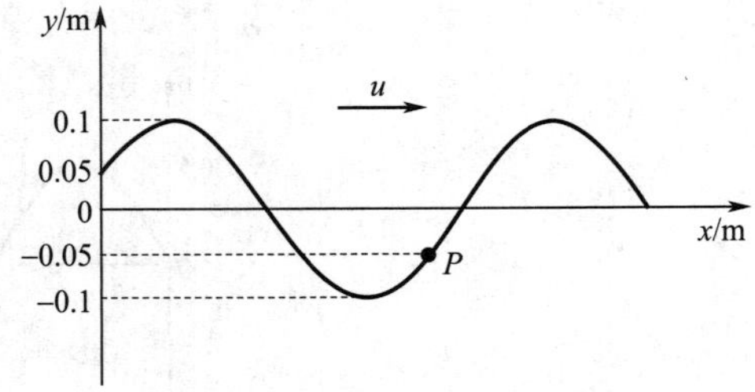

图 B6-3

5. 图 B6-4 中，(a) 表示 $t=0$ 时刻的波形图，(b) 表示原点（$x=0$）处质元的振动曲线，试求此波的波函数，并画出 $x=2$ m 处质元的振动曲线。

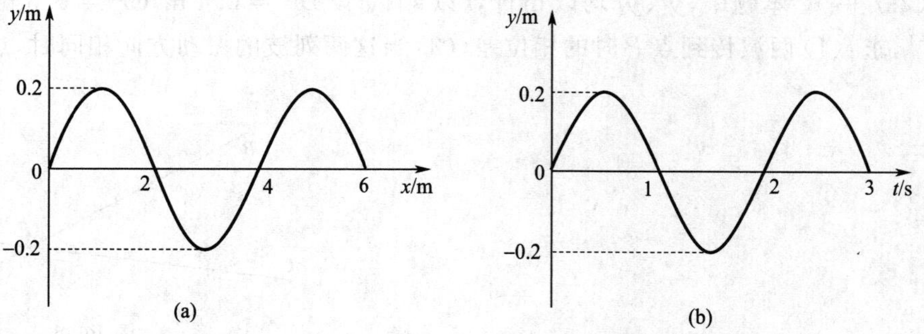

图 B6-4

6. 如图 B6-5 所示，S_1 和 S_2 为两相干波源，振幅均为 A_1，相距 $\frac{\lambda}{4}$，S_1 处波源较 S_2 处波源相位超前 $\frac{\pi}{2}$，求：(1) S_1 外侧各点的合振幅和波强；(2) S_2 外侧各点的合振幅和波强。

图 B6-5

7. 如图 B6-6 所示，设点 B 发出的平面横波沿 BP 方向传播，它在点 B 的振动方程为 $y_1 = 0.002\cos 2\pi t$；点 C 发出的平面横波沿 CP 方向传播，它在点 C 的振动方程为 $y_2 = 0.002\cos(2\pi t + \pi)$。本题中，$y_1$、$y_2$ 均以 m 计，t 以 s 计。设 $BP = 0.4$ m，$CP = 0.5$ m，波速 $u = 0.2\ \mathrm{m \cdot s^{-1}}$，求：(1) 两波传到点 P 时的相位差；(2) 当这两列波的振动方向相同时，点 P 合振动的振幅。

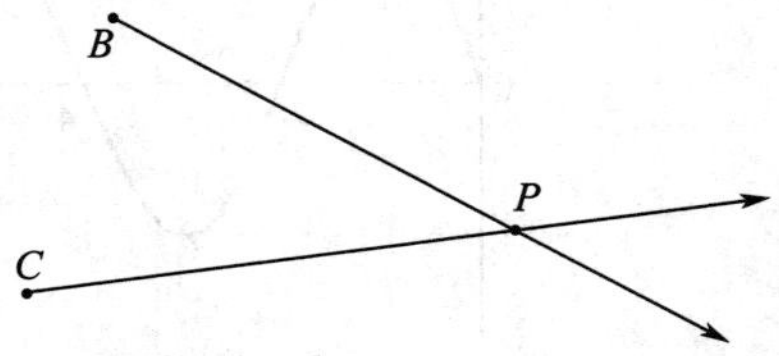

图 B6-6

8. 汽车驶过车站时，车站上的观测者测得汽笛声频率由 1 200 Hz 变到了 1 000 Hz，设空气中声速为 $330\ \mathrm{m \cdot s^{-1}}$，求汽车的速率。

课后作业 7

1. 在温度为 27 ℃ 时，1 mol 氢气的平动动能、转动动能和内能各是多少？

2. 2 L 容器中有某种刚性双原子的气体，在常温下，其压强为 1.5×10^5 Pa，求该气体的内能。

3. 有一水银气压计，当水银柱的高为 0.76 m 时，管顶离水银柱液面 0.12 m，管的截面积为 $2.0\times10^{-4}\ \text{m}^2$。当有少量氦气混入水银管内顶部时，水银柱高度下降为 0.6 m，此时温度为 27 ℃，试计算有多少质量氦气在管顶？(氦气的摩尔质量为 $0.004\ \text{kg}\cdot\text{mol}^{-1}$)

4. 一真空管的真空度约为 0.138 Pa，试求在 27 ℃ 时单位体积的分子数及分子的平均自由程。(设分子的有效直径 $d = 3\times10^{-10}\,\text{m}$)

5.1 mol 氧气从初态出发，在体积不变的条件下，压强增大为原来的 2 倍。然后在湿度不变的条件下，体积增大为原来的 2 倍，求末态与初态之间：(1) 气体分子方均根速率之比；(2) 分子平均自由程之比。

6.计算标准状态下氢气分子的平均自由程和平均碰撞频率。(氢气分子的有效直径为 2×10^{-10} m)

课后作业 8

1. 在等压过程中，0.28 kg 的氮气从温度 293 K 膨胀到 373 K，则对外做功和吸热多少？内能改变多少？

2. 一定量的理想气体，从 A 态出发，如图 B8-1 所示，经 C 态再经 D 态到 B 态，试求在该过程中气体吸收的热量。

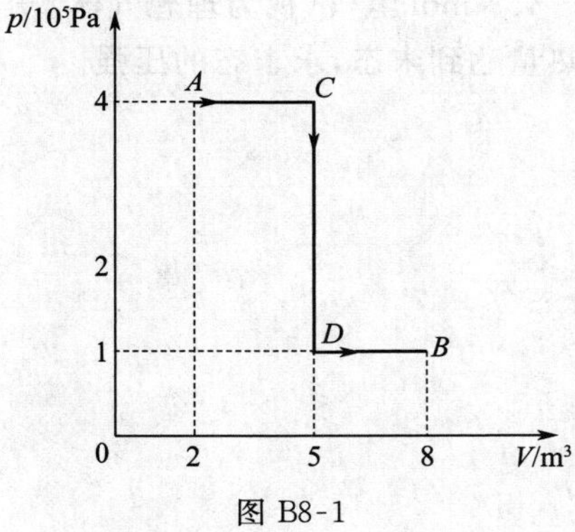

图 B8-1

3. 一定量的理想气体，由 A 态经 B 态到达 C 态，如图 B8-2 所示，ABC 为一直线，求此过程中：(1) 气体对外做的功；(2) 气体内能的增量；(3) 气体吸收的热量。

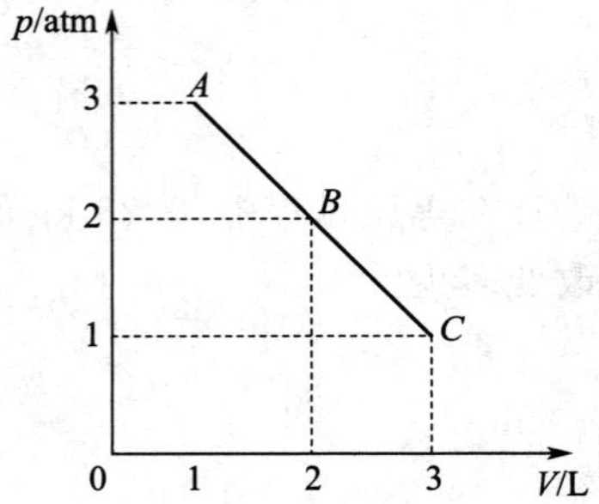

图 B8-2

4. 2 mol 氢气(视为理想气体)开始时处于标准状态，后经过等温过程从外界吸收了 400 J 的热量达到末态，求末态的压强。

5. 为了使刚性双原子分子理想气体在等压膨胀过程中对外做功 2 J，必须传给气体多少热量？

6. 1 mol 的理想气体的 T-V 图如图 B8-3 所示，ab 为直线，延长线通过原点 O。求 ab 过程气体对外做的功。

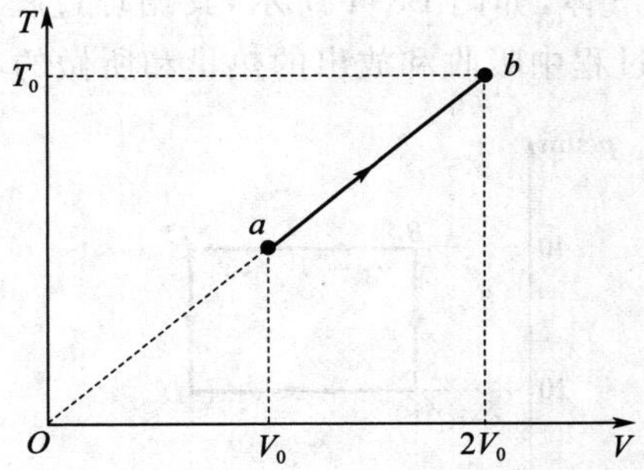

图 B8-3

7. 一卡诺热机在 1 000 K 和 300 K 的两个热源之间工作，试计算：

(1) 热机效率；

(2) 若低温热源不变，要使热机效率提高到 80%，则高温热源温度需提高多少；

(3) 若高温热源不变，要使热机效率提高到 80%，则低温热源温度需降低多少。

8. 1 mol 单原子分子理想气体，如图 B8-4 所示，其循环过程中 AB、CD 为等容过程，BC、DA 为等压过程，求：(1) 循环过程中吸收和放出的热量和所做的功；(2) 循环的效率。

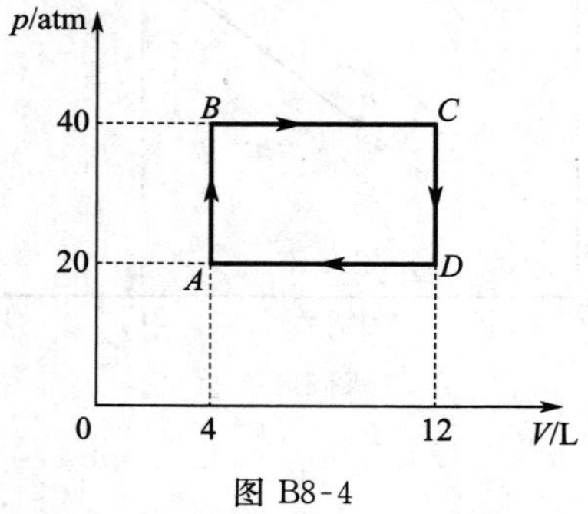

图 B8-4

9. 氮气(视为理想气体)进行如图 B8-5 所示的 $ABCA$ 循环,状态 A 的温度为 1 000 K,求:(1) 状态 B 和 C 的温度;(2) 各分过程气体所吸收的热量、所做的功和内能的增量;(3) 循环效率。

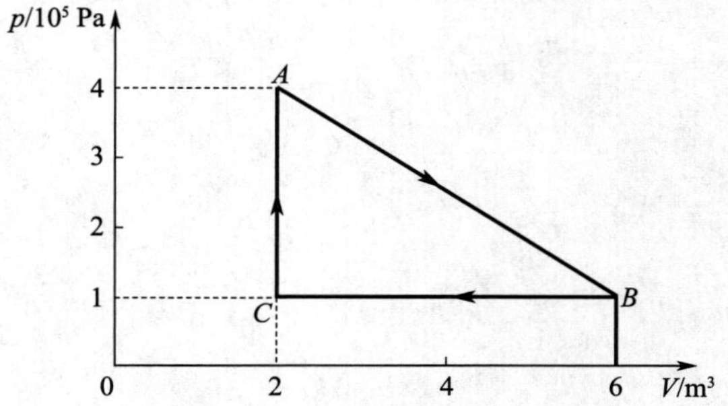

图 B8-5

附录C

常用资料

国际单位制(SI)

物理量的名称、符号和单位(SI)一览表

空气、水、地球、太阳系的一些常用数据

历年诺贝尔物理学奖获得者

参考文献

[1] 赵近芳，王登龙. 大学物理简明教程[M]. 4 版. 北京：北京邮电大学出版社，2021.
[2] 王少杰，顾牡，吴天刚. 新编基础物理学：上册[M]. 2 版. 北京：科学出版社，2014.
[3] 王少杰，顾牡，吴天刚. 新编基础物理学：下册[M]. 2 版. 北京：科学出版社，2014.
[4] 赵近芳，王登龙. 大学物理学：上[M]. 6 版. 北京：北京邮电大学出版社，2021.
[5] 赵近芳，王登龙. 大学物理学：下[M]. 6 版. 北京：北京邮电大学出版社，2021.
[6] 李淑青，任全年. 大学物理简明教程：上册[M]. 2 版. 北京：高等教育出版社，2019.
[7] 东南大学等七所工科院校. 物理学：上册[M]. 6 版. 北京：高等教育出版社，2014.
[8] 东南大学等七所工科院校. 物理学：下册[M]. 6 版. 北京：高等教育出版社，2014.
[9] 王纪龙，周希坚. 大学物理：上册[M]. 3 版. 北京：科学出版社，2007.
[10] 王纪龙，周希坚. 大学物理：下册[M]. 3 版. 北京：科学出版社，2007.
[11] 张丹海，洪小达. 简明大学物理[M]. 3 版. 北京：科学出版社，2015.
[12] 上海交通大学物理教研室. 大学物理：上册[M]. 上海：上海交通大学出版社，2014.
[13] 上海交通大学物理教研室. 大学物理：下册[M]. 上海：上海交通大学出版社，2014.
[14] 尹国盛，黄明举. 大学物理简明教程：上册[M]. 2 版. 北京：高等教育出版社，2013.
[15] 尹国盛，顾玉宗. 大学物理简明教程：下册[M]. 2 版. 北京：高等教育出版社，2013.
[16] 汪志诚. 热力学. 统计物理[M]. 4 版. 北京：高等教育出版社，2008.
[17] 匡乐满. 大学物理：上[M]. 北京：北京大学出版社，2018.
[18] 杨懋柏. 谈谈光的色散教学[J]. 物理教师，1990(4)：5-7.
[19] 吴大艳，丁成祥，孙文斌. 光栅衍射实验操作的探讨[J]. 安徽工业大学学报(自然科学版)，2008，25(1)：104-106.
[20] 徐代升，甘亮勤，杜旭日. 基于可见光波长颜色映射关系的棱镜色散现象写真[J]. 井冈山大学学报(自然科学版)，2013，34(1)：27-30.
[21] 余素君，项林川. 光栅色散的新型演示实验[J]. 物理与工程，2011，21(6)：35.
[22] 贾皓月，刘淑平，魏计林. 光色散课堂演示实验研究[J]. 当代教育实践与教学研究，2016(10)：54-55.
[23] 刘淑平，贾皓月，魏计林. 驻波教学演示实验的设计与研究[J]. 当代教育实践与教学研究，2016(12)：163.
[24] 贾皓月，刘淑平，魏计林. 等玻尔兹曼分布在气体温度光谱测量中的应用[J]. 太原科技大学学报，2017，38(06)：482-485.